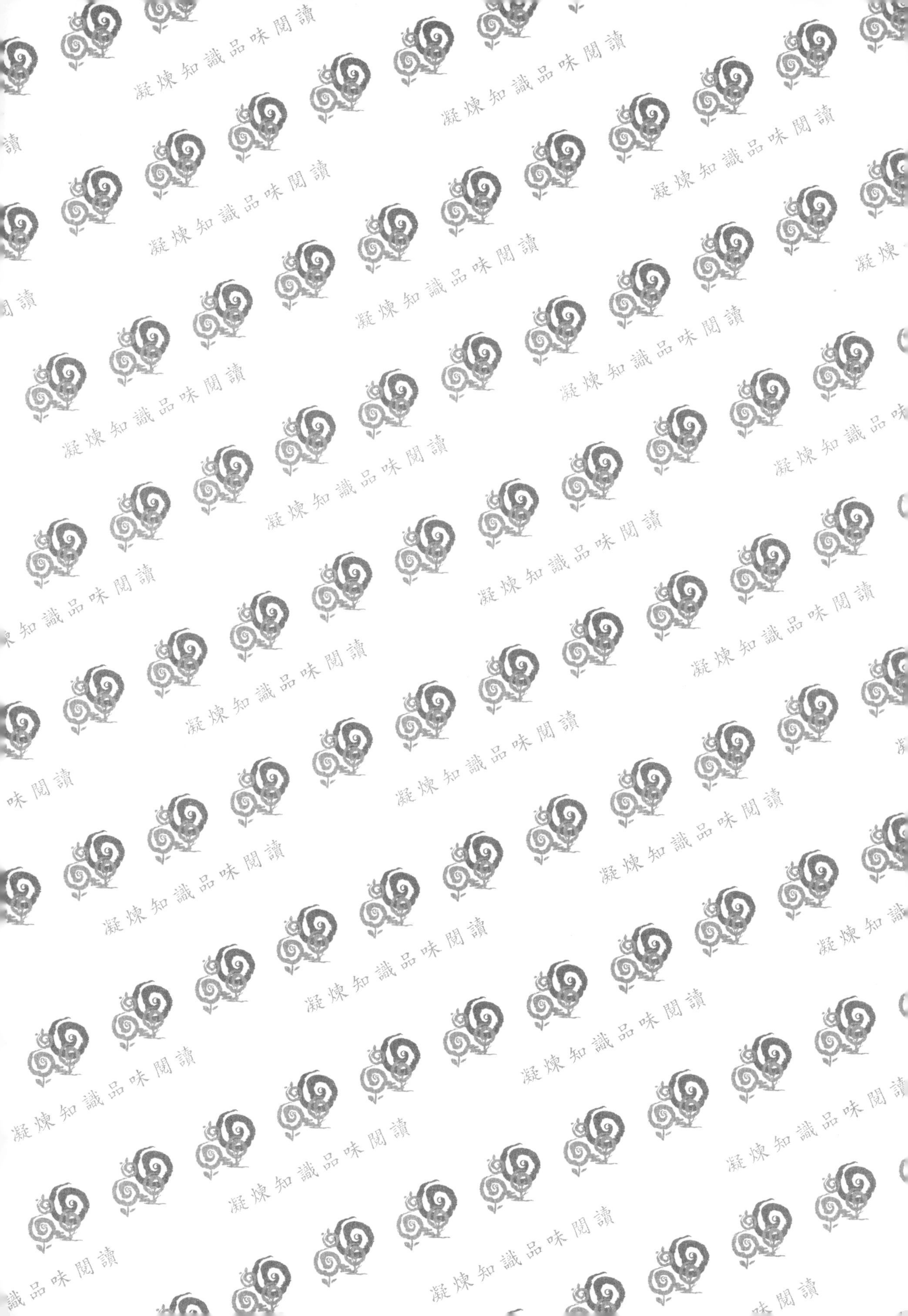
凝煉知識品味閱讀

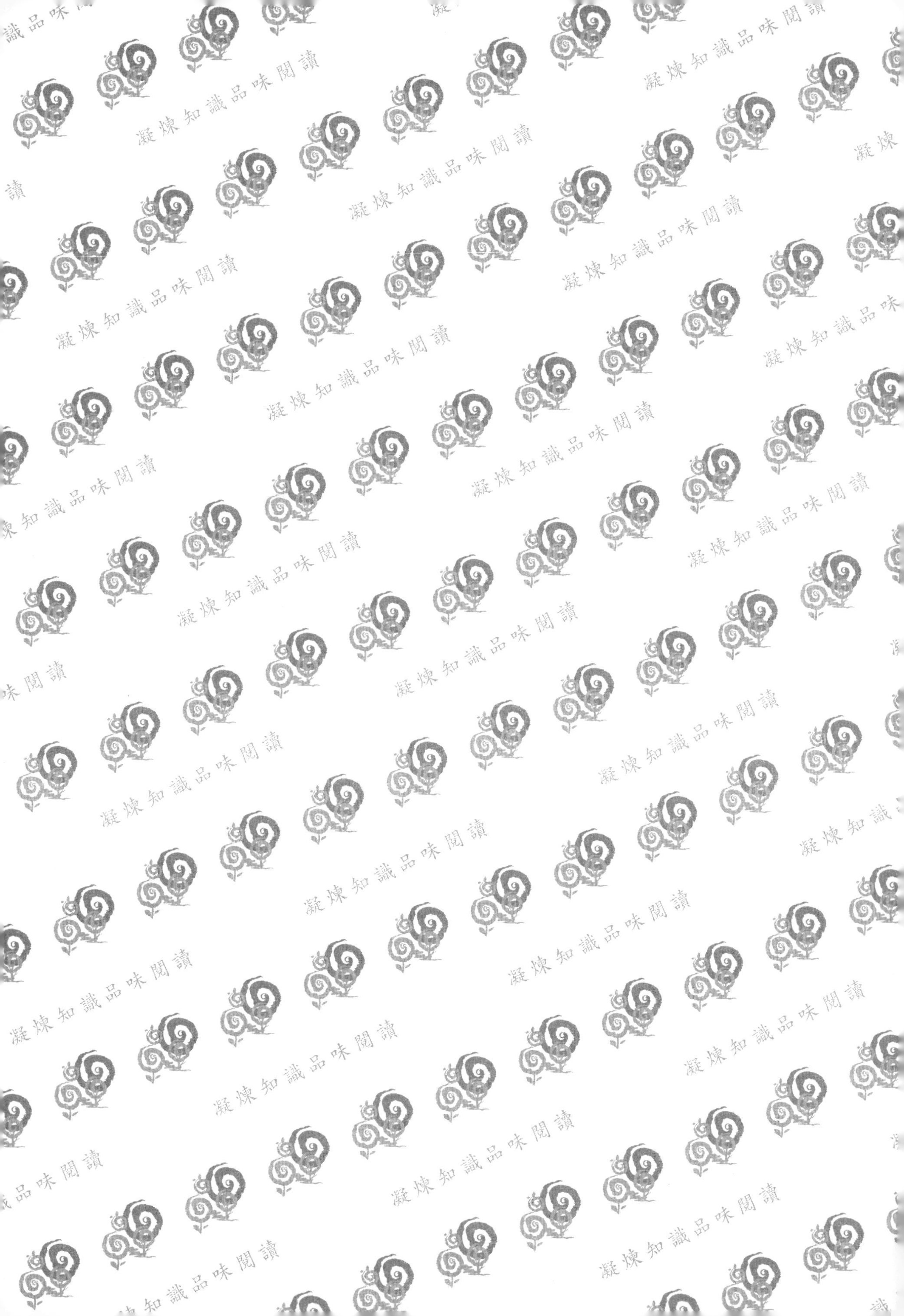

臺灣植物 真菌與類真菌病害寶典

五南圖書出版公司 印行

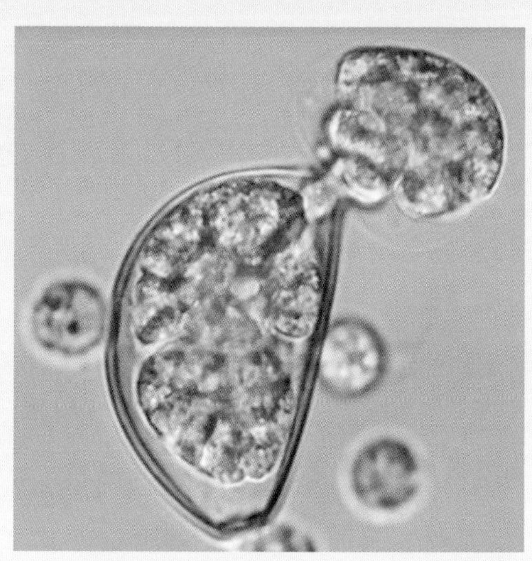
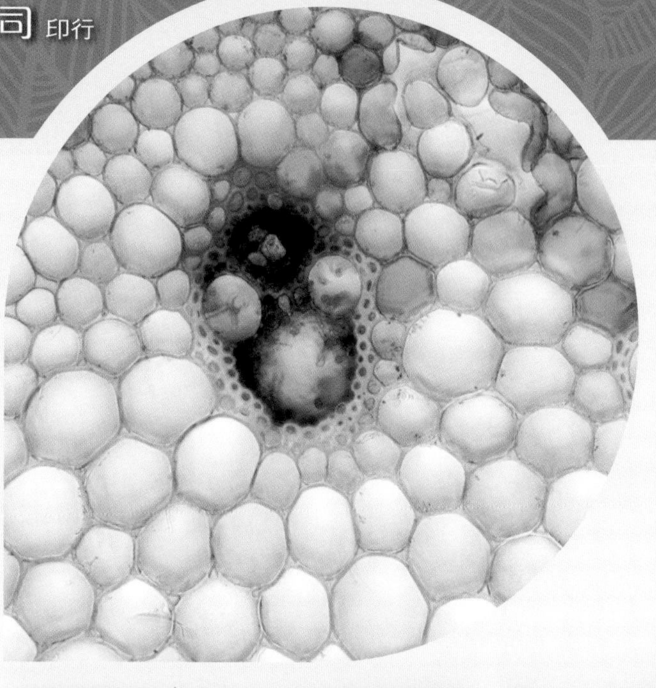
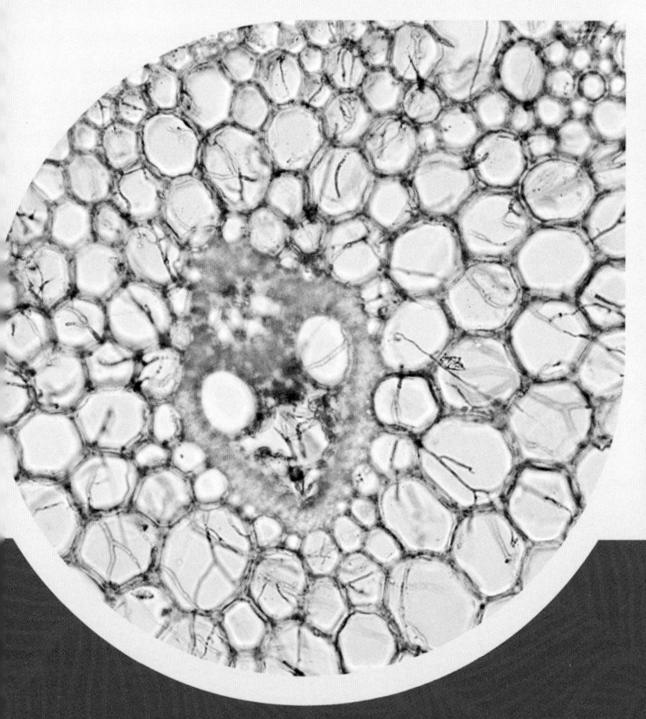

黃振文、謝廷芳、黃晉興
陳啟予、洪爭坊、郭章信 ——編著

編著者序

臺灣地處亞熱帶，氣候高溫多溼，農作物集約栽培，易發生植物病害，造成農作物生產不易。農友爲了提高收益，減少損失，不得不大量施用農藥，以控制疾病的發生。近年來，行政院農業委員會於西元 2017 年推出化學農藥十年減半的政策，鼓勵農友在作物綜合管理體系中，導入友善環境的病害防治技術，希望能大幅降低化學農藥的施用量，藉以確保生產健康安全的農產品。然而要能成功有效管制作物病害發生的首要工作，就是栽培業者能夠正確的診斷鑑定植物病害及掌握植物病原菌的侵入感染關鍵時機，才可在適當的時間，施用正確的處方，有效防治病害的發生。

本書爲使讀者能快速正確診斷鑑定植物病害種類與明瞭病害的防治關鍵時機，特別邀請國內從事植物眞菌性病害的研究學者、專家，提供他們多年來的實務經驗與植物病害的彩色圖版，撰述病原菌不同的分類與生態特性等珍貴的資料彙編成冊。本文內容包括植物眞菌與類眞菌病害概述，作物眞菌病害診斷要領，眞菌與類眞菌之特性，類眞菌（根腫菌與卵菌）、壺菌、接合菌、子囊菌及擔子菌引起的植物病害等章節；此外也摘錄西元 2000 年孫守恭教授編著《臺灣果樹病害》一書中：梅黑星病、柑橘瘡痂病、桃流膠病、香蕉巴拿馬病、柑橘赤衣病、蘋果銀葉病及梨輪紋病等部分資料，以使本書的內容更臻充實完整。

本書作者們感念植病界大師孫守恭教授在植物病理學領域的傑出貢獻，傳承他對於植物病理的熱愛，全體夥伴同意將本書每年的版稅捐贈給「國立中興大學孫守恭教授植物病理學獎勵金」專戶，用於培育潛心研究植物病理科學的優秀青年學子，特爲序以爲誌念。

黃振文、謝廷芳、黃晉興
陳啓予、洪爭坊、郭章信
2022 年 1 月 1 日

CONTENTS · 目錄

第六章 子囊菌類引起的植物病害 105

CHAPTER 1

植物真菌與類真菌病害概述

緒言

植物生育過程出現形態構造與生理機能發生異常的現象稱爲植物病害（plant diseases）。罹病植物的生理機能反常時，外表會出現各種形態的改變，例如矮化、萎縮、增生、腫大、壞疽、變色、腐敗、萎凋及潰瘍等。這些形態的異常稱之爲病徵（symptoms）；有時在罹病植物體上會有病原菌的菌體出現，則稱之爲病兆（signs）。換句話說，植物疾病是由持續性的刺激物（continuous irritant）所致，例如眞菌（fungi）、類眞菌（fungal-like organisms）、細菌（bacteria）、病毒（virus）、線蟲（nematodes）、菌質（phytoplasma）、寄生性高等植物（parasitic plants）等病原，侵入感病的植物體後，在合適的環境下經過不斷的刺激，才可使植物罹病。設若一種非生物因子或非持續性的刺激物（discontinuous irritant）使植物形態與構造瞬間發生改變，則稱之爲傷害（injury），例如農藥藥害、肥傷、風害、冰雹及雷電傷害等等。本文主要目的在於概述植物病原眞菌與類眞菌所引發的各種植物病害之病徵與病原菌致病的概念，祈有助於加深讀者對植物病害的認識。

植物病害的種類

依植物的受害器官來分，植物病害的種類有：(1) 根部病害；(2) 莖部病害；(3) 葉部病害；(4) 花及果實病害等。若依植物類別來分，則有：(1) 農藝作物病害；(2) 蔬菜病害；(3) 花卉病害；(4) 果樹病害；(5) 樹木病害等。假若依植物病害的病徵來區分的話，大致可歸納成爲下列數種：即 (1) 變色（discoloration）：細胞內容物發生變化，色澤改變；(2) 穿孔（shot hole）：通常指葉部而言，病組織壞死後產生病斑或離層，易碎裂而脫落，形成圓形或不規則之穿孔。它又可分爲：(A) 生理性穿孔：例如有毒物質、霜害、乾旱或營養受干擾而形成；(B) 病原性穿孔：例如眞菌或細菌侵害所造成的穿孔；(3) 萎凋（wilting）：病原菌侵入幼苗根莖部位或地基部，引發幼苗倒伏或猝倒（damping-off）的症狀；病原菌也可侵入成株根莖內部，爲害維管束，阻礙水分的運送，造成植株缺水萎凋。至於生理暫時性萎凋是由於熱天日晒劇烈，或土壤過分乾燥，使葉片水分蒸發量大於根部水分吸收量，則易引起暫時性的萎凋。只要不超過植物的永久萎凋點，當夜晚來臨或溫度降低時，即可恢復正常；(4) 壞疽（necrosis）或局部死亡：患部組織細胞壞死，產生斑點、塊斑或部分器官死亡；(5) 矮化或萎縮（stunting or atrophy）：係指植物整株或部分器官受環境影響或病原菌寄生而形狀變小；(6) 腫大（swelling）：植物器官因受病菌之刺激造成形狀增大，其形成原因有二：一種是細胞體積增大（hypertrophy），另一種是細胞異常分裂使數目增加（hyperplasia），有時兩者同時發生；(7) 器官之變形（organ deformation）或置換（replacement of organs by new structures）：植物原有的健康組織全部被病原菌菌體取代，或是其健康植株之花器，由於病原菌的爲害，因而由許多小葉片取而代之；(8) 木乃伊化（mummification）：罹病之果實，由於病原菌之寄生而腐爛，但仍停留在植株上未脫落，經風乾後，變成乾腐之果實。通常這種乾腐的木乃伊化果實含有眞菌之休眠菌絲或越冬之子實體；(9) 習性改變（alteration of habit and symmetry）：病原菌爲害植物後，有時使匍匐莖的生長變成直立莖生長，或是改變單葉成複葉等；(10) 破壞器官（destruction of organs）：由生理性或病原性造成果實內部空洞，種子遭破壞；(11) 葉片、枝條、花、果實的柄基部形成離層而脫落（dropping of leaves, blossoms, fruits or twigs）；(12) 贅生及畸形（production of excrescences and malformations）：葉表皮細胞受刺激因而絨毛贅生或是細胞異常分裂或增大造成瘤腫；(13) 分泌（exudations）：由於生理的失衡或是病原菌的侵害，使樹幹、枝條流膠或分泌乳汁等；(14) 腐敗（rotting of tissue）：當細胞、細胞壁及內含物發生分解，因而產生腐敗現象。一般而言，根腐、葉腐、莖腐、芽腐及果腐均是常見的病徵。

真菌與類真菌引起的植物病害

在農田中，由眞菌與類眞菌引起的植物病害種類相當的多樣且大宗。一般言之，類眞菌即是俗稱的低等眞菌，它們歸屬於現代分類學中的原生生物界（Kingdom Protozoa）與藻菌界（Kingdom Chromista）。在原生生物界的黏菌綱（Myxomycetes）與根腫菌綱（Plasmodiophoromycetes）分別可引起草坪與蔬菜的黏菌黴病（slime mold）、十字花科蔬菜根瘤病（club rot）及馬鈴薯粉瘡痂病

（powdery scab）等；至於藻菌界中的卵菌綱（Oomycetes）菌類則可引起作物種子腐敗（seed rot）、根腐（root rot）、幼苗猝倒病（seedling damping-off）、疫病（Phytophthora blight）、晚疫病（late blight）、露菌病（downy mildew）及白銹病（Albugo white rust）等。眞菌（true fungi）又稱高等眞菌，歸屬於眞菌界（Kingdom Fungi），依菌類特徵可區分成壺菌綱（Chytridiomycetes）、接合菌綱（Zygomycetes）、子囊菌綱（Ascomycetes）及擔子菌綱（Basidiomycetes）等。它們分別可以引起植物的細胞死亡（necrosis）、增生（hypertrophy）及減生（hypotrophy）等三大類症狀。眞菌引起植物的主要病害名稱有：疣腫病（wart）、溼腐病、黑黴軟腐病、白粉病、煤煙病、黑斑病、炭疽病、斑點病、灰黴病、瘡痂病、枝枯病、莖腐病、莖潰瘍病、流膠病、赤衣病、萎凋病、菌核病、銹病、黑穗病、立枯病、白絹病、根腐病、褐根病、根朽病、花腐病、果腐病、褐腐病及蒂腐病等等。

真菌與類真菌為害植物的方式

大多數的眞菌與類眞菌以腐生的方式存活於環境中，它們利用掉落的樹葉、死亡的動植物等基質作爲養分來源，除了獲取養分之外，還可以協助碳、氮及礦物質等元素的循環，扮演自然界中非常重要的分解者角色。

除了腐生性外，許多眞菌與類眞菌在植物體還具有寄生性，會藉由感染植物宿主來獲取養分，因而造成植物病害。依照它們營養獲取的方式又可以分爲死體營養寄生（necrotroph）、活體營養寄生（biotroph）以及半活體營養寄生（hemibiotroph）。死體營養寄生是指在感染寄主組織後，眞菌會分泌毒素或酵素殺死寄主的細胞作爲養分，這類病徵相當明顯，受感染的組織通常呈現大小不一的壞疽病斑，如茭白筍胡麻葉枯病菌。活體營養寄生的眞菌與類眞菌在侵入寄主後，並不會殺死細胞，可持續由活的寄主細胞獲得養分，初期不會造成寄主植物之壞疽病徵，這類植物病原菌通常只會在特定的寄主上存活及產生後代，具有高度的寄主專一性，又稱爲絕對寄生菌，例如胡瓜露菌、白粉病菌。半活體營養寄生即介於前述二者之間，感染初期以活體營養的方式在寄主細胞內存活，之後轉變爲死體營養寄生，分泌酵素來殺死細胞以獲取營養，如檬果炭疽病菌；由於死體營養寄生與半活體營養寄生的眞菌都同樣會造成壞疽的病徵，因此不易直接由病徵來區分這兩種的營養利用方式。

死體及半活體營養寄生的眞菌都可以利用已經被殺死的植物基質作爲營養來源，也就是說在植物死亡後，此類眞菌有一段時期在植物殘體以腐生的方式存活。因此若不注意田間衛生的管理，將罹病組織遺留於田間，將會留下大量的病原菌「接種源」，造成植物病害持續發生，甚至越來越嚴重。

真菌與類真菌之傳播

眞菌與類眞菌主要藉由孢子繁衍後代，也可作爲傳播之用。以子囊菌及擔子菌等眞菌爲例，依照菌類的生理與生態需求，其可以經由有絲分裂產生「無性孢子」或是減數分裂產生「有性孢子」。無性孢子是從特化菌絲（稱之爲分生孢子梗）上產生，就好比植物「落地生根」上產生之無性繁殖芽一般；分生孢子梗的形態多樣，可以爲單生或是叢生，有些種類的眞菌有叢生而短之分生孢子梗，可由植物表皮下突破長出，亦有些眞菌會形成緻密的組織結構來保護腔內的分生孢子梗。有性孢子方面，子囊菌的子囊孢子及擔子菌的擔孢子通常會被特化的構造包覆著，等待適宜的時機釋放。

當眞菌感染植物後，會在寄主上產生更多的孢子，並藉由風力、水、土壤、農具、昆蟲及人的操作方式傳播，進而感染周遭的寄主植物。當環境適宜、養分充足時，眞菌傾向產生大量的無性孢子來侵染寄主，進而快速地建立族群，因此在罹病植物組織上常可見到無性孢子的產生。當生長季末，養分來源受到限制或植株死亡後，傳播孢子不再是優先選項，此時在病斑上的眞菌轉而產生基因重組後遺傳性狀多樣的有性孢子，以因應接下來的生存逆境。

植物之真菌與類真菌病害的主要感染源

田間發生植物眞菌與類眞菌病害的感染來源來自何處？主要有三種：「罹病植

物病斑上的孢子」、「植物殘體上的菌絲體與孢子」以及「病原菌的休眠構造」。

罹病植物病斑上所產生之孢子（主要爲無性孢子）是作物生長季中最主要的感染來源，新感染的植株可以再產生孢子再次傳播出去，如此不斷的蔓延下去。當罹病的葉片、果實、枝條等植物組織掉落後，成爲植物殘體，死體營養寄生及半活體營養寄生的眞菌與類眞菌能在植物殘體上存活一段時間，並產生孢子，這些孢子就又可成爲作物在種植時之初次感染源。

當眞菌在植物殘體上將寄主養分用盡時，眞菌的菌絲便停止生長。但由於柔弱的菌絲無法抵抗寒冷的天氣或易受到環境中的微生物及昆蟲侵襲，所以需要特化的休眠構造，殘存在植物體或土壤中渡過逆境。眞菌主要以「厚膜孢子」及「菌核」兩種形式作爲休眠構造。厚膜孢子由特化的菌絲所形成，因其外壁厚實而得名，其內往往有濃縮的細胞質延長其殘存於環境的時間。菌核則是由緊密纏繞的菌絲團所形成，不同種類的眞菌及環境因子都會使菌核形成的大小出現極大的差異。當殘存於土壤中的厚膜孢子或菌核遇到適當的環境及寄主時，便可藉由孢子或菌核的發芽再侵入寄主植物進行感染，開啓另一個新的病害循環。

植物之真菌與類真菌病害的防治通則

西元 1929 年康乃爾大學植物病理學教授 H. H. Whetzel 博士將植物病害防治法歸納成四大原則：即 (1) 拒病（exclusion）：阻止病害之病原由一個地區傳入另一個新的地區，可採用植物檢疫與健康種子、種苗等策略進行法規防治；(2) 除病（eradication）：對於新引進之病害，在其尚未立足前，予以撲滅，稱爲除滅。例如砍除中間寄主、清除越冬植物、剪除罹病枝條及消毒種子等均屬除滅法；(3) 防護（protection）：在作物生育期間，以化學、物理及生物防治的各種方法保護作物，減少病害之發生，達到生產的目的，是爲防護法。防護法是消極的病害防治法，但也是應用最多之方法。例如施用殺菌劑、輪作、調節土壤酸鹼度及土壤消毒法等均屬於防護法；(4) 免疫（immunization）或抗病育種：利用選種法或雜交育種法，選出或育成抗病品種，是病害防治的重要方法之一。

近 90 餘年來，植病學者依 Whetzel 教授的原則從事農作物病害防治的工作，但事實上，多偏重於化學藥劑之防治（防護）及抗病育種（免疫），雖有相當成就，但仍有許多病害迄今無法有效防治，如植物病毒病、土壤傳播性病害、細菌性病害及菌質病等。至於植物眞菌與類眞菌病害，尤其葉部病害，也遭遇到許多問題，例如生理小種頻頻出現及抗藥性菌系的發生，使傳統的防治無法應付。又化學防治所使用農藥之非專一性與殘留問題，均值得吾輩警惕與深思。

基於自然生態效益方面之考量，若要實現百分之百的植物病害防治是極不可能之事，同時也不符合經濟原則。顯然，人類不可能將植物病害完全去除，所以退而求其次，我們須重新思考物種間的「共存」觀念，將作物病害也視爲農業生態體系的成員之一，在考量經濟損失基準（economic loss threshold）的原則下，設法融合各種植物病害防治策略，有效減輕作物病害發生的罹病度，進而達到合理的生產的目標即可。這就是目前全球植物保護工作者努力追求的「作物病害綜合管理法」的理念。

參考文獻

1. 黃振文。1991。作物病害與防治。行政院青輔會出版。臺北市。
2. 黃振文、陳啓予、黃尹則。2014。爲害農作物的主要兇手—眞菌。科學研習 No.53-2, 2-11。
3. 黃鴻章、黃振文、謝廷芳。2017。永續農業之植物病害管理。五南圖書出版社。臺北市。
4. 孫守恭。2002。植物病理學通論。藝軒圖書出版社。臺北市。
5. Agrios, G. N. 2005. Plant Pathology, 5th edition. Elsevier Academic Press. New York.

（作者：黃振文）

CHAPTER 2

植物病原真菌與類真菌病害的診斷要領

真菌與類真菌引起的植物病害病徵

植物受不同病原菌的感染，會出現各種不同類型的症狀，因此初步以肉眼進行植物病害病徵的診斷，將有助於加速病原菌種類的研判與鑑定的工作。一般病徵的表現會因不同病原菌、不同寄主植物、被感染的部位及發病環境等因素而有所不同，由眞菌與類眞菌引起的病徵也有可能與其他生物或非生物所引起的病徵相仿，大體上，植物病害的病徵可歸納如下：

1. 壞疽（necrosis）：細胞死亡，造成組織褐變，出現黑斑、凹陷、乾縮或浸潤等症狀；在葉片上，經常可見葉綠素被破壞而黃化。
2. 萎凋（wilting）：植物維管束因眞菌的生長、有毒物質，或植物的防禦反應等因子，造成輸送系統堵塞或壞死，使水分無法運送，組織褐化，引起葉片萎凋甚至掉落。
3. 不正常生長（abnormal growth）：細胞不正常增大（hypertrophy），細胞不正常增生（hyperplasia），均會造成植物組織出現瘤腫（gall）、叢生、捲曲變形等症狀。
4. 葉片、果實掉落：提早出現落葉及落果。
5. 寄主組織被取代：類眞菌與眞菌的菌絲及孢子盤據寄主的組織。
6. 產生徽狀物：植物的葉片、果實、莖部或花器被菌絲或孢子覆蓋。

植物的真菌與類真菌病害類型

1. 葉部病害

植物的健康會顯示在葉片上，不論根部病害、維管束病害、莖部病害及非生物因子所造成的病害都會影響葉片的生長。除此之外，葉片本身也容易直接遭受類眞菌與眞菌的感染或寄生而產生病徵。幾乎所有的植物都不能免於葉部病害，所以要找到完全無葉部病徵或病兆（sign，病原菌的菌體或產孢構造）的個體是非常困難的。病害的嚴重度通常是依照病原菌影響葉片光合作用效率的程度而定。葉部病徵可以分成下列六類：

a. 葉斑（leaf spot）：一般這種病斑不會無限擴大，病徵初期會產生褪色，隨後逐漸壞疽，當組織壞死時，病部轉爲黑褐色。壞死部位有時會出現穿孔。在針葉上，位於病斑以上的組織通常會因缺水而死亡。

b. 不規則大型葉斑（leaf blotch）：類似葉斑，但其病斑較大，且較不規則，無明顯界線。

c. 炭疽（anthracnose）：通常發生於葉緣，亦可爲害葉脈組織，甚至擴及整片葉面。

d. 黴斑（mildew）：病兆的一種。由眞菌或類眞菌侵染葉片表面，其菌體會盤據於整個葉表，並產生菌絲及孢子，使葉片上有黴狀物的病徵。

e. 落葉（leaf cast）：受病原菌嚴重爲害，產生落葉的現象。

f. 葉枯（leaf blight）：整個葉片快速死亡。

此外，尙有瘡痂（scab）及膿疱突起（blister）等病徵，不過前述六類已可包含大部分的葉部病徵。通常病斑上可以觀察到病兆，即是病原菌的營養與繁殖構造。

2. 維管束病害

由眞菌引起的維管束病害會快速的阻斷植物的運輸作用，造成嚴重的水分逆境，引起葉片萎凋，常導致整棵植株在短時間內死亡。當然，會影響蒸散作用的病害也會造成葉片的萎凋，如莖部環狀的潰瘍或嚴重的根腐。這類病原菌特別的地方就在於它們專門攻擊活體植物的維管束。維管束被侵害後於木質部呈現條狀或環狀的變色，這些組織變色是因爲眞菌的菌絲、孢子存在所致，或是植株本身產生的充塞細胞及眞菌分泌的毒素累積而成。若病原菌感染的速度很慢，則不會發生落葉的情形，取而代之的是梢枯或長時間逐漸的衰弱且葉片變小。引起萎凋的眞菌可透過三種途徑進入植物體內，即：(1) 由媒介昆蟲咬食枝幹所造成的傷口進入；(2) 由根部或板根的傷口進入；(3) 鄰近的植株間，經由根部的接觸而傳遞。所有維管束之病原眞菌皆可經由根部的接觸而感染鄰近新的植株，其中病原菌侵入的方式及在植株中存在的位置均會影響病徵的表現。

3. 潰瘍病害

「潰瘍」意指病斑內的細胞死亡所造成的病徵，此病斑和寄主健康組織有一定的界線。潰瘍通常發生在樹幹或枝條上的樹皮及皮層中。大部分的木本植物會因爲一種以上的因子造成潰瘍，其中非生物因子有寒害和日晒，生物因子則有細菌、病毒及眞菌，其中大部分的潰瘍是由眞菌中的子囊菌所引起。引起潰瘍的眞菌主要是伺機性病原，它們平常不會主動攻擊寄主組織，而是等待適當的時機，藉由傷口或寄主植物遭逢環境壓力時侵入。樹皮是樹木阻擋病原菌入侵的屛障，病原菌大都藉由傷口入侵，少數經由氣孔、皮孔或樹痂等自然開口侵入。

4. 根部病害

植物的根部遭受類眞菌與眞菌感染時，會出現取食根（feeder root）褐化、根腐、根腫及根朽等不同類型病徵，有時病原菌會繼續往莖基部感染，引起地基部褐變，並出現病兆（病原菌的菌體或產孢構造）。

植物病害鑑定的法則依據

鑑定植物病害的第一步，是要決定該病害係由傳染性因子或環境因子所致。通常由傳染性因子（infectious agents）引起之病害，均會出現特殊之病徵，有時在病徵上出現有病原體的病兆（sign）。但由病毒（virus）及菌質（phytoplasma）所引起之病害的病徵不易與環境因子引起之病害區分，因此有些學者利用指示植物嫁接的技術來判斷確實的病因。現在科技進步神速，利用顯微鏡、解剖顯微鏡及電子顯微鏡便可直接鏡檢病原的種類。當然實驗室內，利用培養法、血清法等來追蹤實際的病原眞凶也是重要的診斷技術。線蟲引起的病徵則常與微量元素缺乏症混淆，因此必須檢查作物根部及土壤才行。若由環境因子（即低溫、淹水、土壤酸鹼值過高或過低，土壤礦物質缺乏或過量等）所致之病害必須先觀察環境之客觀條件及受害的植物分布，再予以研判。有時設計人工環境以培育植物，亦可作爲追蹤病因的參考依據。一位植物病理學家爲了確實鑑定作物的病原（或病因），常依據柯霍氏法則（Koch's postulates）來進行求證的工作。即：(1) 追查病原菌必須與病害相關聯，亦即在病徵處必可找到病原菌；(2) 病原菌可以分離與純化培養，或可以生長於感病寄主上；(3) 所分離之純化菌種必可接種在原寄主植物上，且可獲得相同之病徵；(4) 由接種所得之病徵可再度分離出病原菌，且其特徵與 (2) 所得之純化菌種相同。以上柯霍氏法則較適用於眞菌及細菌。至於不易或不能培養的絕對寄生菌、病毒、線蟲及菌質則可採用修正式的柯霍氏法則，及應用嫁接、昆蟲、傷口、汁液與磨擦等方法以接種指示植物（indicator plants），使其表現病徵，藉以作爲病害鑑定的參考。例如藜、千日紅、蔓陀蘿等，常爲病毒之指示植物。此外，浮塵子（葉蟬）、褐飛蝨、蚜蟲、薊馬常可傳播病毒及菌質，因此亦可利用這些昆蟲做傳毒試驗，以證明病毒或菌質引起之植物病害。

植物病害診斷的步驟

1. 首先辨認健康植物的形態與生理特徵。
2. 確定病因——由許多可能的病因中，一一除去不相干的因子，藉以確定單一的病因。
3. 比較受害與未受害區域間各種栽培制度措施的差異點。
4. 觀察病害的分布形態（零星或群集發生）。
5. 細心檢查根、莖、葉等內外部位的病變與異常情形。
6. 進行室內分離、培養與鑑定的工作。
7. 參考各種植物病害與病原的書籍、圖鑑及檢索表依序鑑定分析之。

植物病原真菌與類真菌診斷與偵測技術

1. 植物病害診斷法
   a. 病徵診斷法：依據植物的病徵進行診斷。
   b. 解剖診斷法：利用解剖手段在解剖顯微鏡、複式顯微鏡或電子顯微鏡下，觀察病原菌的形態再診斷之。
   c. 理化診斷法：利用物理化學儀器測定健康與罹病寄主植物之生理生化間的差異性。

d. 血清診斷法：採用血清凝聚與沉降反應，利用抗體檢測罹病植物是否帶有特定抗原的反應，藉以研判病原的種類。

e. 培養診斷法：利用培養基分離培養病原菌，進行診斷的工作。

2. 傳統的偵測方法

a. 利用光學顯微鏡直接觀察病原菌的孢子形態與產孢方式，進而鑑定病原菌的種類。

b. 利用選擇性培養基或誘釣的方法進行病原菌檢測。

3. 現代的診斷與偵測技術

a. 核酸探針及聚合酶鏈鎖反應（polymerase chain reaction, PCR）爲基礎的偵測技術：

利用分子選殖技術，篩選及選殖病原菌專一性的 DNA 片段，經放射性同位素或非放射性方法標識後，作爲偵測探針。此種 DNA 探針具高度專一性，應用點漬雜配法可直接偵測植物組織內的病原菌。

b. 菌體蛋白質電泳分析：

利用聚丙烯醯胺電泳（PAGE）分開可溶性蛋白質，以分析病原菌的蛋白質圖譜。

c. 單元抗體的血清診斷法：

傳統的血清診斷法都使用多元抗體，較易發生菌種間的交叉反應，使其應用受到限制。近年來由於融合瘤技術的發展，可以製備出專一性及靈敏度高的單元抗體。

d. 多位點基因序列分析（multilocus sequence analysis, MLSA）：

近年來許多研究已將 MLSA 作爲眞菌與類眞菌鑑定的標準流程。該技術主要應用 PCR 增幅多個管家基因（house-keeping gene）片段後進行基因序列定序，並整合各個基因片段的資訊後，建立親緣演化樹作爲分類依據。

e. 環形恆溫擴增法（loop-mediated isothermal amplification, LAMP）：

本技術利用 4 個特殊設計的引子，針對目標 DNA 的 6 個特定區間進行辨識，並以具有高度股替代（strand-displacement）特性的 DNA 合成酵素，在恆溫中增幅目標 DNA。反應起始後，目標 DNA 序列兩側的特定區間會形成環狀結構，導致擴增反應持續進行，達到偵測目標 DNA 的目的。

f. 次世代定序（next-generation sequencing）技術：

次世代定序技術包含多種不同的定序平臺，主要優點在於高通量（high-throughput）、快速，且核酸定序的成本已逐年降低，因此可被應用在許多的研究領域。以植物病原眞菌與類眞菌的診斷與偵測而言，可利用該技術進行病原菌的偵測、基因體序列比較，或植物微生物體（phytobiome）多樣性等研究。

病害標本採集的要領

1. 各種不同受害程度的幼苗、枝條及葉片等均須採集。隨後以紙巾包裹標示後，分別放置在塑膠袋內，以便送驗。
2. 若在罹病株或病葉有昆蟲或其他動物存在時，應將牠們的活體及糞便放入含有 75% 酒精的指形管內，一併送驗。
3. 由受害及未受害植株的根系附近採集土壤，然後分別裝在塑膠袋內送驗。其中土表粗的土塊及石粒均應去除。
4. 將標本或土樣放置於旅行用的小冰箱內，防止送驗途中，標本樣品溫度過高，導致雜菌（黴菌）孳生蔓延。

診斷標本所需的背景資料

採集病害標本應盡量記錄下列的背景資料，將有助於正確的病害診斷。

1. 罹病植物的「種名」。
2. 罹病植物的「株齡」。
3. 罹病田與苗床的植物生產力爲何？
4. 田間有多少的植物或幼苗受害？
5. 什麼時候首先出現最初病徵？
6. 其他鄰近受害（影響）之植物種類與名稱。

7. 施用農藥的種類、劑量及日期爲何？
8. 施用肥料的種類、用量及日期爲何？
9. 發生病害前後氣候狀況爲何？
10.近期耕作制度如何？有無中耕或剪根處理？
11.農田有無處理過燻蒸劑的紀錄（使用哪一種燻蒸劑、劑量、施用日期及季節）？
12.土壤的質地。
13.土壤的分析結果如何？
14.病兆及病徵在植株的哪些部位（在葉片、莖幹或根部）？
15.植株的取食根（feeder root）有無菌根眞菌存在呢？

參考文獻

1. 黃鴻章、黃振文。2005。植物病害之診斷與防治策略。行政院農委會防檢局出版。臺北。120 頁。
2. Agrios, G. N. 2005. Plant Pathology. 5th edition. Elsevier Academic Press. New York.
3. Stresets, R. B. 1972. The Diagnosis of Plant Diseases. 3rd edition. The University of Arizona Press. Arizona, U. S. A.
4. Fox, R. T. V. 1993. Principles of Diagnostic Techniques in Plant Pathology. Oxford University Press. UK.
5. Notomi, T., Okayama, H., Masubuchi, H., Yonekawa, T., Watanabe, K.,Amino, N., and Hase, T. 2000. Loop-mediated isothermal amplification of DNA. Nucleic Acids Res. https://doi.org/10.1093/nar/28.12.e63.
6. Glenn, T. 2011. Field guide to next-generation DNA sequencers. Mol. Ecol. Resour. 11:759-769

（作者：黃振文、洪爭坊、謝廷芳）

CHAPTER 3

真菌與類真菌之特性

緒言

真菌的繁殖

真菌之學名

類真菌

低等菌

高等菌

植物病原真菌診斷之要領

參考文獻

緒言

植物覆蓋大地，爲環境提供氧氣、爲生命提供養分，但也和動物一樣會受到疾病所苦，並影響到農作物之生產，因而引起嚴重之經濟損失；解決之道就是正確的診斷病因與病原菌，才能實施有效的防治策略。在造成植物疾病的微生物中，約80%爲眞菌，因而如何從病徵及病原菌之形態來辨別眞菌引起的植物病害與病原眞菌種類，即爲植物保護之重要課題。相較於細菌、病毒、菌質體等致病之微生物，眞菌具有可在顯微鏡下被辨識的微觀特徵，這些特徵不僅顯現出個別病原菌之獨特性，從另一個角度也能讓我們認識眞菌的多樣性與神奇的角色，進而了解與欣賞眞菌，並學習如何與眞菌共處。

眞菌主要藉由孢子繁衍後代，也可作爲傳播之用，有性繁殖產生有性孢子，無性繁殖產生無性孢子，有性及無性孢子之產生分別有其生存及生態上之意義，也是菌種鑑定上最重要之關鍵。在此先將眞菌之類別區分爲低等眞菌（包括壺菌、接合菌）與高等眞菌（包括子囊菌、擔子菌），再說明其特性，以利於了解如何觀察鑑定植物病原眞菌。

真菌的繁殖

眞菌的無性繁殖：就像植物的無性繁殖，包括馬鈴薯的芽點、落地生根的葉芽。無性繁殖的定義就是：自生物體上切割出的片段，可發育爲相同的生物體。眞菌的無性繁殖原理與植物的一致，只是就眞菌而言，生物體就是菌絲，無性繁殖的孢子就直接由「菌絲切割出的片段」產生。高等眞菌的無性孢子（即分生孢子）產生在特化菌絲（即分生孢子梗）的外面（圖 3-1），可將菌絲想像爲落地生根的葉子，孢子就是葉子上會脫落的繁殖芽；相反的，低等眞菌的孢子是產生在菌絲的「內部」，是像切披薩一般，將特化菌絲（即孢囊）內部切割成小單位的無性孢子（圖 3-2）。

眞菌無性繁殖在病害傳播上之重要性：當眞菌感染植物後，會在寄主上產生更多的孢子，並藉由風力、水、土壤、昆蟲甚至是人爲的方式傳播，來感染周圍的

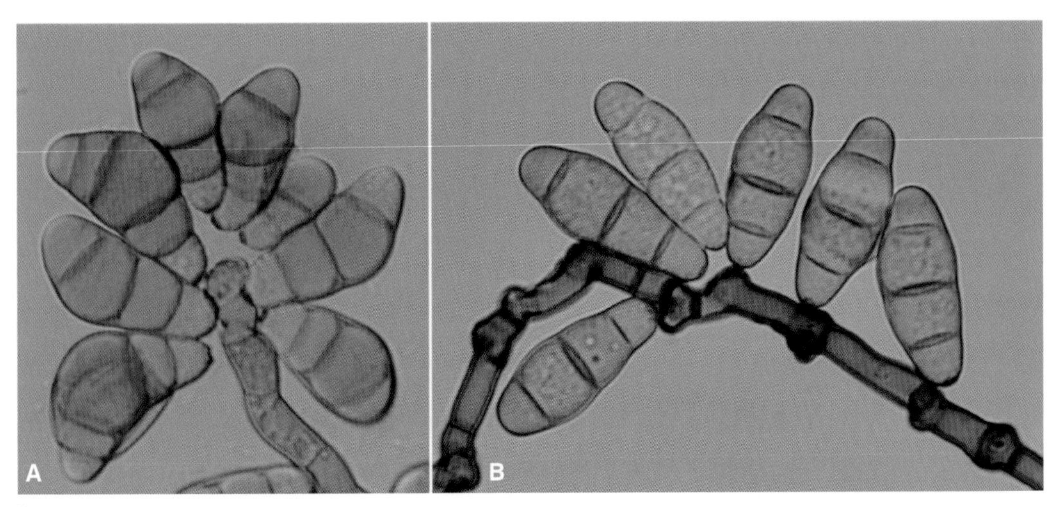

圖 3-1　高等真菌之無性孢子（分生孢子），為特化菌絲（分生孢子梗）上所產生會脫落之傳播單位。(A、B) *Curvularia* 屬之真菌。

Fig. 3-1.　Asexual spores (conidia) of higher fungi are produced on specialized hyphae, namely conidiophores, and are detachable and dispersing elements. (A, B) *Curvularia* species.

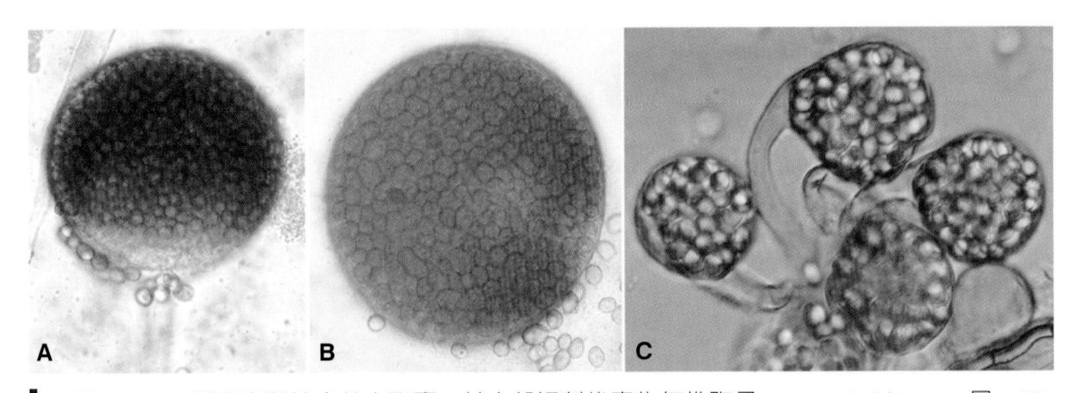

圖 3-2　低等真菌接合菌之孢囊，其內部切割後產生無性孢子。(A、B) *Rhizopus* 屬；(C) *Thamnostylum* 屬。

Fig. 3-2.　Sporangia of lower fungi zygomycetes: Asexual spores produced by cleavage division in sporangia. (A, B) *Rhizopus* species; (C) *Thamnostylum* species.

寄主植物，即為二次感染源。綜觀本書所描述之植物眞菌性病害之眞菌，幾乎都會介紹其無性繁殖的形態，卻很少會有有性繁殖的描述，為何？先思考無性繁殖的意義，在於可以快速的將後代繁衍、傳播出去，省下繁複的配對過程，這對病原菌尤其重要，因為病原菌要抓緊適合感染植物的有限時機點，就必須要快速的產生孢子（而有性繁殖孢子的產生卻耗工、費時）。所以一般我們可以見到的植物病害，在病徵上看到的幾乎都是無性繁殖的孢子，作爲二次感染的來源，因而如何辨別這些無性孢子，在病害診斷鑑定上至爲重要。

眞菌之有性繁殖：有性繁殖是配子配對後，核融合及有絲分裂的整個過程，除了要有產生配子的特化結構外，還需要整個配對時程，所以對於植物病原菌而言，有性繁殖的孢子主要是在植物殘體（或少數在後期的植物病斑）上產生，因爲只有在植物殘體上，病原菌才能好整以暇地來「配對」再「產孢」，而這些有性繁殖之孢子，即作爲初次感染源，其除了在植物殘體外，並不容易在病徵上看的到。僅有極少數的特例，在植物病徵上只看到有性繁殖之孢子，如菩提葉黑脂病之病原菌（圖 3-3），是因爲此種類之眞菌不具有無性繁殖的孢子，有性孢子即爲其唯一的選擇。有性繁殖孢子的產生較爲複雜，亦不是病原菌診斷之重要依據，故於下文分「門」別類時再分別介紹說明。

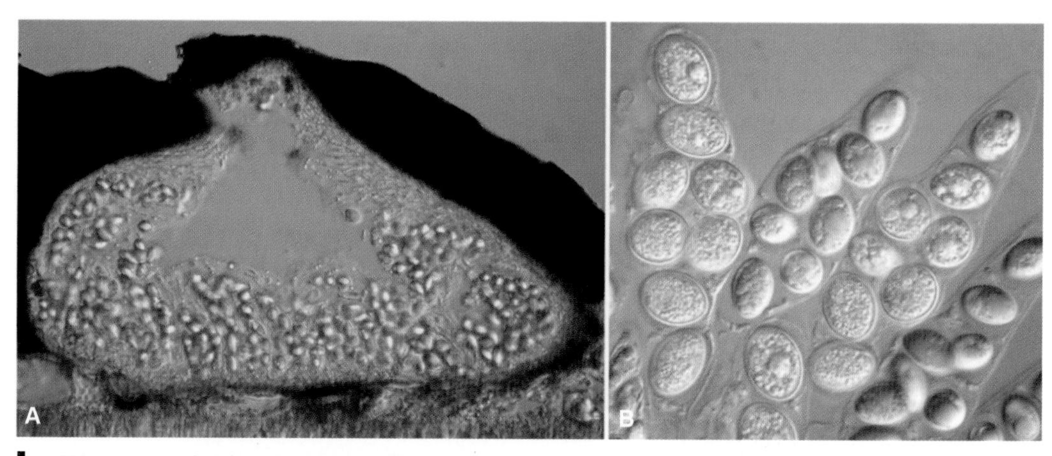

圖 3-3　菩提葉黑脂病之病原菌 *Phyllachora repens*。(A) 病原菌之黑色子囊果之縱切面；(B) 子囊，每個子囊內具有 8 個子囊孢子。

Fig. 3-3.　Pathogen of Bodhi tree leaf tar spot, *Phyllachora repens*. (A) Cross-section of an ascocarp. (B) Asci, each containing 8 ascospores.

眞菌有性繁殖在植物病害上的角色：低等眞菌（壺菌、接合菌）之生活史以無性繁殖爲主，只有在逆境（土壤、植物殘體）出現時有機會行有性繁殖，其有性繁殖之孢子等同於休眠孢子，具有耐逆境及在環境中休眠之功能，作爲未來初次感染源。高等眞菌之子囊菌，有性繁殖主要在「沒有迫切時間壓力」的植物殘體上產生，而產生之有性繁殖孢子（圖 3-4），即爲作物之初次感染源。而高等眞菌之擔

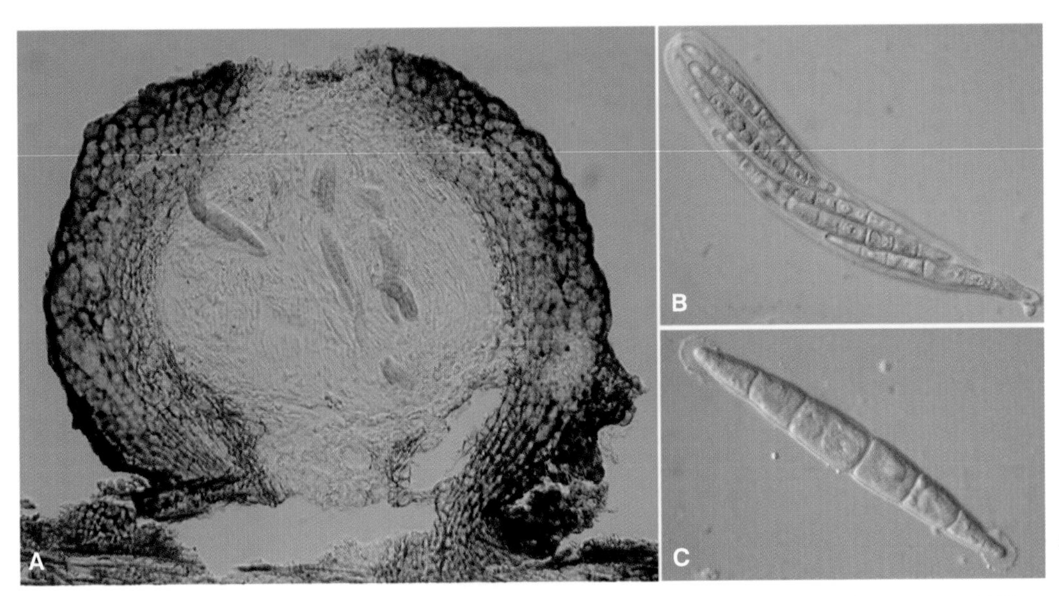

圖 3-4　甘藍黑腳病之病原菌在植物殘體上產生之有性繁殖。(A) 子囊果之縱切面；(B) 子囊，內有 8 個子囊孢子；(C) 子囊孢子。

Fig. 3-4.　Sexual reproduction produced by the pathogen of cabbage blackleg on plant residue. (A) Cross-section of an ascocarp. (B) Ascus with 8 ascospores. (C) Ascospore.

子菌，由於有性繁殖之效率大幅提升，以至於擔子菌造成的植物病害中，許多種類已可以直接在病徵上產生有性繁殖的構造。

真菌之學名

眞菌之學名－有性繁殖（有性世代）、無性繁殖（無性世代）：有性繁殖畢竟是需要由有性結構產生及配對的繁複過程，所以對低等眞菌（壺菌、接合菌）而言，除非不得已（遇到生存逆境），不會輕易耗費能量來行有性繁殖，所以在自然界中，低等眞菌之生活史以無性繁殖爲主，因而在環境中所能見到的低等眞菌幾乎都只有無性繁殖，也理所當然在植物病徵上出現的都是無性繁殖，只偶爾伴隨有性繁殖的形態；但隨著演化推進，高等眞菌（子囊菌、擔子菌）之有性繁殖效率提高，不再是以無性繁殖獨占鰲頭。以至於高等眞菌中，有些種類的生活史以無性繁殖爲主（甚至只存在無性繁殖），有些種類的生活史以有性繁殖爲主（甚至只存在

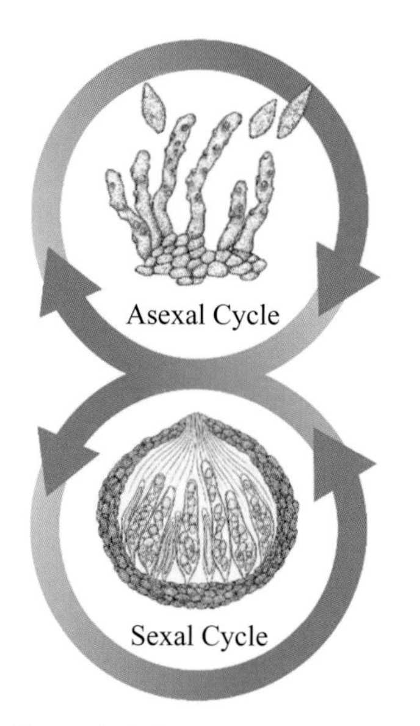

圖 3-5　真菌之生活史：有性、及無性繁殖。高等真菌之有性、無性繁殖依各自獨特的形態而分別有各自之學名。此圖為造成梨黑星病之病原菌，有性形態（世代）為 *Venturia nashicola*、無性形態（世代）為 *Fuscicladium nashicola*。

Fig. 3-5.　Life cycle of fungi with sexual and asexual reproductions. Sexual and asexual stages of higher fungi have separate scientific names. This picture represents life cycle of pear scab pathogen. The name given to sexual stage is *Venturia nashicola*, and to asexual stage is *Fuscicladium nashicola*.

有性繁殖）。爲了能將所有菌種命名（因爲許多種類僅有有性繁殖，許多種類僅有無性繁殖），在眞菌命名法規中衍生出「分別對高等眞菌之有性繁殖及無性繁殖形態進行命名」之特許規定。所以，有些高等眞菌只有有性繁殖的學名（概稱：有性世代），有些高等眞菌只有無性繁殖的學名（概稱：無性世代）。部分種類同時具有有性繁殖及無性繁殖，因而就會有同一個眞菌卻具有兩個學名的情形（概稱有性世代、無性世代），這狀況尤其在植物病原菌上特別普遍（圖 3-5），此可以歸因於病原菌在生態上之適應：以無性繁殖作爲二次傳播、以有性繁殖作爲初次傳播。而當描述高等眞菌之無性繁殖（無性世代）時，俗稱其爲「不完全菌（imperfect fungi）」，意即該時期僅爲高等眞菌完整生活史中的部分階段。雖然「有性繁殖及無性繁殖」與「有性世代及無性世代」爲不同之觀念，但由於在植物病理學界中已長期將二者通用，因而本書中仍沿用此約定俗成之用法。另外，雖然近年命名規約中已取消特許高等眞菌可以有性、無性繁殖雙軌之命名許可，但新的制度仍未廣泛通用，所以本書亦沿用長期之有性、無性繁殖兩種學名之習慣用法。

類真菌

何謂類眞菌：除了眞菌界的物種之外，有一些原生生物，在特性上類似眞菌，因而總是被涵蓋在眞菌學之教科書中，並由眞菌學家研究，其中之根腫菌門、卵菌門與植物病害相關，俗稱爲「類眞菌」，亦爲本書介紹之對象。相較於已知約 12 萬種眞菌，根腫菌門僅知約 35 種，而卵菌門僅知約 1 千 5 百種。此根腫菌門及卵菌門有與前述低等眞菌一致之特性，所以歸納爲「低等菌」。

以下先區分高等菌與低等菌，然後再以分類群之「門」來分別介紹各類之菌種（一般生物之分類階層爲：界、「門」、綱、目、科、屬、種）。

低等菌

低等菌包括根腫菌門（類眞菌）、卵菌門（類眞菌）、壺菌門、接合菌門。其中根腫菌門及卵菌門並不屬於眞菌界。

類眞菌—根腫菌門（Plasmodiophoromycota）

屬於原生生物之有孔蟲界。近年來分類系統經常將此「門」的菌併入絲足蟲門（Cercozoa）中之根腫菌目（Plasmodiophorida）。此類菌爲單細胞形式，存在於土壤及水中之植物根部、藻類及卵菌，絕對寄生於寄主的細胞內。孢子感染寄主後，在細胞內發育成原生質體（plasmodium），再轉化爲孢囊，孢囊內切割後產生具有鞭毛之孢子。根腫菌之有性繁殖，在減數分裂後產生休眠孢子，可於土壤中殘存數年之久。

類眞菌—卵菌門（Oomycota）

屬於原生生物之藻菌界，無性繁殖之游走孢子自孢囊內切割後產生，並自孢囊釋放（圖 3-6），這些游走孢子具有鞭毛（沒有細胞壁），會在水中游動，無法脫離水，所以基本上這類菌種似乎只能在地底下傳播而被侷限在土壤中，造成植物

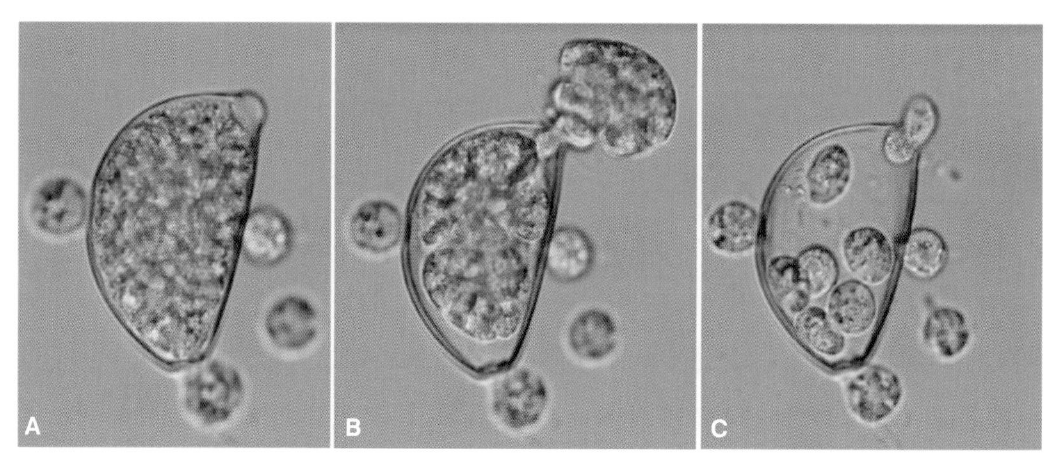

圖 3-6　類真菌—疫病菌（卵菌）之孢囊，及內部切割後產生之游走孢子。(A) 尚未釋放游走孢子之孢囊；(B) 正在釋放游走孢子之孢囊；(C) 已經釋放游走孢子之孢囊。

Fig. 3-6.　Sporangium of *Phytophthora* (pseudo-fungus, Oomycota), with zoospores being produced by cleavage. (A) Un-discharged mature sporangium; (B) discharging sporangium; (C) discharged sporangium.

地下部之爲害，如腐黴菌（*Pythium*）。但隨著物種之演化，其物種也朝著發展能生存於地上部環境之機制，要如何辦到？需仰賴重要之關鍵，就是讓「孢囊」能做爲傳播單位，因爲孢囊具有細胞壁，可以在空氣中散布（游走孢子則不行），此類之孢囊同時仍具有產生游走孢子之特質。所以疫病菌（*Phytophthora*）可以感染植物之地下部位以及地上部位。更進一步適應陸地的演化爲露菌及白銹病菌（*Albugo*），可藉由氣流來傳播孢囊，並主要感染植物的地上部位。而且有些露菌甚至已遺忘了與生俱來的特性，只利用孢囊傳播，喪失了自孢囊內產生游走孢子的能力，並具有完整特化之孢囊梗以利於空氣傳播，如 *Bremia* 及 *Peronospora* 屬之露菌（圖 3-7）。卵菌之有性繁殖（圖 3-8），產生卵孢子，主要功能在於休眠，除腐黴菌的卵孢子外一般並不常見，所以在鑑定上皆是以無性繁殖孢囊相關之形態爲依據。

壺菌門（Chytridiomycota）

屬於低等眞菌，孢囊內部切割後產生具有鞭毛、沒有細胞壁之游走孢子。部分種類之孢囊可進行空氣傳播，感染植物地上部位。有性繁殖爲經由配對後產生單一之休眠孢子，可殘存於土壤中數年之久。進化至陸地上的種類，孢囊除了會產生游走孢子外，孢囊本身亦可作爲傳播單位。

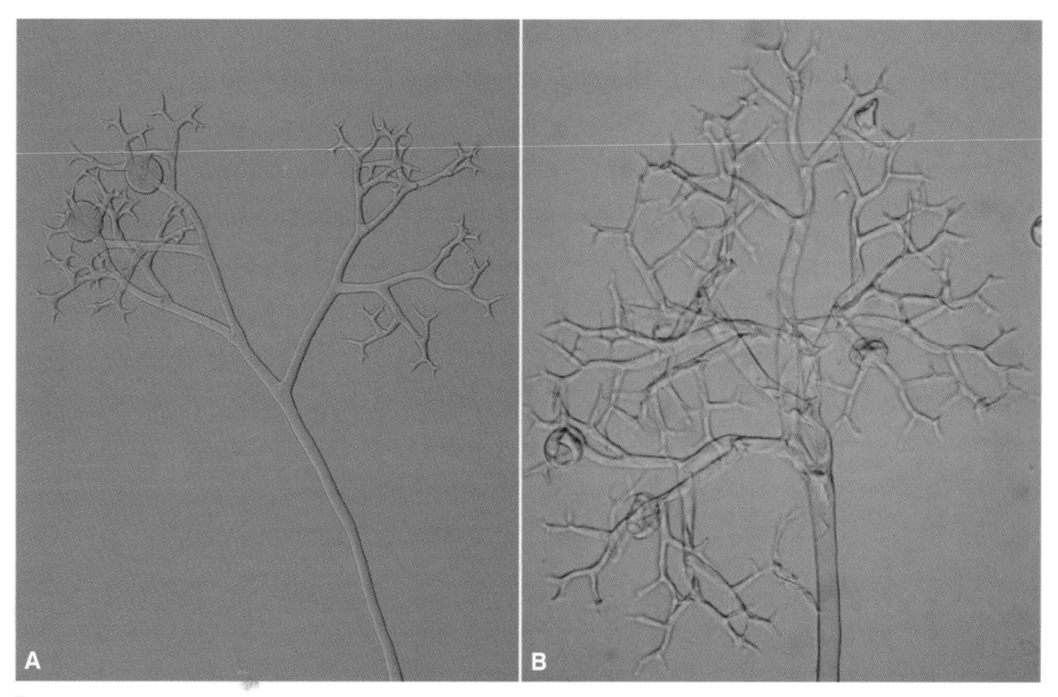

圖 3-7　類真菌—*Peronospora* 露菌（卵菌）之孢囊梗及孢囊。(A) 大豆露菌；(B) 洋桔梗露菌。
Fig. 3-7.　Sporangiophores and sporangia of *Peronospora* (downy mildew pseudo-fungus, Oomycota). (A) *Peronospora manshurica*; (B) *Peronospora chlorae*.

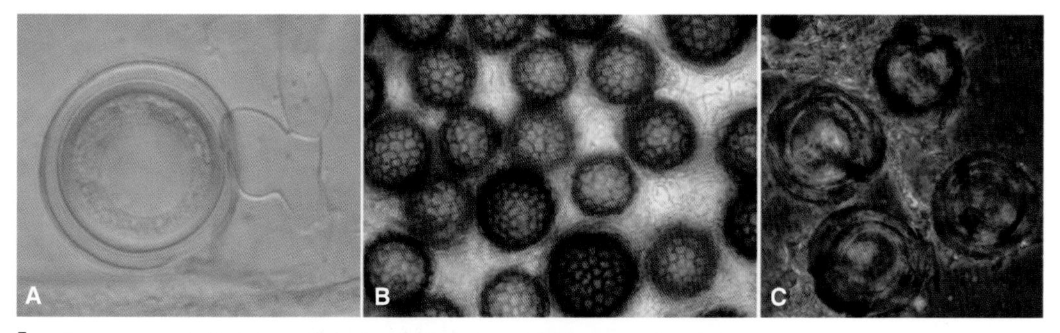

圖 3-8　卵菌之卵孢子。(A) 腐黴菌；(B) 白銹菌；(C) 小米露菌。
Fig. 3-8.　Oospores of oomycetes. (A) *Pythium*; (B) *Albugo*; (C) *Sclerospora*.

接合菌門（Zygomycota）

屬於低等眞菌，無性繁殖之孢子自孢囊內切割後產生，孢子已不具有鞭毛，而有細胞壁保護，所以孢子可以在空氣中進行傳播，不再仰賴水傳播。演化初期之接合菌，孢囊內產生大量之孢子，孢子散播至空氣中，如毛黴菌（*Mucor*）、根黴

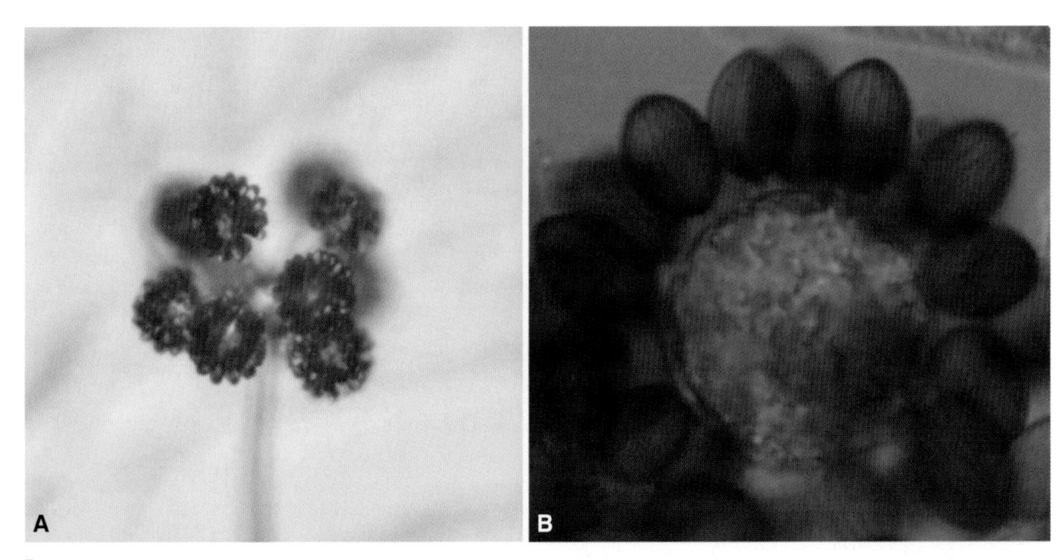

圖 3-9　*Choanephora* 屬接合菌之孢囊，聚集且著生在膨大之菌絲頂端，每一個孢囊內僅具單一孢子。(A) 解剖顯微鏡下之多個聚集叢；(B) 光學顯微鏡下之單一個聚集叢。

Fig. 3-9.　Sporangia of *Choanephora* (Zygomycota), containing single spore and clustering on swollen vesicles. (A) View under dissecting microspore with several clusters of sporangia. (B) View under light microscope with single cluster of sporangia.

菌（*Rhizopus*）（圖 3-2A、B）。隨著進化過程，孢囊內之孢子有減少之趨勢（圖 3-2C）；而進化之極致就是「孢囊內僅產生單一孢子」，以 *Choanephora* 屬爲代表（圖 3-9），在此情況下，此孢囊（僅一個孢子）直接作爲傳播單位，可直接自孢囊梗上脫落，外觀上就好似高等眞菌之分生孢子，但實際上此傳播單位本質上是「孢囊」。有性繁殖經由配對後產生單一之接合孢子，爲環境中長期休眠之結構。在新近的眞菌分類中，「接合菌門」已不再被視爲正式之分類群，而被拆解爲不同之「門」及「亞門」，但並不影響其主要之共同特性，在此仍沿用「接合菌門」分類群。

高等菌

高等菌包括子囊菌門、擔子菌門。

子囊菌門（Ascomycota）

子囊菌指的是會產生子囊的眞菌，而「子囊」（圖 3-3B、3-4B）即是有性繁殖的結構，其內部會產生有性繁殖之子囊孢子（大多 8 個），子囊一般會受到殼狀之眞菌組織——子囊殼保護。子囊菌之有性繁殖效率提高，不再是像低等眞菌之有性繁殖般稀罕產生，但其有性繁殖大多是在植物殘體上出現，並不是容易觀察到的特徵（圖 3-4）。而當從病組織上觀察病原菌，主要是無性繁殖，其孢子稱爲分生孢子，爲菌絲上所產生的脫落、傳播單位，其孢子形態變化多樣（圖 3-10）。這些孢子及產生孢子的結構（分生孢子梗），有些種類沒有受到保護，直接暴露在環境中（圖 3-11）；而有些種類之分生孢子會被包覆在球狀之眞菌組織中，稱之爲柄子殼（pycnidium）（圖 3-12A）；有些種類之分生孢子聚集產生在盤狀之眞菌組織上，成熟後湧出而突破植物表皮，稱之爲分生孢子盤（acervulus）（圖 3-12B）。高等眞菌之病原菌在病徵上出現無性繁殖形態，所以會有無性世代（無性繁殖）的學名；但若同一種眞菌在植物殘體上會產生有性繁殖，就會有有性世代（有性繁殖）的學名，因而有可能同一個眞菌會有兩個學名的情形。然而，有許多子囊菌

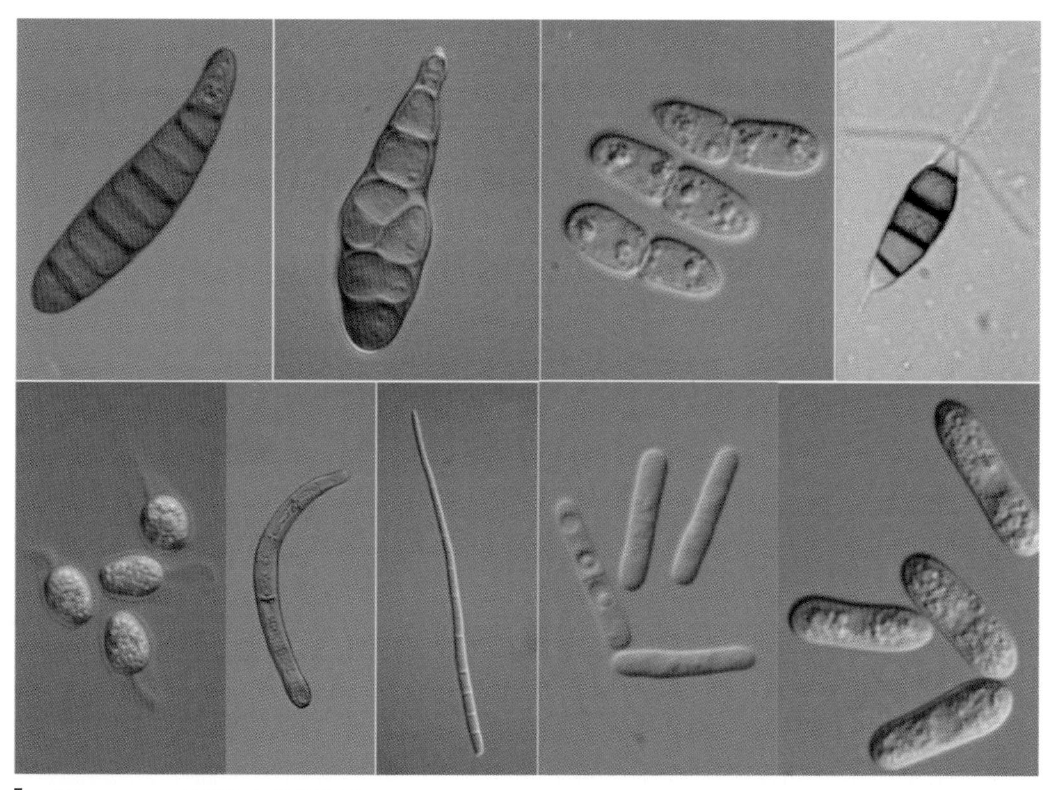

圖 3-10　多樣化之分生孢子。
Fig. 3-10.　Diverse conidia.

圖 3-11　稻熱病菌之分生孢子及分生孢子梗（沒有受到真菌組織保護）。(A) 解剖顯微鏡下的照片；(B) 光學顯微鏡下的照片。

Fig. 3-11.　The pathogen of rice blast (*Pyricularia oryzae*), showing unprotected conidia and conidiophores. (A) View under dissecting microscope. (B) View under light microscope.

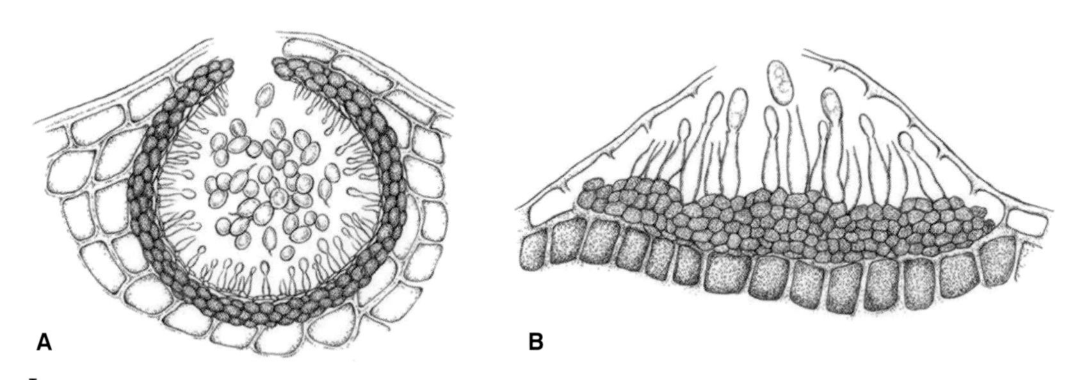

圖 3-12　保護分生孢子之真菌組織結構。(A) 柄子殼；(B) 分生孢子盤。

Fig. 3-12.　Structures protecting conidia. (A) Pycnidium. (B) Acervulus.

之病原菌僅發現無性繁殖，如最常見之病原菌 *Fusarium oxysporum*；有些子囊菌之病原菌只發現有性繁殖，如菩提葉黑脂病菌 *Phyllachora ripens*，也就僅會有一個學名。

擔子菌門（Basidiomycota）

擔子菌指的是會產生擔子的眞菌，而「擔子」（圖 3-13）即是有性繁殖的結構，每個擔子外部會產生有性繁殖之擔孢子（一般爲 4 個），擔子會受到眞菌組織一擔子果（菇體）所保護，但有些種類之擔子菌並不會產生菇體，如外擔菌

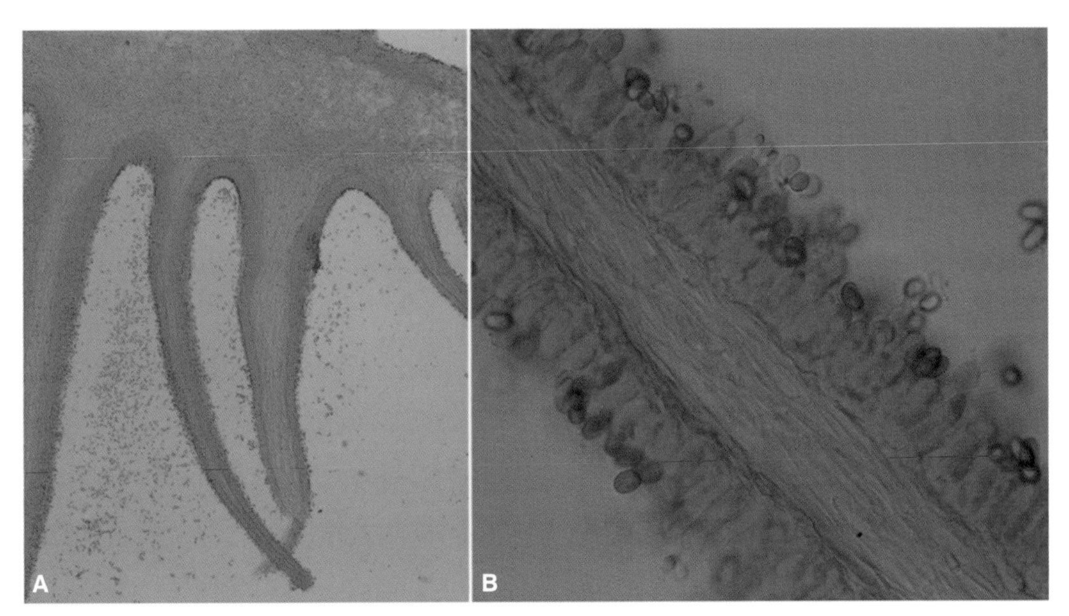

圖 3-13　擔子菌之擔子。(A) 菌傘之剖面，呈現密布擔子之菌褶；(B) 菌褶上之擔子及擔孢子。
Fig. 3-13.　Basidia of basidiomycetes. (A) Section of pileus, showing dense basidia. (B) Basidia and basidiospores on the gill.

（*Exobasidium*）、銹病菌及黑穗病菌。雖然高等眞菌具有以有性繁殖（世代）命名及以無性繁殖（世代）命名的雙軌學名系統，但此現象以子囊菌爲主。在擔子菌中，無性繁殖總是被忽略，只有部分擔子菌有無性繁殖之紀錄，因爲擔子菌以超高效率的方式進行有性繁殖，在環境中是以有性繁殖爲生存優勢，縱使是植物病原菌，也逆轉前述眞菌類別之現象——產生有性繁殖不利即時散播之劣勢，而是可以在罹病組織上形成並傳播有性孢子。只有銹病菌及黑穗病菌類之擔子菌尚普遍保留以無性繁殖的孢子作爲傳播方式，如黑穗病菌部分種類之冬孢子（厚膜孢子），及銹病菌之春孢子及夏孢子等皆爲無性孢子（此專一性之孢子稱呼僅適用於黑穗病菌及銹病菌）。而不論黑穗病菌或銹病菌產生之冬孢子，皆視可爲有性繁殖之核融合之場所，主要的功能是產生擔孢子作爲傳播及感染的單位。

植物病原真菌診斷之要領

除了少數例外（指的是少數之子囊菌病原菌不具有無性繁殖及部分擔子菌病原

菌），病原眞菌在植物病徵上主要產生無性繁殖孢子，所以病害診斷上最爲重要的是了解這些無性繁殖之結構。低等眞菌觀察的重點爲孢囊及孢囊梗；高等眞菌觀察的重點爲分生孢子（即爲高等眞菌之無性孢子）及分生孢子梗，以及這些分生孢子是否有被柄子殼（pycnidium）（圖 3-12A）或分生孢子盤（acervulus）（圖 3-12B）所保護。對於土壤傳播病原菌之種類，會產生耐逆境之休眠結構，包括厚膜孢子（chlamydospore）或菌核（sclerotium）。

愈相近類群的眞菌會有愈多共通的特性，所以面對植物病害，從巨觀到微觀的辨認造成病害的菌種類群，確認其屬於眞菌病害中，歸屬於哪一分類「門」的菌種，以及歸屬於哪一分類「屬」的菌種，將可提供更多資訊，以制定有效率的防治策略。而每一個個別的菌種皆有其獨有之特質，外部之表徵，背後蘊藏的是該物種爲了適應環境所錘鍊出來的形式，與該菌種的傳播、感染、殘存皆息息相關，只要能洞悉這些特徵，即更能掌握防治之要領。希望藉由對各菌種類群的介紹，讓植物病理相關從業者，未來在面對植物病害時，更能觸類旁通而游刃有餘。

參考文獻

1. Agrios, G.N. 2005. Plant Pathology, Fifth Edition. Elsevier Academic Press.
2. Alexopoulos, C. J., Mims, C. W. & Blackwell, M. 1996. Introductory Mycology, Fourth Edition. New York, USA: Wiley.
3. Kendrick, B. 2017. The Fifth Kingdom: An Introduction to Mycology, Fourth Edition. Indiana, USA: Hackett Publishing.
4. Deacon, J.W. 2006. Fungal Biology, Fourth Edition. Oxford, UK: Blackwell Publishing.
5. Webster, J. & Weber, R.W.S. 2007. Introduction to Fungi, Third Edition. New York, USA: Cambridge University Press.

（作者：陳啓予）

CHAPTER 4

類真菌引起的植物病害

I. 十字花科蔬菜根瘤病（Club Root of Cruciferous Vegetables）

II. 胡瓜猝倒病與根腐病（Damping-off and Root Rot of Cucumber）

III. 馬鈴薯晚疫病（Potato Late Blight）

IV. 胡瓜露菌病（Cucumber Downy Mildew）

V. 葡萄露菌病（Grape Downy Mildew）

VI. 莧白銹病（White Rust of Amaranth）

類眞菌又稱低等眞菌，顯微形態像眞菌，但遺傳親緣性卻與眞菌完全不同。它可依菌的不同種類感染不同植物的不同部位，造成植株出現根瘤病、根腐病、猝倒病、疫病、露菌病及白銹病等病症，其中在土壤偏酸時，十字花科蔬菜根部受 *Plasmodiophora brassicae* 感染，根部出現腫瘤，植株發育不良，於中午高溫時，葉片呈現下垂、萎凋的現象。在排水不良潮溼環境有利 *Pythium*、*Phytophthora* 爲害植物，引起受害部位出現水浸狀，並於病斑周圍長出白色菌絲與孢囊。在高溫環境，露菌主要爲害植株的葉背，亦有爲害幼嫩葉柄或莖部組織，病斑的擴展常常會受到葉脈的侷限，受害部位葉表黃化，葉背出現大量孢囊的黴狀物，依受害植物種類不同，在十字花科蔬菜、萵苣、葡萄、禾本科植物的顏色爲白色，在葫蘆科植物的黴狀物爲灰黑色，在菠菜的黴狀物則爲淡紫色。*Albugo*（白銹菌）主要爲害植物的葉背與葉表，受害部位於初期出現突起的白色孢囊，會聚集成白色塊斑；中後期病兆顏色轉淡黃色；受害植株的葉片或莖部偶有出現黃色肥腫組織，以刀片剖開，用棉藍染色，可在顯微鏡下觀察到細胞組織內有白銹菌的卵孢子。

I. 十字花科蔬菜根瘤病
（Club Root of Cruciferous Vegetables）

一、病原菌學名

Plasmodiophora brassicae Woronin

二、病徵

本病原菌可爲害十字花科的各種蔬菜，如甘藍、油菜、芥菜、花椰菜、球莖甘藍及蘿蔔等，好發於低溫（18-25℃）、高溼（70-80%）及酸性（pH 5.0）的土壤環境。本菌主要爲害根系，植株受害後地上部葉片呈失水萎凋狀，隨著病勢發展植株會出現下位葉黃化、生長勢衰弱、矮化等現象；並於其地下部出現紡錘狀或不規則狀的瘤腫，初期受害根表面光滑，呈白色，爾後變粗糙甚或有裂痕，後期轉爲褐色腐爛，易有軟腐菌二次感染，造成腥臭味，最後整株枯萎死亡。

植株在中午時出現萎凋的症狀，惟在傍晚時會有些微恢復的現象，一般農民稱謂「睡午覺」（圖 4-1-1）。將病株拔起，根部有大小不等之球形、紡錘形及各種畸形的瘤腫（圖 4-1-2）。將病株之瘤腫切片染色後，鏡檢可見根瘤病菌的圓形休眠孢子充塞罹病根部的整個皮層細胞（圖 4-1-2）。

圖 4-1-1　芥菜（左圖箭頭處）、球莖甘藍（右圖箭頭處）罹患本病後出現「睡午覺」現象，於中午時會呈現萎凋症狀，傍晚則會略微恢復。

Fig. 4-1-1. Mustard (left) and kohlrabi (right) plants infected by *Plasmodiophora brassicae* show wilting symptoms under hot conditions.

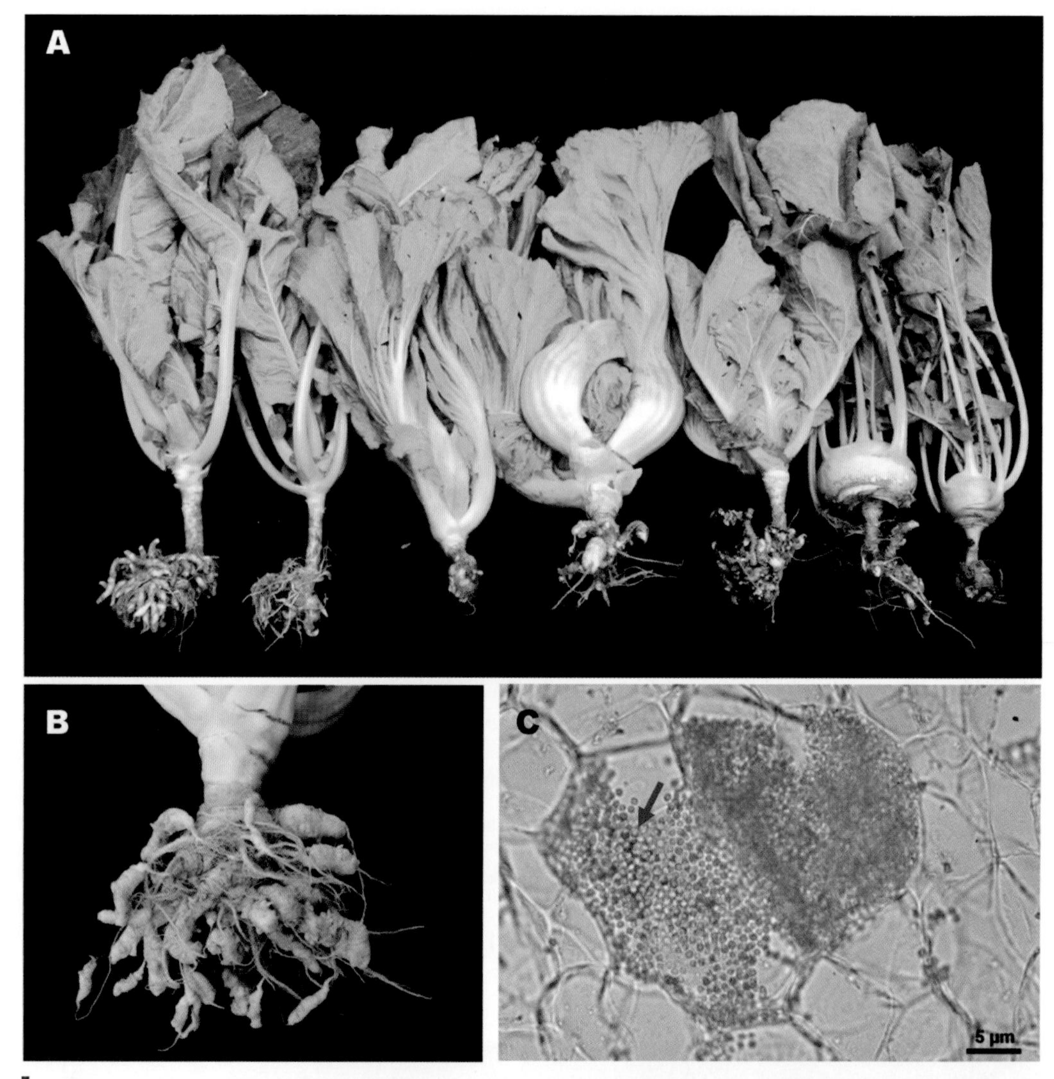

圖 4-1-2　(A) 不同十字花科蔬菜罹患根瘤病之根部出現腫大病徵，由左至右依序為花椰菜、芥菜、甘藍及球莖甘藍；(B) 芥菜地下部根系嚴重畸形腫大；(C) 將罹病植株根部切片染色後，可見許多圓形之休眠孢子充塞整個罹病根部之皮層細胞。

Fig. 4-1-2.　(A, B) Clubroot disease of cauliflower, mustard, cabbage and kohlrabi caused by *Plasmodiophora brassicae*; (C) micrograph of resting spores of *P. brassicae* within cells of club roots.

三、病原菌特性與病害環

本病原菌 *Plasmodiophora brassicae* Woronin（根腫菌）是一種絕對寄生菌，屬於類眞菌（fungal-like organism）之眞核生物，隸屬於原生生物界。其休眠孢子可長時間存活於土壤中，於適合環境下會發芽產生一次游走孢子，侵入感染根毛，形成一次原生質體再分化成游走孢囊，釋放出二次游走孢子侵入皮層細胞，產生二次原生質體，會分裂成大量之休眠孢子並造成寄主植株根部畸形腫大，隨後根部細胞膨大破裂，並釋放出大量休眠孢子於土壤中存活。

四、防治關鍵時機

在栽植十字花科蔬菜前施用 S-H 土壤添加物、礦灰或碳酸鈣，調整 pH 值至 7.4 以上；或採用生石灰搭配蝦蟹殼粉或幾丁聚醣，可有效抑制本病的發生。發病嚴重地區可與非十字花科蔬菜進行輪作，輪作期間須徹底清除十字花科雜草。此外，於定植前 7 天在育苗盤及定植後也可施用枯草桿菌植保製劑。化學藥劑則可在定植菜苗前在土壤中均勻拌入氟硫滅（Flusulfamide）藥劑。

五、參考文獻

1. 許雅婷。2014。影響油菜根瘤病發生的因子。國立中興大學植物病理學系第四十四屆碩士論文。51 頁。
2. 黃振文、鍾文全。2003。植物眞菌病害診斷鑑定技術。植物重要防疫檢疫病害診斷鑑定技術研習會專刊（二）：71-90。
3. 農業藥物毒物試驗所技術服務組、田間試驗技術小組編輯。2016。甘藍根瘤病。植物保護手冊電子版。行政院農委會農業藥物毒物試驗所，臺中。
4. Hsieh, W.H., Yang, C.H. and Huang, S.C. 1987. Effects of soil amendments on root hair infection, zoosporangium formation and the incidence of clubroot disease caused by *Plasmodiophora brassicae*. Plant Prot. Bull. 29: 117-122.
5. Ingram, D. S. and Tommerup, I. C. 1972. The life history of *Plasmodiophora brassicae* Woron. Proc. R. Soc. Lond. B. 180: 103-112.

（作者：許雅婷、黃振文）

六、同屬病原菌引起之植物病害

a. 蘿蔔根瘤病（Clubroot of radish）（圖 4-1-3）

病原菌：*Plasmodiophora brassicae* Woronin

圖 4-1-3　蘿蔔根瘤病之病徵。
Fig. 4-1-3. Symptoms of clubroot of radish caused by *Plasmodiophora brassicae*.

II. 胡瓜猝倒病與根腐病（Damping-off and Root Rot of Cucumber）

一、病原菌學名

Pythium aphanidermatum (Edson) Fitzp.

Pythium spinosum Sawada

二、病徵

病原菌主要感染在土中的胡瓜根部，以及接觸土面的莖基部與果實（圖 4-2-1）。若感染幼苗，則造成幼苗根腐與莖基部隘縮而使植株猝倒、死亡（圖 4-2-1A），若溫度過高或過低而不利發病，植株可能呈現矮化的現象；若感染成株，則造成植株根腐，根部褐化、細部腐敗、根系明顯減少（圖 4-2-1B），植株因根腐而水分吸收困難，起初植株呈現輕微失水萎凋，數天之內失水萎凋漸嚴重，最後造成植株死亡（圖 4-2-1C、D）。多數病株不會出現維管束褐化的病徵，部分病株莖基部維管束出現褐色，但不會往上蔓延超過 10 cm。在設施土耕栽培或離地介質栽培胡瓜數年之後，即使與番茄或其他作物輪作，仍易見此病害。

三、病原菌的形態特徵

1. *Pythium aphanidermatum* (Edson) Fitzp.：菌絲無隔，孢囊（sporangium）爲多樣式的線形膨大（filamentous inflated），在水中孢囊將原生質釋入泡囊（vesicle）中再分化形成游走孢子（zoospore），游走孢子再從泡囊釋出而在水中游動。此菌爲同絲型（homothallic），可產生有性世代的外表光滑藏卵器（oogonium）並配有 1(-2) 個藏精器（antheridium），可自交產生卵孢子（oospore）（圖 4-2-2）。
2. *Pythium spinosum* Sawada：菌絲無隔，孢囊（sporangium）、泡囊（vesicle）及游走孢子（zoospore）皆未見，有頂生或間生的菌絲膨大體（hyphal swelling）。此菌爲同絲型（homothallic），可產生有性世代的外表附有鈍棘狀物的藏卵器（oogonium）並配有 1(-3) 個藏精器（antheridium），可自交產生卵孢子（oospore）（圖 4-2-2）。

圖 4-2-1　胡瓜苗猝倒病與根腐病的病徵。(A) 病原菌感染幼苗根部或莖基部易造成莖基部隘縮（箭頭）而幼苗猝倒；(B) 病原菌感染成株根部造成根腐；(C) 設施土耕胡瓜出現根腐病造成植株萎凋的病徵；(D) 設施介質耕胡瓜出現根腐病造成植株萎凋的病徵。

Fig. 4-2-1. Symptoms of damping-off and root rot of cucumber. (A) Pathogen infects roots or basal stem, causing basal stem constriction (arrow) and then damping off; (B) pathogen infected roots causing root rot; (C) withering symptom of cucumber caused by root rot pathogen when planted in soil and (D) on soil-less substrate in greenhouse.

四、病害環及防治關鍵時機

病原菌可利用卵孢子長期在土壤或栽培介質中休眠，在有水與寄主植物分泌物存在以及溫度適合的環境下，病原菌的卵孢子會甦醒直接發芽產生發芽管或間接發芽產生游走孢子，再侵染寄主組織（通常是根部）。適合發病的溫度（夏秋季適合 *P. aphanidermatum*，而冬春季適合 *P. spinosum*）條件下，可在數天之後便使寄主植物出現病徵，病原菌在寄主組織內能快速且大量的繁殖，在田區淹水或大雨積水的環境下，大量繁殖的病原菌便可藉水傳播而導致大面積的作物發病，若環境不適合

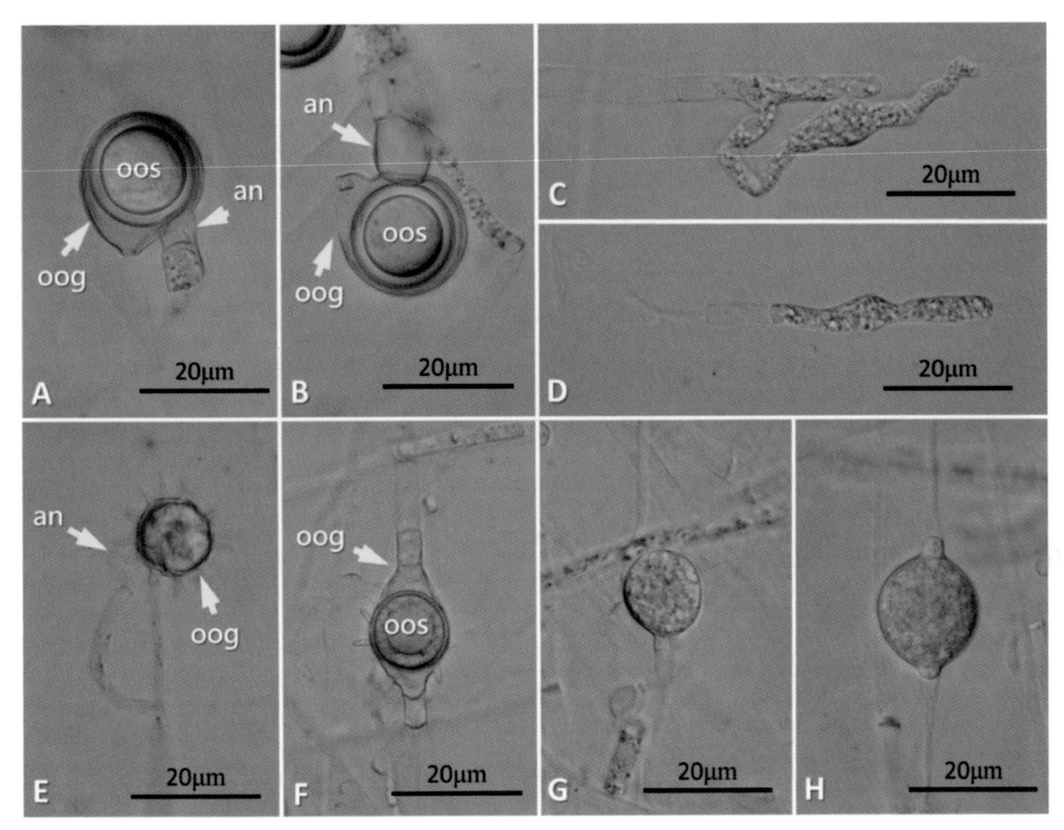

圖 4-2-2　胡瓜苗猝倒病與根腐病病原菌（*Pythium aphanidermatum* 及 *P. spinosum*）的形態。(A、B) *P. aphanidermatum* 的藏卵器（oog）、藏精器（an）與卵孢子（oos）的外觀；(C、D) *P. aphanidermatum* 的孢囊；(E、F) *P. spinosum* 的藏卵器（oog）、藏精器（an）與卵孢子（oos）的外觀；(G、H) *P. spinosum* 的菌絲膨大體。

Fig. 4-2-2. Morphology of *Pythium aphanidermatum* and *P. spinosum*. (A, B) Oogonium (oog), antheridium (an), and oospore (oos) of *P. aphanidermatum*; (C, D) sporangium of *P. aphanidermatum*; (E, F) oogonium (oog), antheridium (an), and oospore (oos) of *P. spinosum*; (G, H) hyphae swelling of *P. spinosum.*

病原菌傳播與侵染，病原菌則以卵孢子或其他休眠孢子存活於土壤或介質中。

由於此病原菌在雨季藉土壤表面的水分傳播迅速，在病害發生初期再來防治則略遲，應加強預防。

防治方法：

1. 使用抗病根砧（如南瓜）的胡瓜嫁接苗，並確認是健康種苗，在育苗期介質施用下述化學農藥或防治資材，並注意不可有藥害。

2. 設施栽培者，在栽植前可利用蒸汽處理土壤（60℃，30 分鐘），再於土壤施加有益微生物會更好；另外亦可利用短槽式介質離地栽培，一旦有根腐病害發生則將該槽介質更換並表面消毒介質容器，或利用介質蒸汽或熱水處理（60℃，30 分鐘）並再加施有益微生物。露天土耕栽培者盡量與水田輪作，或是在植前利用氰氮化鈣或 S-H 添加物處理。
3. 加強田間管理：盡量勿使用溪水灌溉以免引入病原菌，且應避免田區積水以防病原菌傳播；一旦植株出現前述病徵，建議拔除病株並於植穴施用下述化學農藥或防治資材，應注意農藥施用的安全採收期。
4. 在夏秋季的雨期前中後可施用化學農藥防治〔參考植物保護手冊或上網在植物保護資訊系統（https://otserv2.tactri.gov.tw/ppm/）查詢用藥〕，並應注意農藥施用的安全採收期，或微生物製劑如蓋棘木黴菌 ICC 080/012，或免登植保資材如亞磷酸，或是其他低風險資材如波爾多液；或於病害初期開始施用藥劑防治。

五、參考文獻

1. 羅朝村、林益昇，1990。溫度影響 *Pythium aphanidermatum* 及 *P. spinosum* 對胡瓜根部的感染，植物保護學會會刊 32: 1-9。
2. Lin, Y. S., and Lo, C. T. 2988. Control of Pythium damping off and root rot of cucumber with S-H mixture as soil amendment. Plant Prot. Bull. 30: 223-234.

（作者：黃晉興）

六、同屬病原菌引起之植物病害

a. 豌豆芽菜根腐病（Pea seedling root rot）（圖 4-2-3）
病原菌：*Pythium aphanidermatum* (Edson) Fitzp. 與 *Pythium ultimum* Trow
b. 薑軟腐病（Ginger soft rot）（圖 4-2-4）
病原菌：*Pythium myriotylum* Drechsler
c. 花生果莢黑斑病（Black spot of peanut pod）（圖 4-2-5）
病原菌：*Pythium myriotylum* Drechsler

d. 萵苣猝倒病（Lettuce damping-off）（圖 4-2-6）

病原菌：*Pythium aphanidermatum* (Edson) Fitzp.

e. 巴西野牡丹根腐病（Root rot of *Tibouchina semidecandra*）（圖 4-2-7）

病原菌：*Phytopythium helicoides* (Drechsler) Abad et al. (*Pythium helicoides* Drechsler)

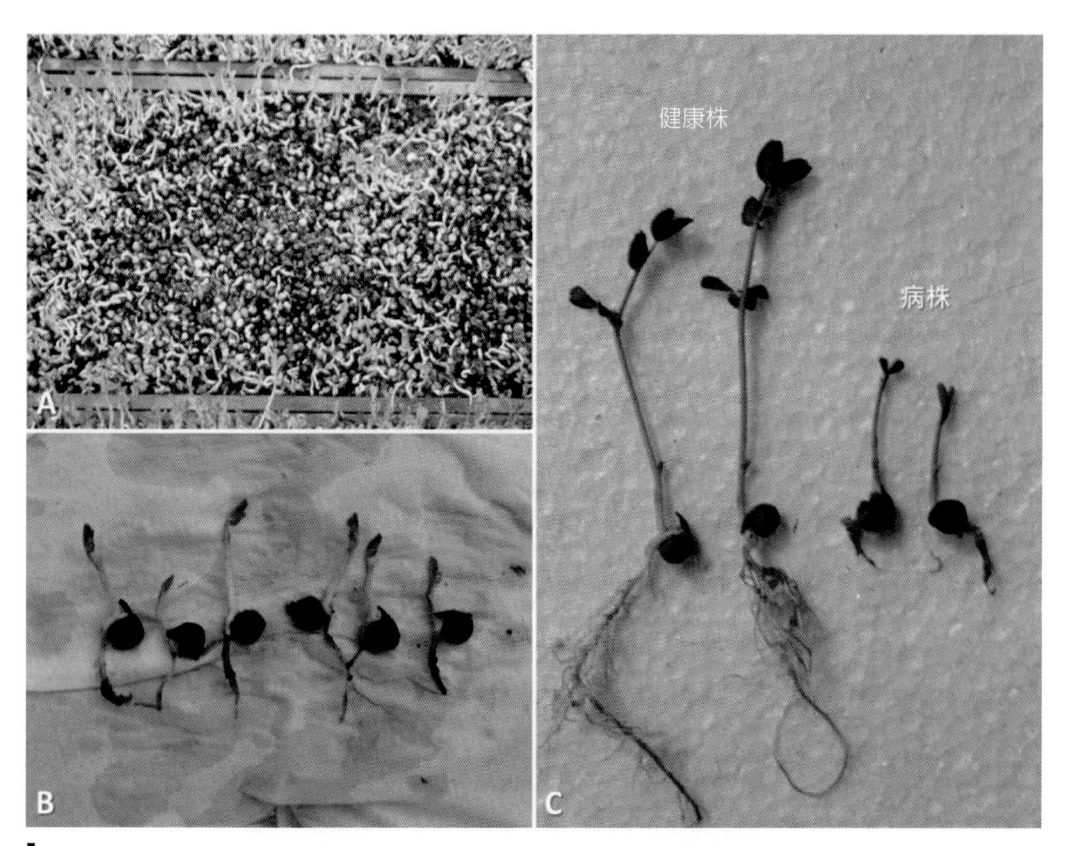

圖 4-2-3　由 *Pythium aphanidermatum* 與 *P. ultimum* 引起之豌豆芽菜根腐病。(A) 農場植株死亡的病徵；(B、C) 植株出現嚴重根腐的病徵。

Fig. 4-2-3. Pea seedlings root rot caused by *Pythium aphanidermatum and P. ultimum.* (A) Plant death in the farm; (B, C) severe root rot symptom of pea seedlings.

圖 4-2-4　由 *Pythium myriotylum* 引起之薑軟腐病。(A) 田間植株出現黃葉萎凋的病徵；(B) 假莖的基部呈現水浸狀軟腐的病徵。

Fig. 4-2-4. Ginger soft rot caused by *Pythium myriotylum.* (A) Yellowing and wilt symptoms of diseased gingers; (B) water-soaking and soft rot symptoms of ginger basal pseudo-stem.

圖 4-2-5　由 *Pythium myriotylum* 引起之花生果莢黑斑病。（黃振文提供圖版）

Fig. 4-2-5. Symptoms of black spot of peanut pod caused by *Pythium myriotylum*.

圖 4-2-6　在水耕栽培系統中，由 *Pythium aphanidermatum* 引起蔬菜猝倒病的情形。（林益昇、黃振文及黃晉興提供圖版）

Fig. 4-2-6.　Damping-off and root rot of hydroponic vegetables caused by *Pythium aphanidermatum*.

圖 4-2-7　由 *Phytopythium helicoides*（*Pythium helicoides*）引起之巴西野牡丹根腐病。(A) 巴西野牡丹健康株；(B、C) 田間病株死亡；(D) 病株嚴重根腐。

Fig. 4-2-7.　Root rot of *Tibouchina semidecandra* caused by *Phytopythium helicoides* (*Pythium helicoides*). (A) Healthy *Tibouchina semidecandra* plants; (B、C) dead plants in the fields; (D) severe root rot symptom of plants.

III. 馬鈴薯晚疫病（Potato Late Blight）

一、病原菌學名

Phytophthora infestans (Mont.) deBary

二、病徵

晚疫病菌的主要寄主爲馬鈴薯與番茄，可爲害寄主全株。侵染馬鈴薯造成葉枯、莖腐及薯塊腐敗；侵染番茄引起花器枯萎、果實腐敗、葉枯及莖腐（黑骨病）。陰冷降雨時病勢進展極爲迅速，發病最爲嚴重，如果栽培爲感病品種又無事先防範，全園植株在得病後 2 週內即可能會全部焦枯死亡，且會波及相鄰與附近薯田（圖 4-3-1）。

圖 4-3-1　馬鈴薯晚疫病與番茄晚疫病的病徵。(A、B、C) 馬鈴薯田間、塊莖與葉部的病徵；(D、E、F、G) 番茄田間、果實、莖部與葉部的病徵。（安寶貞提供圖版）

Fig. 4-3-1. Late blight symptoms of potato and tomato. (A, B, C) Symptoms of diseased potato plants, tubers, and leaves, respectively; (D, E, F, G) symptoms of diseased tomato plants, fruits stem, and leaf, respectively.

三、病原菌的形態特徵

Phytophthora infestans 菌絲無隔膜，孢囊（sporangium）卵形、長卵形、橄欖形或檸檬形，在水中 30 分鐘孢囊內的原生質會開始分化形成游走孢子（zoospore）而在水中游動。此菌為異絲型（heterothallic），有性世代形成卵孢子（oospore），由表面光滑的藏卵器（oogonium）與 1 個底著（amphigynous）的藏精器（antheridium）結合而成（圖 4-3-2）。

1997 年冬季以後出現在臺灣平地之晚疫病菌為國外新侵入之單一新菌系（US-11），與先前存在臺灣高山地區之舊菌系完全不同，目前新菌系幾乎已完全取代了舊有菌系。新舊菌系均為 A1 配對型，孢囊大小與形態大致相似，但兩者之病原性、

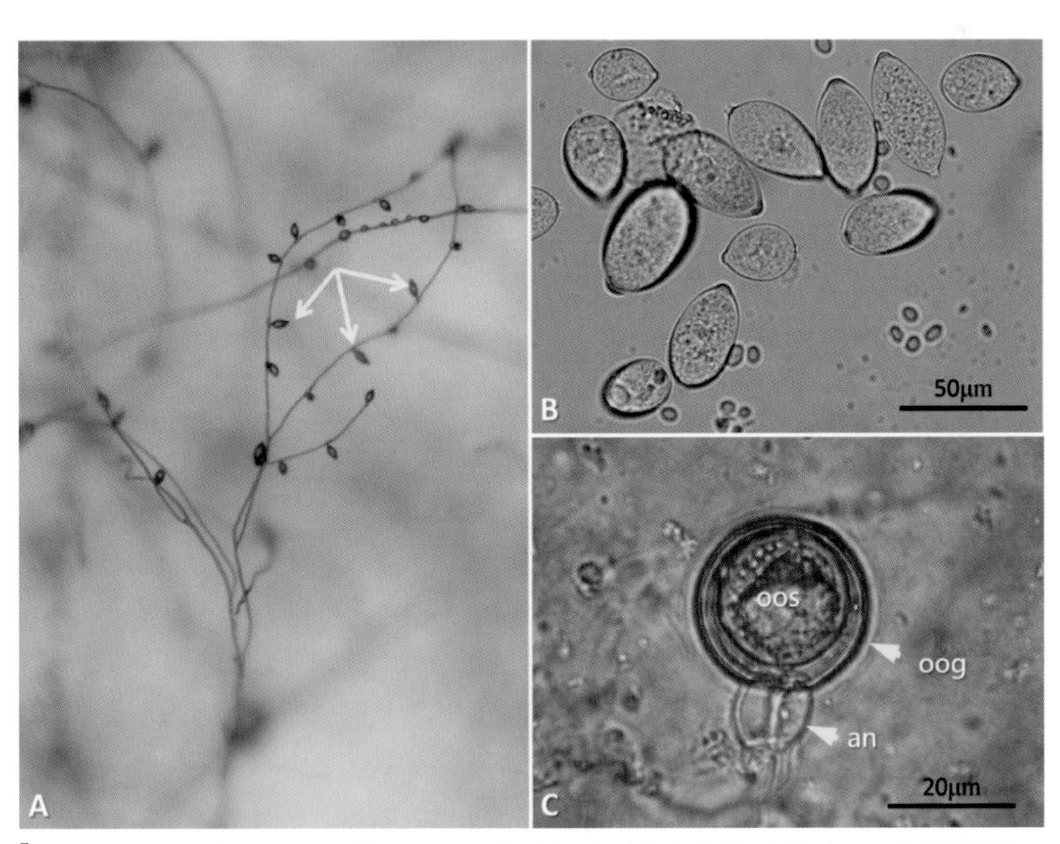

圖 4-3-2　晚疫病菌的形態特徵。(A) 孢囊（箭頭）著生在孢囊柄的情形；(B) 孢囊的形狀；(C) 藏卵器（oog）、藏精器（an）與卵孢子（oos）的外觀。（安寶貞提供圖版）

Fig. 4-3-2. Morphology of *Phytophthora infestans*. (A)Attachment of sporangia (arrows) on sporangiophores; (B) sporangia; (C) oogonium (oog), antheridium (an), and oospore (oos).

菌絲生長速率、生長溫度、抗藥性及同種異型酶圖譜均有顯著之不同。新菌系對番茄、馬鈴薯均具強致病性，舊菌系之番茄菌株僅對番茄具病原性，馬鈴薯菌株則略對兩者具病原性；新菌系可耐高溫達 27-(28)-29℃，舊菌系最高生長溫度僅 25℃；新菌系可抗滅達樂藥劑 1,000 mg/L 以上，而舊菌系對滅達樂則極敏感。

四、病害環及防治關鍵時機

本病為空氣傳播型病害，其孢囊與游走孢子可經由空氣流動、風雨吹彈飛濺或人畜攜帶，於短期內傳播至鄰近地區；而帶菌種薯或種子則可經由運輸作業而傳播至非常遙遠的地區。晚疫病之初次感染源來自帶菌種薯或土壤內罹病植株殘體中的菌絲與卵孢子。當環境冷涼潮溼時（15-20℃，相對溼度 90% 以上），初次感染源或病組織上長出孢囊，隨氣流與雨露飄落在健康組織上，孢囊直接發芽產生發芽管或間接發芽產生游走孢子以侵染馬鈴薯或番茄各部位，包括葉、莖、花、果、薯塊，主要為葉片背面，約 3-5 天內即可長出大量孢囊，成為二次感染源，再向外擴散蔓延。完成一個無性世代速度極快，循環不已。兩種不同配對型的晚疫病菌相遇時，會進行有性生殖，經減數分裂後，產生藏卵器與藏精器（1N），兩者結合後形成卵孢子（2N），進入休眠期，可存活 2-3 年，等環境合適時，發芽長出孢囊，再感染健康植株。

由於此病原菌在臺灣於低溫陰雨季節以爆發式的方式傳播，病害蔓延迅速，在病害發生初期再來防治則來不及，故冬季要定期預防，尤其在連續陰雨期的前中後要加強防治。

防治方法：

1. 法規防治：近數十年來許多植物疫病菌入侵臺灣，往往造成重大的經濟損失，幾乎無法根除，故防止國際間受檢疫規範的植物疫病菌進入臺灣便成為首要防治作物疫病的工作。馬鈴薯晚疫病菌 *P. infestans* A2 配對型（mating type）列為產地貨品限制輸入的病菌之一，禁止發病地區之番茄與馬鈴薯進口臺灣，以免和本地的 A1 配對型雜交之後會產生更多的變異菌株，造成更難防治的後果。在臺灣其他重要檢疫的植物疫病菌尚有 *P. ramorum*（引起櫟樹猝死病）與 *P. fragariae*（引起草莓紅心病）。

2. 抗病品種與根砧：在臺灣較少使用抗病品種與根砧來防治番茄或馬鈴薯晚疫病，但在果樹使用普遍，例如柑橘耐根腐病根砧有枳殼、酸橙、廣東檸檬（中抗）、酸桔（中抗）……等。大部分的疫病菌寄主範圍較小，例如晚疫病菌 *P. infestans* 只爲害番茄、馬鈴薯及少數茄科作物，在易發生晚疫病的田區種植其他作物就不會發生晚疫病。

3. 田間管理：

   a. 健康種子或種苗：疫病菌的菌絲與孢囊可以侵入與附著在種苗與種子上，環境適合時可迅速蔓延至鄰近地區，造成病害防治上莫大困擾與嚴重損失，故避免使用罹病或受汙染之種子（含種薯、種球）與種苗爲防治疫病之第一步。

   b. 田土或介質殺菌：選用乾淨之栽培介質，設施田土重複使用，或重複使用之栽培介質與盆缽更需經過殺菌，因疫病菌不耐高溫，高溫日晒、60-70℃，30 分鐘熱水或蒸汽處理就可殺死附著在器材與介質上之病菌。

   c. 水分與溼度管理：避免使用溪溝水來灌溉，設施栽培應避免溼度過高。

   d. 良好的栽培制度：作高畦並注意排水良好；避免在有共同病原寄主的疫病田進行連作或與水田輪作；以及合理化施肥，勿施用氮肥過度以免降低植物抗病性，或施用土壤添加有機質、鈣化合物。

   e. 良好的田間作業：露天栽培時不宜在降雨時進行園藝操作，以免造成傷口而助病原感染；發現疫病時，必須將病株隔離、挖除、銷毀，不可棄置成爲感染源。

4. 施用防治資材：

   a. 有益微生物：如枯草桿菌、液化澱粉芽孢桿菌……等。

   b. 免登記植物保護資材：如中性亞磷酸，在施用後數天至數週可誘發植物抗疫病。

   c. 化學農藥：在撲滅或降低疫病菌方面，仍以施用化學藥劑之傳統方法爲主〔參考植物保護手冊或上網在植物保護資詢系統（https://otserv2.tactri.gov.tw/ppm/）查詢用藥〕。防治馬鈴薯晚疫病用藥有鹼性氯氧化銅、氫氧化銅、4-4 式波爾多液、達滅脫定、凡殺克絕、亞托敏、達滅芬、鋅錳歐殺斯、曼普胺、安美速，其他作物疫病防治用藥尚有滅達樂、依得利、賽座滅、座賽胺、普拔克、銅劑等，然而部分疫病菌對亞托敏與滅達樂已有抗藥性。

五、參考文獻

1. 安寶貞、蔡志濃。2014，臺灣疫病之現況與病害防治。眞菌資源與其永續利用研討會專刊，中華民國眞菌學會編印。P63-82。
2. 蔡志濃、安寶貞、王姻婷、王馨媛、胡瓊月。2009，利用中和後之亞磷酸溶液防治馬鈴薯與番茄晚疫病。臺灣農業研究 58: 155-165。
3. Ann, P. J., Chang, T. T., and Chern, L. L. 1998. Mating type distribution and pathogenicity of *Phytophthora infestans* in Taiwan. Bot. Bull. Acad. Sin. 39: 33-37.
4. Jyan, M. H., Ann, P. J., Tsai, J. N., Hsih, S. D., Chang, T. T., and Liou, R. F. 2004. Recent occurrence of *Phytophthora infestans* US-11 as the cause of severe late blight on potato and tomato in Taiwan. Can. J. Plant Pathol. 26: 188-192.

（作者：黃晉興、安寶貞）

六、同屬病原菌引起之植物病害

a. 蔥疫病（Phytophthora blight of green onion）（圖 4-3-3）
病原菌：*Phytophthora nicotianae* Breda de Haan (syn. *P. parasitica*)

b. 木瓜疫病（Papaya fruit and root rot）（圖 4-3-4）
病原菌：*Phytophthora palmivora* (Butler) Butler

c. 辣椒與甜椒疫病（Phytophthora blight of pepper）（圖 4-3-5）
病原菌：*Phytophthora capsici* Leonian

d. 酪梨根腐病（Avocado root rot）（圖 4-3-6）
病原菌：*Phytophthora cinnamomi* Rands

e. 瓜類疫病（Fruit and root rot of Cucurbit）（圖 4-3-7）
病原菌：*Phytophthora melonis* Katsura, *Phytophthora capsici* Leonian

f. 柑橘疫病（Citrus root rot）（圖 4-3-8）
病原菌：*Phytophthora nicotianae* Breda de Haan (syn. *P. parasitica*)、*P. palmivora* (Butler) Butler、*P. citrophthora* (R. E. Sm. & E. H. Sm.) Leonian、*P. cinnamomi* Rands、*P. citricola* Sawada

g. 莧菜疫病（Amaranth root rot）（圖 4-3-9）

病原菌：*Phytophthora amaranthi* J. P. Ann & W. H. Ko

h. 百香果疫病（Phytophthora blight of passionfruit）（圖 4-3-10）

病原菌：*Phytophthora nicotianae* Breda de Haan

i. 胡麻疫病（Phytophthora blight of sesame）（圖 4-3-11）

病原菌：*Phytophthora nicotianae* Breda de Hann

f. 荔枝露疫病（Downy blight of litchi）（圖 4-3-12）

病原菌：*Phytophthora litchii* (Chen ex Ko) Voglmayr, Göker, Riethm. & Oberw. (syn. *Peronophythora litchii*)

圖 4-3-3　由 *Phytophthora nicotianae* 引起之青蔥疫病的病徵。(A、B) 田間青蔥疫病發生的情形；(C、D) 葉部水浸狀、壞疽、枯黃的病徵；(E) 根系減少及莖基部褐化的病徵。

Fig. 4-3-3.　Phytophthora blight of green onion caused by *Phytophthora nicotianae*. (A, B) Diseased plants in fields; (C, D) water-soaking, necrosis, and yellow withering symptoms of green onion leaves; (E) root reduction and basal stem browning.

圖 4-3-4　由 *Phytophthora palmivora* 引起之木瓜疫病的病徵。(A、B) 木瓜樹上的葉片與果實受感染而出現的病徵（箭頭）；(C、D) 大量疫病菌在落果上繁殖；(E) 木瓜莖基部受疫病菌感染而出現褐化腐爛的病徵。（安寶貞提供部分圖版）

Fig. 4-3-4. Disease symptoms of papaya caused by *Phytophthora palmivora*. (A, B) Symptoms on leaves and fruits of papaya plants (arrows); (C, D) pathogen propagating on infected fruits on the ground; (E) stem rot symptom.

圖 4-3-5　由 *Phytophthora capcisi* 引起之辣椒與甜椒疫病的病徵。(A) 田間植株死亡；(B) 果實水浸狀壞疽；(C) 莖基部與根部褐化（箭頭）。（安寶貞提供圖版）

Fig. 4-3-5.　Disease symptoms of pepper caused by *Phytophthora capcisi*. (A) Dead plants in the field; (B) water-soaking lesions on fruits; (D) browning of basal stems (arrows) and roots.

圖 4-3-6　由 *Phytophthora cinnamomi* 引起之酪梨根腐病的病徵。(A) 樹勢衰弱；(B) 急速萎凋（箭頭）；(C) 根部黑褐化。（安寶貞圖供圖版）

Fig. 4-3-6. Avocado root rot caused by *Phytophthora cinnamomi*. (A) Weak growth and withering of avocado plants; (B) sudden death of avocado plants (arrows); (C) dark-browning of avocado roots.

圖 4-3-7　由 *Phytophthora melonis* 及 *P. capsici* 引起之瓜作物疫病的病徵。(A) 連續降雨之後田間西瓜疫病發生的情形；(B) 胡瓜莖基黑褐化隘縮（箭頭）而根系減少；(C) 甜瓜果實水浸狀斑點；(D) 果實內部果肉水浸狀褐化。（安寶貞提供部分圖版）

Fig. 4-3-7.　Disease symptoms of cucurbit caused by *Phytophthora melonis and P. capsici*. (A) Diseased watermelon plants in the field; (B) root reduction and basal stem restriction of cucumber (arrows); (C) water-soaking lesions of melon fruit; (D) water-soaking and browning of melon flesh.

圖 4-3-8　由 *Phytophthora citrophthora* 等數種疫病菌引起之柑橘疫病的病徵。(A) 柑橘裾腐與流膠；(B) 苗根腐；(C) 果實褐腐；(D) 苗芽枯。（安寶貞提供圖版）

Fig. 4-3-8. Disease symptoms of citrus caused by *Phytophthora citrophthora*, and several other *Phytophthora* spp. (A) Foot rot and gummosis of the plant; (B) root rot of the seedling; (C) brown rot of fruits; (D) bud and leaf blight.

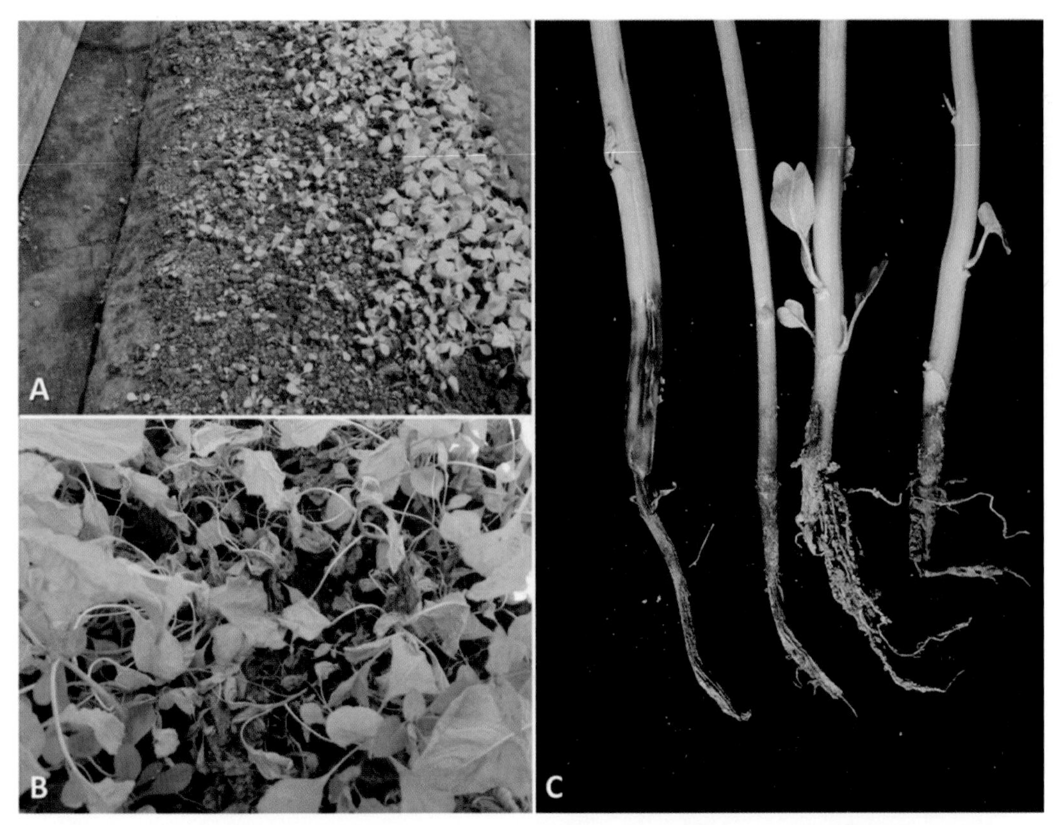

圖 4-3-9　由 *Phytophthora amaranthi* 引起之莧菜疫病的病徵。(A、B) 田間植株死亡病徵；(C) 莖基腐敗與根腐。（安寶貞提供圖版）

Fig. 4-3-9.　Disease symptoms of amaranths. (A, B) Plant death in the field; (C) basal stem and root rot.

圖 4-3-10　由 *Phytophthora nicotianae* 引起之百香果疫病的病徵。（黃振文提供圖版）

Fig. 4-3-10.　Symptoms of passionfruit phytophthora blight on leaves caused by *Phytophthora nicotianae.*

圖 4-3-11　由 *Phytophthora parasitica* 引起之胡麻疫病的病徵。（黃振文提供圖版）
Fig. 4-3-11.　Symptoms of Phytophthora blight of sesame caused by *Phytophthora parasitica*.

圖 4-3-12　由 *Phytophthora litchii*（*Peronophythora litchii*）引起之荔枝露疫病。（黃振文、蔡志濃提供圖版）
Fig. 4-3-12　Symptoms of litchi downy blight caused by *Phytophthora litchii*.

IV. 胡瓜露菌病（Cucumber Downy Mildew）

一、病原菌學名

Pseudoperonospora cubensis (Berk. & M. A. Curtis) Rostowzew

二、病徵

胡瓜露菌病菌可感染瓜類作物從幼苗到採收生長全期，主要感染葉片，病徵通常從老葉先出現，初期在上葉面呈現水浸狀斑點，爾後因葉脈侷限而呈現黃化的角斑，眾多角斑相互連接呈現類似馬賽克的圖形（在甜瓜或其他瓜類作物的葉片無馬賽克的圖形而是塊狀或斑狀的壞疽斑），後期則葉片乾枯萎縮，容易破裂，影響植物的生長，甚至造成植株死亡。病兆主要在葉背，在高溼度情況下，暗褐色的病斑產生灰黑色的黴狀物，爲由氣孔穿出在葉表外的病原菌孢囊柄與孢囊，可藉由風或雨傳播。本病原菌很少爲害果實，但可影響果實的發育及成熟（圖 4-4-1）。

三、病原菌的形態特徵

胡瓜露菌 *P. cubensis* 由寄主葉表氣孔感染寄主，產生菌絲並未穿入細胞而是在細胞間生長，菌絲無隔膜，但會生出小橢圓形的吸器伸至寄主細胞內吸收營養。1-5 支孢囊柄成一束自氣孔伸出。孢囊柄細長，常以銳角角度成雙叉分支。孢囊大小約 20-35×15-25 μm。在有游離水的環境中，每個孢囊可產生 5-15 個游走孢子，爾後游走孢子遇見寄主植物或失去游動力會使鞭毛脫落而形成靜止子（cyst），其直徑大小爲 10-13 μm，可發芽侵入感染寄主植物，或無法感染寄主而死亡（圖 4-4-2）。

四、病害環及防治關鍵時機

胡瓜露菌是一種絕對寄生菌，無法在人工合成之培養基上培養，但不同瓜類作物的露菌有可能會互相傳播，而不同瓜類作物露菌的分化型（來自不同種寄主）及生理小種（來自同種但不同品種寄主）相當複雜。病原菌的卵孢子在土壤中可存活數年之久，或孢囊及菌絲於病株組織存活數週以及於土壤中存活數天至十數天。卵孢子可發芽產生孢囊，成熟的孢囊在溫度適合（通常是 12-24℃）且有游離水的環

圖 4-4-1　胡瓜露菌病的病徵。(A、B) 葉片的病徵；(C、D) 葉背的病徵與孢囊的產生（箭頭）。
Fig. 4-4-1. Downy mildew symptoms on cucumber. (A, B) Symptoms on upper surface of diseased leaves; (C, D) symptoms on the abaxial side of diseased leaves as well as production of sporangiophores and sporangia (arrows).

境中，0.5-1 小時即可產生游走孢子，游走孢子由寄主氣孔侵入感染。寄主作物栽培期間若遇冷涼高溼的氣候與環境則可發生嚴重病害，發病溫度 12-24℃而最適溫爲 16-20℃，5-7 天即可使寄主葉片出現初期病徵，並可產生大量的孢囊（可達 10^4 sporangia/cm^2），孢囊柄自寄主葉下表皮氣孔伸出，孢囊易脫落而隨風或雨水飛濺傳播。由於病害傳播迅速，故在臺灣的春秋季涼冷易結露之時期，應先予以預防，或至少在病害發生之初期即應全面防治。

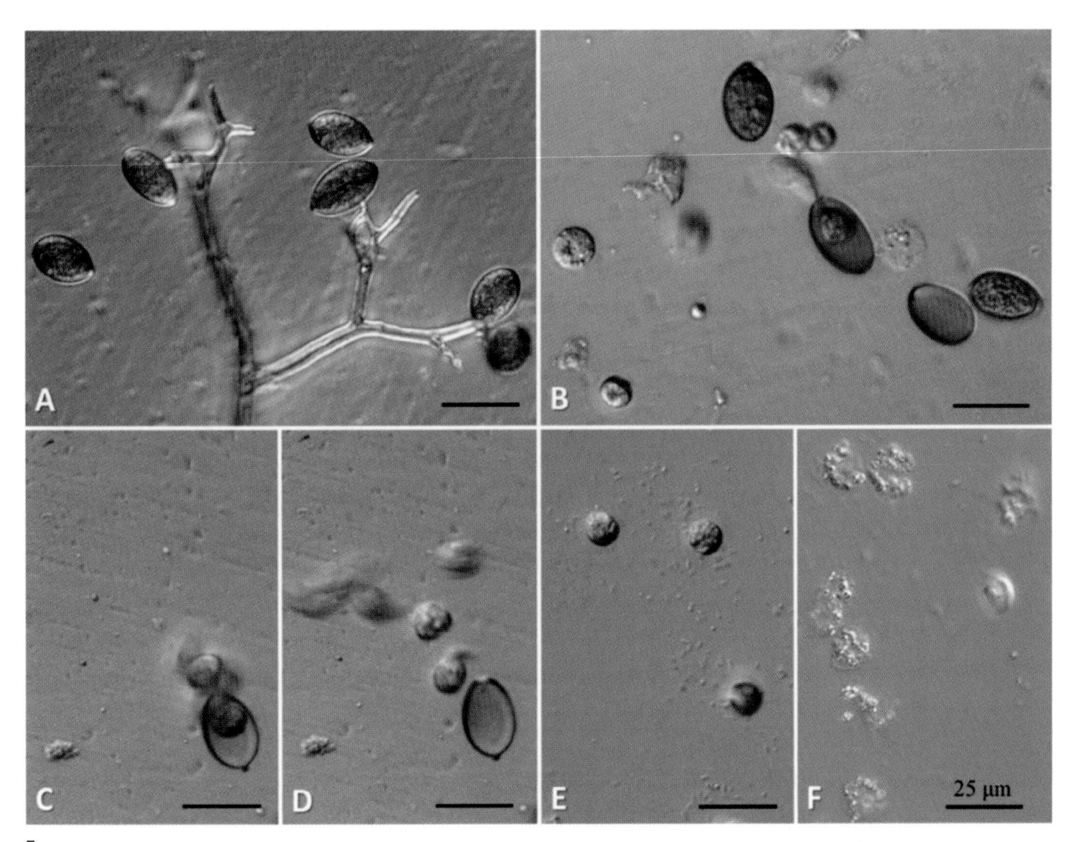

圖 4-4-2　胡瓜露菌的形態特徵。(A) 孢囊與孢囊柄；(B、C、D) 正在釋放游走孢子的孢囊；(E) 游走孢子停止游動而形成靜止子；(F) 破裂死亡的靜止子。

Fig. 4-4-2. Morphology of *Pseudoperonospora cubensis*. (A) Sporangia and sporangiophores; (B, C, D) sporangia releasing zoospores; (E) encysted zoospores (cysts); (F) dead and erupted cysts.

防治方法：

1. 田間管理：a. 盡量不連作或鄰田有瓜類作物；b. 避免密植並保持通風：可減少葉背游離水產生而減少露菌孢囊發芽的機會；c. 遮雨設施：可減少露菌孢囊藉風雨飛濺傳播，而風傳播距離近，僅在設施邊緣較易發生露菌病；d. 合理化施肥：勿施用氮肥過度，而多施土壤添加有機質、鈣化合物，避免促進植物罹病性。
2. 地上部噴施低風險防治資材：a. 有益微生物：如枯草桿菌、液化澱粉芽孢桿菌……等。b. 免登記植物保護資材：如中性亞磷酸，在施用後數天至數週可誘發植物抗病。

3. 化學農藥：在降低瓜類露菌病仍以施用化學藥劑之傳統方法爲主〔參考植物保護手冊或上網在植物保護資詢系統（https://otserv2.tactri.gov.tw/ppm/）查詢用藥〕，用藥有鹼性氯氧化銅、氫氧化銅、四氯異苯腈、亞托敏、百克敏、達滅芬、曼普胺、安美速、鋅錳歐殺斯、達滅脫定、凡殺克絕，其他作物防治用藥尚有滅達樂、賽座滅、座賽胺、普拔克、銅劑等。然而露菌極易發生抗藥性，同類作用機制之藥劑不能連續施用超過 3 次，最好施用不同作用機制之農藥或施用混合劑型，如達滅克絕、四氯脫敏……等。

五、參考文獻

1. 黃晉興、黃巧雯。2017。胡瓜露菌之繁殖與保存。植物醫學 59: 45-50。
2. 蔡武雄、杜金池、羅朝村。1992。瓜類露菌病生態及防治。作物絕對寄生眞菌性病害研討會專刊。中華植物保護學會出版。p.105-120。
3. Lebeda, A., and Cohen, Y. 2010. Cucurbit downy mildew (*Pseudoperonospora cubensis*) -biology, ecology, epidemiology, host-pathogen interaction and control. Eur. J. Plant. Pathol. 129: 157-192.
4. Salcedo, A., Hausbeck, M., Pigg, S., and Quesada-ocampo, L. M. 2020. Diagnostic guide for cucurbit downy mildew. Plant Heal. Prog. 21: 166-172.

（作者：黃晉興）

六、同科不同屬病原菌引起之植物病害

a. 甘蔗露菌病（Downy mildew of sugarcane）（圖 4-4-3）
   病原菌：*Peronosclerospora sacchari* (T. Mlyake) Shirai & Hara

b. 小米露菌病（Downy mildew of millet）（圖 4-4-4）
   病原菌：*Sclerospora graminicola* (Sacc.) J. Schröt.

c. 萵苣露菌病（Downy mildew of lettuce）（圖 4-4-5）
   病原菌：*Bremia lactucae* Regel

d. 十字花科葉菜露菌病（Downy mildew of cruciferous leafy vegetables）（圖 4-4-6）
   病原菌：*Hyaloperonospora brassicae* (Gäum) Gäker, Voglmayr, Riethm., Weiss & Oberw.

e. 蔥露菌病（Downy mildew of green onion）（圖 4-4-7）

病原菌：*Peronospora destructor* (Berk.) Casp. ex Berk.

f. 羅勒露菌病（Downy mildew of basil）（圖 4-4-8）

病原菌：*Peronospora belbahrii* Thines

g. 菠菜露菌病（Downy mildew, Blue mold of spinach）（圖 4-4-9）

病原菌：*Peronospora spinaciae* Laubert

圖 4-4-3　由 *Peronosclerospora sacchari* 引起之甘蔗露菌病。(A) 露菌病害嚴重之葉片（右）；(B) 病害輕微之葉片；(C) 病葉背產生大量孢囊柄與孢囊（右）。

Fig. 4-4-3. Downy mildew of sugarcane caused by *Peronosclerospora sacchari*. (A) Severely diseased leaf (right-side leaf); (B) mild diseased leaf; (C) massive sporangiophores and sporangia grew on abaxial leaf surface (right-side leaf).

圖 4-4-4　小米露菌病（白髮病）的病徵。(A) 受感染葉片呈黃綠條斑；(B) 葉片著生白色霜狀物，即為孢囊；(C、D) 枯萎心葉呈絲狀纏繞似白髮。（黃振文提供圖版）

Fig. 4-4-4. Symptoms of millet downy mildew caused by *Sclerospora graminicola*. (A) Chlorosis on leaves; (B) sporangia grown on abaxial surface of the leaf; (C, D) the leaves became shredded longitudinally like white hair.

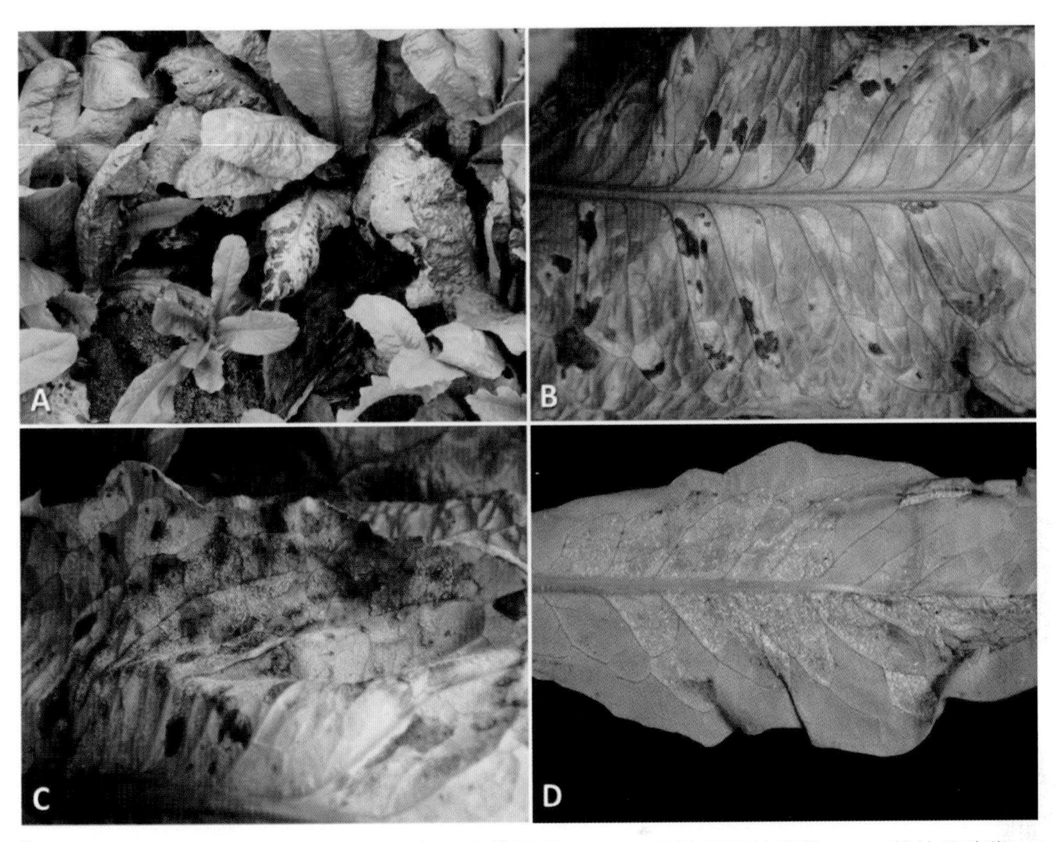

圖 4-4-5　由 *Bremia lactucae* 引起之萵苣露菌病。(A) 田間植株的病徵；(B) 葉片的病徵；(C、D) 葉背的病徵與大量的孢囊及孢囊柄。

Fig. 4-4-5. Downy mildew of lettuce caused by *Bremia lactucae*. (A) Diseased plants in the field; (B) symptoms on the leaf surface; (C, D) symptoms on the lower leaf surface with massive sporangiophores and sporangia.

圖 4-4-6　由 *Hyaloperonospora brassicae* 引起之十字花科蔬菜露菌病。(A) 田間植株的病徵；(B) 葉片的病徵；(C) 低溫貯放期葉片的病徵。

Fig. 4-4-6. Downy mildew of cruciferous vegetables caused by *Hyaloperonospora brassicae*. (A) Diseased plants in the field; (B) symptoms of upper (left) and lower (right) leaf surface; (C) symptoms of diseased leaves in cool storage.

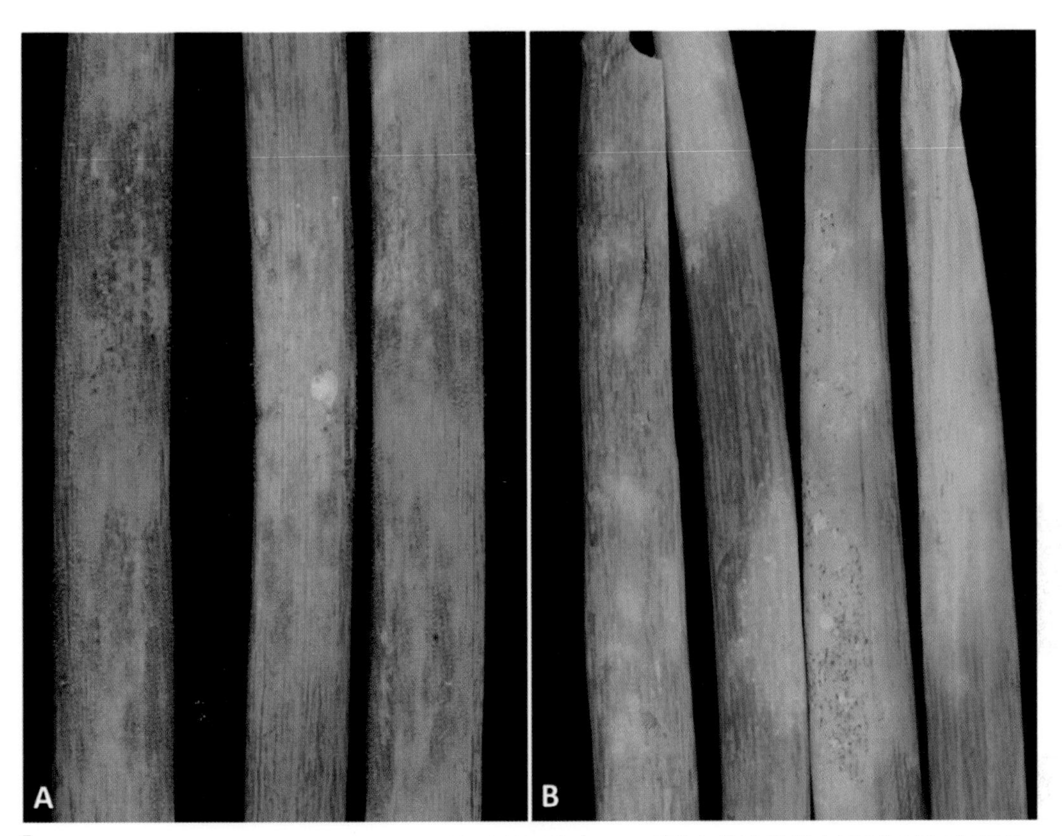

圖 4-4-7　由 *Peronospora destructor* 引起之蔥露菌病。(A) 葉片初期病徵與大量的孢囊及孢囊柄；(B) 葉片中後期病徵。

Fig. 4-4-7. Downy mildew of green onion caused by *Peronospora destructor*. (A) Early stage symptoms of diseased leaves with massive sporangiophores and sporangia; (B) middle and late stage symptoms of diseased leaves.

圖 4-4-8　由 *Peronospora belbahrii* 引起之羅勒露菌病。(A) 田間植株的病徵；(B) 葉片的病徵；(C) 葉背的病徵與大量的孢囊及孢囊柄。

Fig. 4-4-8.　Downy mildew of basil caused by *Peronospora belbahrii*. (A) Diseased plants in the field; (B) symptoms on the upper leaf surface (right); (C) symptoms on the lower leaf surface (right) with massive sporangiophores and sporangia.

圖 4-4-9　由 *Peronospora spinaciae* 引起之菠菜露菌病的病徵。（黃振文提供圖版）
Fig. 4-4-9.　Symptom of blue mold of spinach caused by *Peronospora spinaciae*.

V. 葡萄露菌病（Grape Downy Mildew）

一、病原菌學名

Plasmopara viticola (Berk. & M. A. Curtis) Berl. & De Toni

二、病徵

本病原菌可爲害葡萄的花穗、果粒、幼嫩枝條及葉片……等器官，溼度高時，在受害器官上或葉背常有白色的黴狀物（圖 4-5-1），爲該病原菌的孢囊柄與游走孢囊。花穗及果粒受害時，初期呈現水浸狀褐化壞疽病徵（圖 4-5-1）；果穗受害後期呈褐化乾癟症狀，但果粒的大小約莫大於碗豆以後，就逐漸對露菌病較有抗

圖 4-5-1 (A) 葡萄露菌病菌可為害花穗、果粒及葉片；(B) 受害花穗及果粒呈黃褐色水浸狀病斑，果粒上產生大量游走孢囊；(C) 受害葉片黃化壞疽，溼度高時，葉背會產生大量游走孢囊；(D) 嚴重時，會導致葉片焦枯，最後導致落葉；(E) 病害發生後期，有時會發現黃綠色至褐色嵌紋狀角斑病徵的罹病葉。

Fig. 4-5-1. (A) *Plasmopara viticola* can infect and sporulate on the flowers, berries, and leaves. (B) Infected flowers and berries are showing brown, water soaking symptoms. (C) Massive amount of sporangia is produced on the berries and the abaxial side of the leaves when the humidity is high. (D) Severely infected leaves are scorching, drying, and eventually defoliate. (E) Chlorotic, mosaic symptoms are sometimes observed on the infected leaves at the late season of the epidemics.

性。該病原菌侵染葡萄葉片時，依據各個品種的抗感病程度差異，出現病徵與產生游走孢囊的先後順序會略有不同。以感病的釀酒葡萄 Merlot 爲例，該品種在受到病原菌侵染後，葉背可能會先產生游走孢囊（圖 4-5-1），之後才出現黃化且受葉脈侷限的不規則角狀病斑。反之，在較耐病的品種上，可能先出現黃褐色的角斑，且葉背的產孢量較少。病害嚴重時，罹病葉片急速褐化壞疽且失水變脆（圖 4-5-1），並導致大量落葉；在病害發生後期，有時可以在葉片上觀察到黃綠色至深褐色嵌紋型角斑（圖 4-5-1）。

三、病原菌特性與病害環

1. 病原菌特性

本病原菌在不同交配型配對後，可以形成卵孢子（圖 4-5-2）（有性世代及初次感染源），卵孢子發芽後會形成游走孢囊（圖 4-5-2）（無性世代及二次感染源），游走孢囊再釋放游走孢子，游走孢子靜止發芽（圖 4-5-2）後，侵入感染葡萄的花穗、果粒、幼嫩枝條與葉片……等器官。近年利用多基因序列分析方法（multilocus sequence analysis）針對北美葡萄露菌病族群的研究指出，北美的 *P. viticola* 族群可以被區分爲五個隱匿種（cryptic species）。各個隱匿種的地理分布、寄主範圍與族群大小都不盡相同。其中，*P. viticola* clade *aestivalis* 在北美的地理分布、族群大小及寄主範圍都最廣，然而，目前在臺灣仍無相關研究與報導。

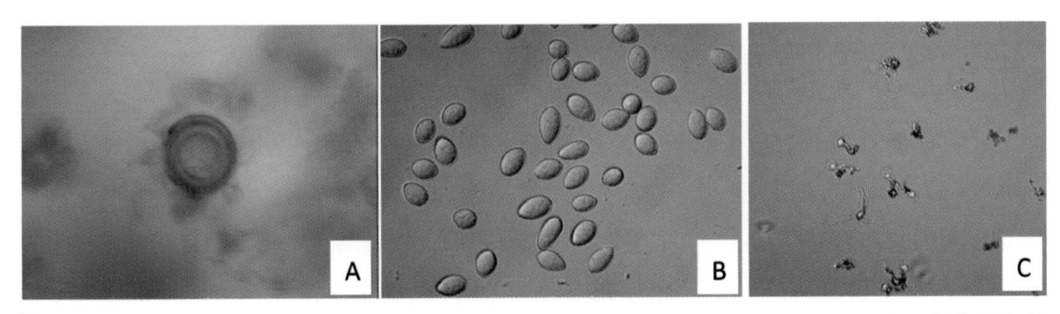

圖 4-5-2　*P. viticola* 的有性世代及無性世代孢子。(A) 不同配對型的 *P. viticola* 在配對後產生卵孢子；(B) 游走孢囊；(C) 游走孢子靜止後發芽。

Fig. 4-5-2.　Sexual and asexual spores of *P. viticola*. (A) Oospore is observed after co-inoculation of two mating types; (B) sporangia; (C) encysted and germinated zoospores.

2. 病害環

由於全球各國葡萄栽培地區在氣候條件上的差異，葡萄在溫帶地區的冬天會落葉休眠，但在熱帶或亞熱帶地區則可能終年常綠，因此在歐洲、美國等溫帶地區，常可發現 *P. viticola* 以卵孢子越冬。卵孢子在隔年葡萄生長季開始時發芽，成爲露菌病的初次感染來源。近年來的研究更發現，葡萄露菌病的卵孢子的發芽，不僅侷限於春季，也會陸續在葡萄的生長季節中逐批發芽產生游走孢囊，釋放游走孢子並造成感染，因此對於溫帶地區而言，露菌病菌的卵孢子爲重要的防治對象。然而，對於亞熱帶與熱帶地區而言，則不一定會發現該病原菌的卵孢子。反而是該病原菌的菌絲及游走孢囊等無性世代構造，在葉片、枝條或芽點的侵染及殘存可能更爲重要。

四、防治關鍵時機

臺灣地處熱帶與亞熱帶交界處，視產期調節情形，葡萄每年約可生產採收 2 次，與全球其他葡萄產區相較，實屬特殊。在臺灣生產夏果時，露菌病約莫在 3-4 月中下旬開始發生；生產冬果時，則於枝條萌芽後 2 至 3 週左右開始發生病害。因此，生產夏果時，建議自花期開始進行藥劑防治；生產冬果時，則於萌芽後約 3 片葉片完全展開時，即可開始用藥防治。此外，不論生產哪一季的果實，在採收後應適度修剪並清潔果園，以降低病原菌在田間殘存的密度。

五、參考文獻

1. 曾顯雄主編。2019。臺灣植物病害名彙（第五版）。行政院農業委員會動植物防疫檢疫局、行政院農業委員會農業試驗所、中華民國植物病理學會，臺中，320 頁。
2. 郭克忠、許秀惠。2003。葡萄露菌病。植物保護圖鑑系列 11－葡萄保護，90-96 頁。行政院農委會動植物防疫檢疫局，臺北，221 頁。
3. Gessler, C., Pertot, I., and Perazzolli, M. 2011. *Plasmopara viticola*: a review of knowledge on downy mildew of grapevine and effective disease management. Phytopathol. Mediterr. 50:3-44.
4. Rouxel, M., Mestre, P., Comont, G. et al. 2013. Phylogenetic and experimental

evidence for host-specialized cryptic species in a biotrophic oomycete. New Phytol. 197:251-263.

5. Rouxel, M., Mestre, P., Baudoin, A. et al. 2014. Geographic distribution of cryptic species of *Plasmopara viticola* causing downy mildew on wild and cultivated grape in eastern North America. Phytopathology 104:692-701.

（作者：洪爭坊）

六、同屬病原菌引起之植物病害

本屬病原菌在臺灣已記錄的病害包括：

a. 非洲鳳仙花露菌病（Downy mildew of impatiens）（圖 4-5-3）
   病原菌：*Plasmopara obducens* (J. Schröt.) J. Schröt.

b. 茼蒿露菌病（Downy mildew of chrysanthemum）
   病原菌：*Plasmopara chrysanthemi-coronarii* Sawada

c. 泡桐露菌病（Downy mildew of paulownia）
   病原菌：*Plasmopara paulowniae* C.C. Chen

d. 豨薟露菌病（Downy mildew of shrimp claw plant）
   病原菌：*Plasmopara halstedii* (Farl.) Berl. & de Ton.

e. 嶺南野菊露菌病（Downy mildew of halfspreading ironweed）
   病原菌：*Plasmopara vernoniae-chinensis* Sawada

圖 4-5-3　由 *Plasmopara obducens* 引起之鳳仙花露菌病。(A、B) 田間植株的病徵；(C、D) 葉背的病徵與大量的孢囊及孢囊柄。（黃晉興提供圖版）

Fig. 4-5-3.　Downy mildew of *Impatiens walleriana*. (A, B) Diseased plants in the field; (C, D) symptoms on the lower leaf surface with massive sporangiophores and sporangia.

VI. 莧白銹病（White Rust of Amaranth）

一、病原菌學名

Albugo bliti (Biv.) Kuntze

二、病徵

莧菜被本病原菌感染後，葉表或葉背出現突起之游走孢囊堆（sori），主要集中在葉背，游走孢囊堆初期無色，隨後轉成白色（圖 4-6-1）、淡黃色或紫紅色，病斑呈現圓錐型點狀突起，散生於葉背及葉表，常癒合成不規則狀。游走孢囊堆破裂，可見散逸之白色粉狀游走孢囊，游走孢囊堆附近有時形成壞疽狀，而葉肉或葉脈組織產生散生黑色小點，係卵孢子形成之病徵（圖 4-6-2）。本病原菌感染後，罹病葉片之感染部位黃化、枯萎，嚴重時整葉脫落，植株枯死，因此嚴重影響品質與產量。

圖 4-6-1　莧菜白銹病的病徵。（黃振文提供圖版）
Fig. 4-6-1.　Symptoms of white rust in amaranth plants.

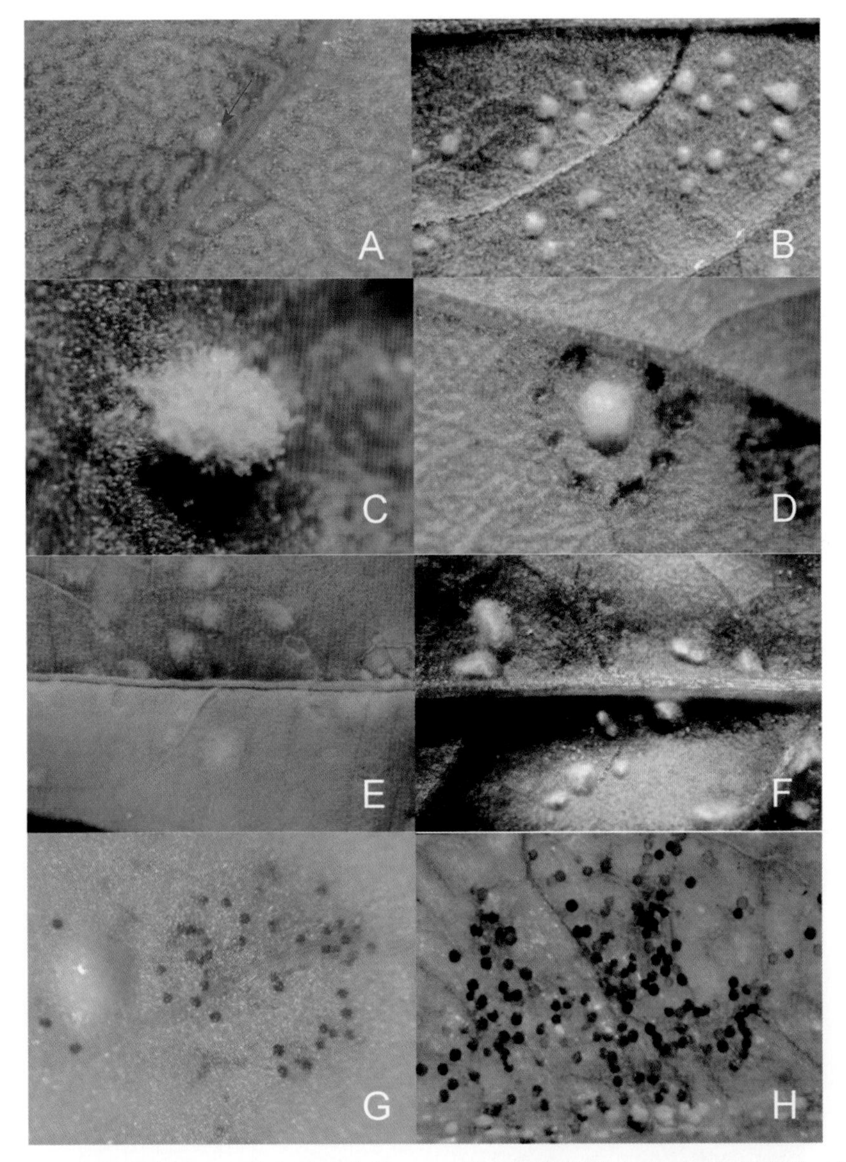

圖 4-6-2　解剖顯微鏡下之莧白銹病病徵。(A) 游走孢囊堆剛形成之透明突起狀（箭頭）；(B) 初期之白色游走孢囊堆群；(C) 游走孢囊自游走孢囊堆上方推擠而出之情形；(D) 游走孢囊堆附近偶爾產生壞疽型凹陷病徵；(E) 葉表上之黃褐色塊狀病徵；(F) 紅色與黃色之游走孢囊堆群；(G) 散生於葉肉組織之淡褐色未成熟卵孢子；(H) 散生之暗褐成熟色卵孢子。

Fig. 4-6-2.　Symptoms of white rust under dissecting microscope. (A) Transparent, protuberant sori just formed (arrow). (B) White young sori scattering on leaf epidermis. (C) Sporangia extruded from the top of sori. (D) Necrosis hollows around the sorus. (E) Brown, yellow symptoms on the adaxial leaf surface. (F) Red and yellow sori. (G) Pale brown immature oospores scattering in the mesophyll tissue. (H) Scattering dark-brown mature oospores.

三、病原菌特性與病害環

莧白銹菌於莧屬與蓮子草屬等寄主植物體內形成菌絲、游走孢囊柄、游走孢囊（圖 4-6-3、圖 4-6-4）、游走孢子與卵孢子（圖 4-6-5）等構造，莧白銹菌游走孢囊串生於游走孢囊柄上（圖 4-6-3），透明、無色，外表無特殊花紋（圖 4-6-4），有性世代卵孢子則由藏精器與藏卵器結合後形成，初期無色，成熟後轉成暗褐色球型，表面有網狀突起花紋（圖 4-6-5）。不同寄主來源之莧白銹菌均可形成上述之菌體構造，除大小略微差異外，於外表形態上並無顯著區別，莧白銹菌各菌體構造之大小，以及游走孢囊釋放之游走孢子數量，詳見表一。由莧屬與蓮子草屬所得之白銹菌菌株，據上述有性與無性世代之菌體形態與大小，比對澤田氏記錄均是莧白銹菌 *Albugo bliti* (Biv.) Kuntze。

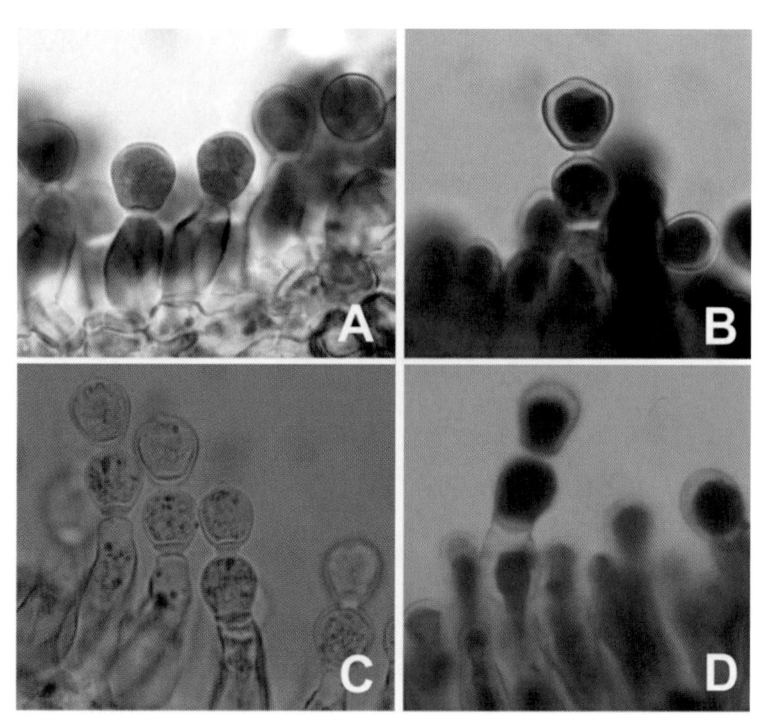

圖 4-6-3　莧白銹菌游走孢囊與游走孢囊柄。(A) 白莧分離株 Abw；(B) 紅莧分離株 Abr；(C) 烏莧分離株 Abl；(D) 滿天星分離株 Aba。

Fig. 4-6-3. Sporangia and sporangiophores of *Albugo bliti*. (A) Isolate Abw from *Amaranthus mangostanus*. (B) Isolate Abr from *A. mangostanus* forma *ruber.* (C) Isolate Abl from *A. lividus*. (D) Aba isolate from *Alternanthera sessilis*.

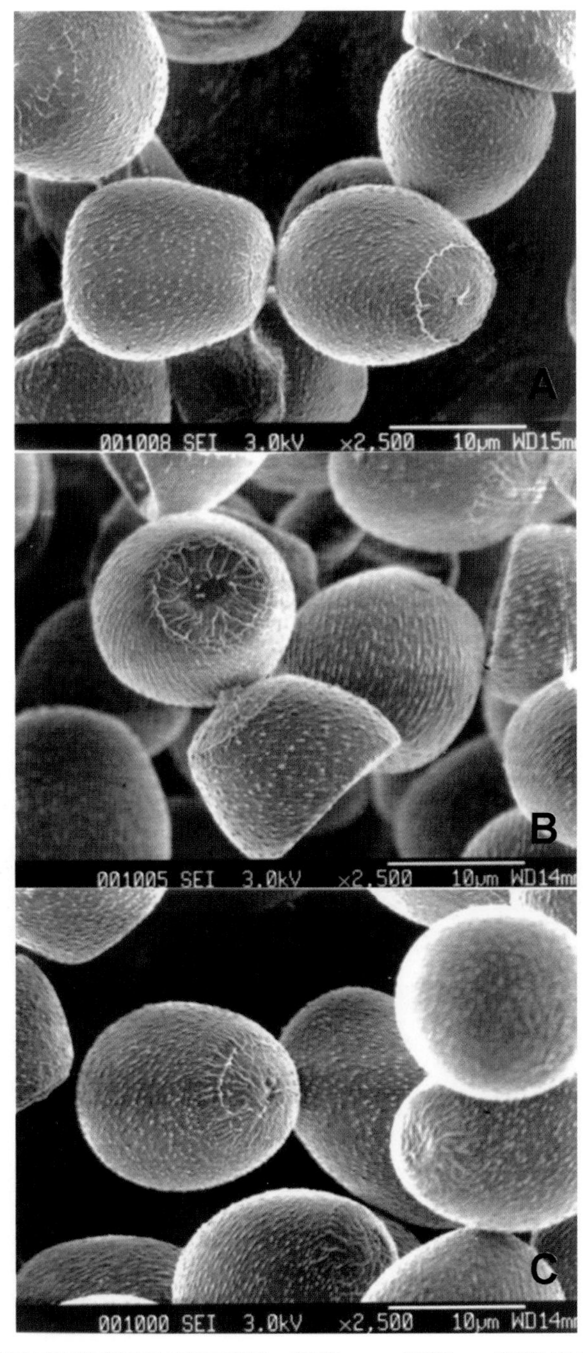

圖 4-6-4　掃描式電子顯微鏡下之莧白銹菌：紅莧 (A)、烏莧 (B) 與滿天星 (C) 菌株之游走孢囊形態。

Fig. 4-6-4. Morphology of sporangia of *Albugo bliti* Abr (A), Abl (B), and Aba (C), collected respectively from *Amaranthus mangostanus* forma *ruber, Am. lividus,* and *Alternanthera sessilis,* under scanning electronic microscope.

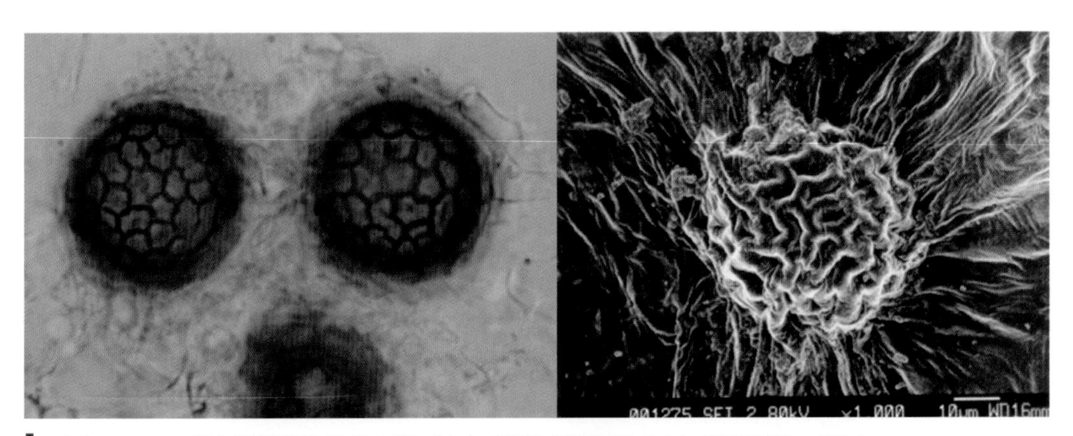

圖 4-6-5　莧白銹菌卵孢子於光學（左）與電子顯微鏡（右）下之形態。標尺 = 10 μm。
Fig. 4-6-5. Oospores of *Albugo bliti* seen under light microscope (left) and scanning electronic microscope (right). Bar = 10 μm.

表一、莧白銹菌 *Albugo bliti* 各菌株菌體形態之大小
Table 1. Size of morphological characteristics of *Albugo bliti* isolates

Isolates of *A. bliti*	Host	Morphological characteristics of *A. bliti*[1]			
		Sporangium (μm)	Zoospore (μm)	Zoospores / sporangium	Oospore (μm)
Abw	*Amaranthus mangostanus*	15-25×12.5-20 (19.8×17.2)	5-7.5×5-7.5 (6.3×5.3)	6-8 (7)	45-55 (49)
Abr	*A. mangostanus* forma *ruber*	17.5-25×17.5-20 (20.2×18.1)	5-7.5×5-7.5 (6.2×5.1)	6-8 (7)	40-52.5 (46.4)
Abl	*A. lividus*	17.5-22.5×15-20 (20.2×17.6)	5-7.5×5-7.5 (6.2×5.3)	4-10 (8)	48-62 (57.2)
Aba	*Alternanthera sessilis*	12.5-17.5×12.5-15 (15.7×13.3)	5×2.5-5 (5×4.8)	6-9 (7)	40-56 (50.2)

[1] Morphological characteristics were shown as range and mean of 20-50 samples. Means were indicated in parenthesis.

莧白銹菌之病原性測試結果，均顯示本病原菌具備寄主專一性，即僅能感染原寄主植物。同屬不同品種，如紅莧與白莧，或同屬不同種，如白莧與烏莧，均無法交叉感染。

游走孢囊爲無色橢圓球形（圖 4-6-6A），成熟游走孢囊在水中經 20 分鐘後，其中一端開始膨脹突出（圖 4-6-6B、C），此時游走孢囊內之原生質向外形成一個

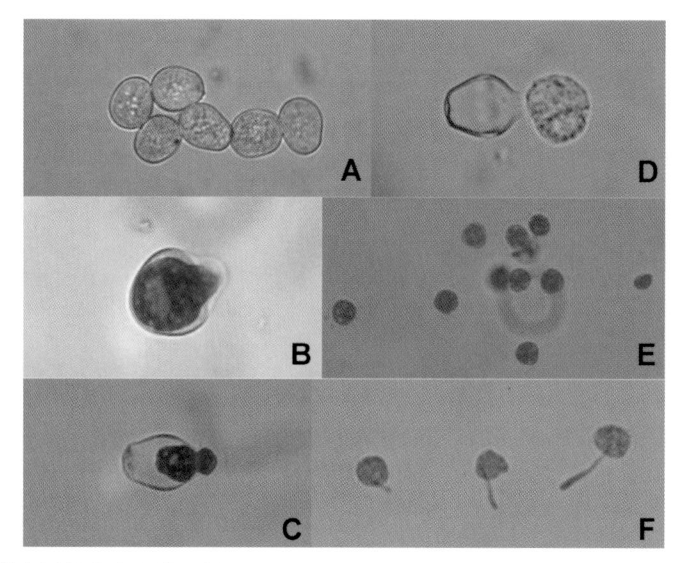

圖 4-6-6　莧白銹菌游走孢囊釋放游走孢子（間接發芽）與游走孢子發芽（直接發芽）情形。(A) 游走孢囊；(B) 游走孢囊頂端突起；(C) 原生質自突起處向外擠出；(D) 游走孢子在游走孢囊外之泡囊內分化；(E) 游走孢子將泡囊擠破後，於空游走孢囊附近泳動情形；(F) 靜止子發芽，形成發芽管。

Fig. 4-6-6.　Indirect germination of sporangia and direct germination of zoospores of *Albugo bliti*. (A) Sporangia. (B) Protuberance on the tip of sporangium. (C) Cytoplasm squeezed from the sporangium. (D) Zoospores formed within the vesicle outside the sporangium. (E) Zoospores swimming around the empty sporangium. (F) Cyst zoospores germinated and formed germ tubes.

無細胞壁之泡囊（vesicle）（圖 4-6-6D），游走孢子在泡囊中開始分化，待分化完成後，衝破泡囊，於水中泳動一段時間後靜止（圖 4-6-6E），此一靜止子開始形成發芽管（圖 4-6-6F）。游走孢子於葉面靜止時，大都集中在氣孔附近，或直接停在氣孔上頭（圖 4-6-7A），發芽管前端若未接觸到植物表面，則呈現細長管狀，無特殊構造（圖 4-6-7B），一旦接觸到植物或玻片表面後，很快地形成膨大之附著器結構（appressorium）（圖 4-6-7C），若是發芽管無法接觸到氣孔時，常沿著植物細胞壁相接之凹陷表面生長（圖 4-6-7D），但無法向下侵入完成感染。若是游走孢子發芽管在寄主植物氣孔附近（圖 4-6-8A），則發芽管直接侵入氣孔內，形成氣孔下膨大泡囊（圖 4-6-8B-D），再由此分化菌絲（圖 4-6-9A）與球形吸器（haustoria）（圖 4-6-9B），吸取寄主細胞養分生長。莧白銹菌游走孢子發芽侵入寄主體內後，開始分化成無色，無隔膜之管狀菌絲，於寄主細胞間隙生長，約 4 天後，游走孢囊

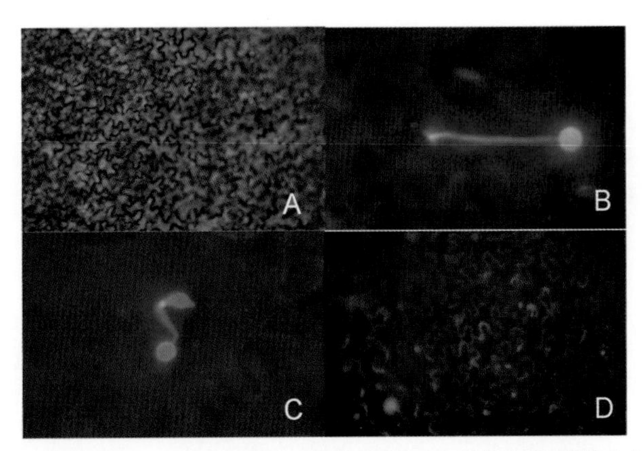

圖 4-6-7　莧白銹菌游走孢子於植物葉面之發芽情形。(A) 游走孢子靜止在氣孔上；(B) 游走孢子發芽管前端黏著於葉面上之情形；(C) 游走孢子發芽管於葉表上形成附著器；(D) 發芽管與附著器沿植物細胞壁表面凹陷處蔓延情形。

Fig. 4-6-7.　Zoospore germination of of *Albugo bliti* on the leaf surface of amaranth. (A) Zoospores encysted on the stomata. (B) Adhesion of germ tube of zoospore on the leaf surface. (C) Appressorium formed from the germ tube of zoospore on the leaf surface. (D) Germ tubes and appressoria elongated along the surface of host cell walls.

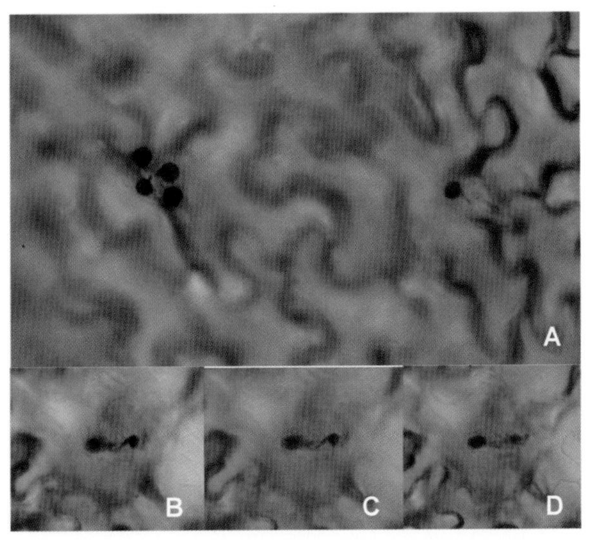

圖 4-6-8　莧白銹菌游走孢子於氣孔附近發芽與侵入氣孔之過程。(A) 游走孢子在氣孔附近發芽；(B-D) 自游走孢子發芽侵入氣孔到莧白銹菌氣孔下泡囊之由上而下連續垂直照相。

Fig. 4-6-8.　Germination of zoospores of *Albugo bliti* around stomata openings of *Amaranthus lividus* and penetration process via stomatal opening. (A) Encysted zoospores germinated around stomata openings. (B-D) Substomatal vesicle formed in stomatal cavity by the serial perpendicular view from germinating cyst zoospore (B) to substomatal vesicle (D).

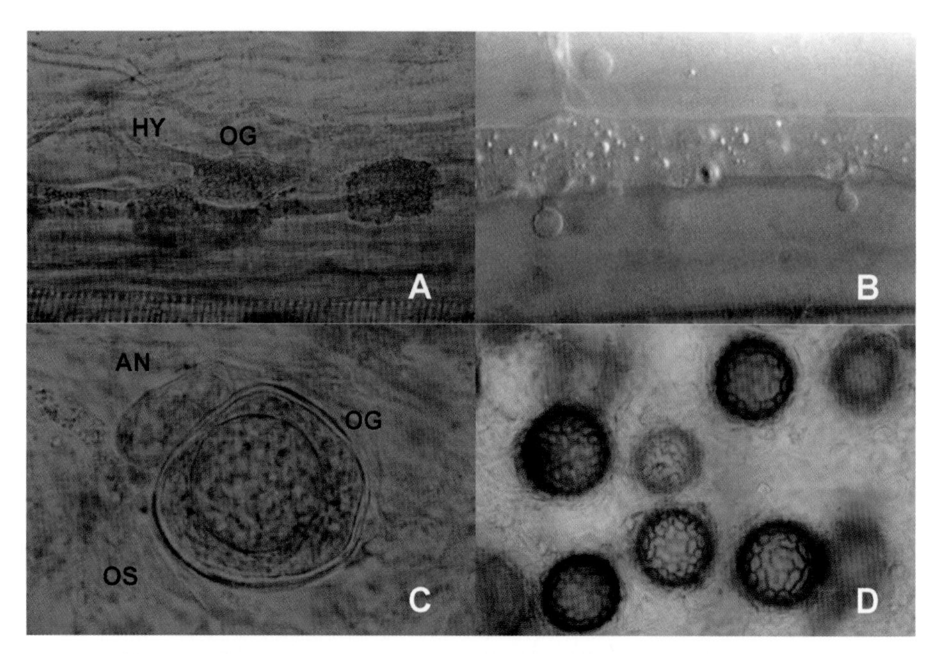

圖 4-6-9　莧白銹菌菌絲、吸器、藏卵器、藏精器與卵孢子於莧菜組織內之情形。(A) 菌絲（HY）與藏卵器（OG）；(B) 分布在菌絲旁之球形吸器；(C) 藏精器（AN）、藏卵器（OG）與未成熟之卵孢子（OS）；(D) 具網狀突起花紋之卵孢子。

Fig. 4-6-9. Hyphae, haustoria, antheridia, oogonia and oospores of *Albugo bliti* in host tissue. (A) Hyphae (HY) and oogonium (OG). (B) Globular haustoria scattered along hyphae. (C) Antheridium (AN), oogonium (OG) and immature oospore (OS). (D) Reticulate, areolate oospores.

柄與游走孢囊堆等構造開始分化，游走孢囊堆內之游走孢囊爲頂芽生殖，即最先發育之游走孢囊位於最頂端，游走孢囊間有遇水溶解之膠質連繫體（disjunctor）。而游走孢囊堆開始向葉表外突起，隨游走孢囊增加而使游走孢囊堆破裂，游走孢囊因而釋放至葉表上，至此完成莧白銹菌無性世代。游走孢囊遇水則釋放出游走孢子，乃莧白銹菌感染寄主之主要構造。莧白銹菌在分化形成無性世代之游走孢囊時，也同時形成藏精器（antheridia）與藏卵器（oogonia）等有性世代構造（圖 4-6-9C），兩者均爲無色透明之囊狀構造，待兩者結合後，形成40-62 μm大小之卵孢子（oospores），卵孢子初期無色，成熟後轉成暗褐色，球形表面有網狀突起花紋，卵孢子散生於葉肉組織或葉脈中（圖 4-6-9D）。整個莧白銹菌無性世代與有性世代生活史詳見圖 4-6-10。

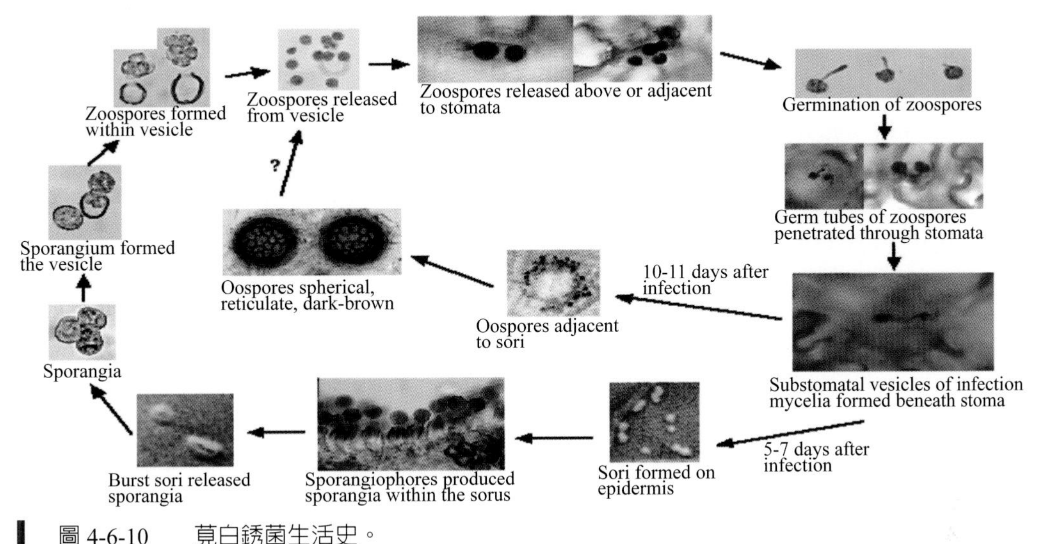

圖 4-6-10　莧白銹菌生活史。
Fig. 4-6-10.　Life cycle of *Albugo bliti*.

四、診斷要領

由於莧白銹菌具專一性，其爲害途徑係經由氣孔完成侵入感染過程，故可檢視莧菜子葉及新生葉片背面，是否有白色突起之游走孢囊堆。

另外，葉表有黃色斑點，相對位置之葉背有白色或紅色突起之孢囊堆，孢囊堆一般爲白色突起，紅莧白銹病因植株色素關係，孢囊堆也會形成紅色孢囊堆。孢囊堆圓形或不規則形，內有孢囊，當孢囊成熟時會將孢囊堆擠破，形成類似火山口形狀。將孢囊加水於 24℃保持 4-6 小時後，以光學顯微鏡鏡檢時可見大量游走孢子在水中泳動。

五、防治關鍵時機

由於本病害爲絕對寄生菌莧白銹菌引起，其初次感染源來自土壤殘存之游走孢囊與卵孢子，因此在莧菜播種前，應對土壤進行清潔管理。一般而言，臺灣中西部之莧菜白銹病主要發生季節爲 5-10 月，當 5 月分溫度條件適合莧菜種植時，莧菜白銹病開始發生，初期病害發生情形並不嚴重，但是當同一塊地進行連作後，則因土壤受到前期莧白銹菌游走孢囊汙染，導致莧菜白銹病嚴重發生，此一情形因莧菜種植而持續到 10 月分最後一次採收後，因溫度條件不適合種植莧菜而告終止。

另適當減少莧菜播種之種子數量，藉此調整植株密度，以縮短葉面水膜持續時間，當可減少莧白銹菌的爲害情形，也是可行之病害管理方式，以紅莧與白莧葉片覆蓋直徑分析，每平方公尺植株密度在 190 及 250 株時較爲適宜。

在化學防治方面，當溫度介於 12-28℃時，適合莧白銹菌游走孢囊釋放游走孢子，而田間調查顯示莧菜生育期間，每日下午 4 時起，氣溫開始下降，並持續到翌日上午 9 時，前述期間均適合白銹菌游走孢囊釋放游走孢子，因此，針對施藥時機，在傍晚噴藥防治白銹病，藉此阻斷接種源游走孢子之釋放，較上午噴藥來得適當。

此外，由其病害發生後之病勢進展，不論植株密度高低，由病勢進展曲線之病害增加速率分析，病害爆發的關鍵期在莧菜播種後第 14-18 天之 3-4 葉期，若由植株感染到發病所需時間爲 4-5 天推算，眞正導致病害爆發的關鍵期應爲播種後第 10-14 天之 1-3 葉期，而由空氣中游走孢囊密度分析，播種後第 14-17 天之 3-4 葉期莧菜罹病率雖無顯著增加，但是第二次感染源之密度卻上升 1,000 倍，以防治成本與效益而言，在田間第二次感染源尚未建立族群前，即於 1-2 葉期之防治時機進行防治，雖然此時罹病率與罹病程度並不嚴重，但由於本病害在田間蔓延迅速，因此提前施藥管理，可收事半功倍之效。

六、參考文獻

1. 李敏郎、郭克忠。1998。臺灣莧菜白銹病之發生。植保會刊 40: 439-440。
2. 李敏郎。2003。莧白銹菌之生物特性及其病害防治研究。國立中興大學植物病理學系。博士論文。170 頁。
3. 李敏郎、謝文瑞。2003。溫度對莧白銹菌（*Albugo bliti*）游走孢囊釋放游走孢子之影響。植病會刊 12: 77-84。
4. 李敏郎、謝文瑞。2003。莧菜白銹病之感染源與其病勢進展之研究。植病會刊 12: 163-172。
5. 李敏郎。2006。植物白銹病之診斷鑑定。植物重要防疫檢疫病害診斷鑑定技術研習會專刊（五）：39-51。（https://www.baphiq.gov.tw/ws.php?id=10327）
6. Sawada, K. 1922. Eumycetes Genus: *Albugo*. In Taiwan Agr. Res. Inst. Rept., edited by Sawada, K.

（作者：李敏郎）

七、同屬病原菌引起之植物病害

a. 馬齒莧白銹病（White rust of common purslane）（圖 4-6-11）

病原菌：*Albugo portulacae* (DC.) Kuntze

b. 蕹菜白銹病（White rust of water spinach）（圖 4-6-12）

病原菌：*Albugo ipomoeae-panduratae* (Schwein.) Swingle

圖 4-6-11　由 *Albugo portulacae* 所引起的馬齒莧白銹病。(A、B) 馬齒莧白銹病之病徵；(B) 葉面可見病原菌之孢囊堆；(C) 孢囊堆之橫切面；(D-F) 孢囊為串生；(G-I) 孢囊。標尺：C=50 μm，D-I=20 μm。（郭章信提供圖版）

Fig. 4-6-11.　(A、B) Symptoms of white rust of purslane (*Portulaca oleracea*) caused by *Albugo portulacae.* (C-I) Cross section of a white rust sorus showing zoosporangia in chain. Bars: C=50 μm, D-I=20 μm.

圖 4-6-12　(A) 雍菜白銹病的病徵；(B) 蕹菜白銹病菌造成莖部肥大畸形。（黃振文提供圖版）

Fig. 4-6-12.　(A) Symptoms of white rust of water spinach caused by *Albugo ipomoeae-panduratae*. (B) The pathogen caused swelling on the stem of water spinach.

CHAPTER 5

壺菌與接合菌類引起的植物病害

I. 翼豆偽銹病（Winged Bean False Rust, Orange Gall of Winged Bean）

II. 長豇豆溼腐病（Choanephora Wet Rot or Blight of Long Cowpea）

III. 紅龍果溼腐病（Gilbertella Rot of Dragon Fruit, Wet Rot of Dragon Fruit）

IV. 蓮霧黑黴病（Rhizopus Rot of Wax Apple）

在臺灣有關壺菌與接合菌類爲害植物的報導較少，本章僅以翼豆僞銹病作爲壺菌引起作物病害的代表。此外，以 *Choanephora*、*Gilbertella* 及 *Rhizopus* 等三屬介紹接合菌類引起的植物病害；一般而言，在植物組織器官受傷，代謝緩慢、花器萎凋或在貯藏階段的果實、種子，較容易遭受接合菌類的爲害。

I. 翼豆僞銹病
（Winged Bean False Rust, Orange Gall of Winged Bean）

一、病原菌學名

Synchytrium psophocarpi (Racib.) Gäum.

二、病徵

本病原菌主要爲害翼豆植株的葉片、莖部及果莢。診斷特徵爲植體表面凸起之橘色球形膿泡。年幼植株罹病後，初期出現葉片扭曲與不易平展的症狀，葉片亦可能伴隨有增厚的現象。病原菌感染於生長點時，可造成嫩芽生長停滯。病原菌感染葉片後期，可形成橘色膿泡散生於葉片，膿泡大多集中分部於葉脈，密集時可造成葉脈呈現橘色（圖 5-1-1）。莖部、葉柄、枝條等部位罹病後，表面皆出現散生的橘色膿泡。果莢罹病後，表面產生橘色膿泡，嚴重時造成果實畸形。大量橘色膿泡形成類似銹病的病徵，故名僞銹病，膿泡易受外力破裂流出黃色汁液，造成罹病部位易受其他微生物感染而加速腐爛（圖 5-1-1）。

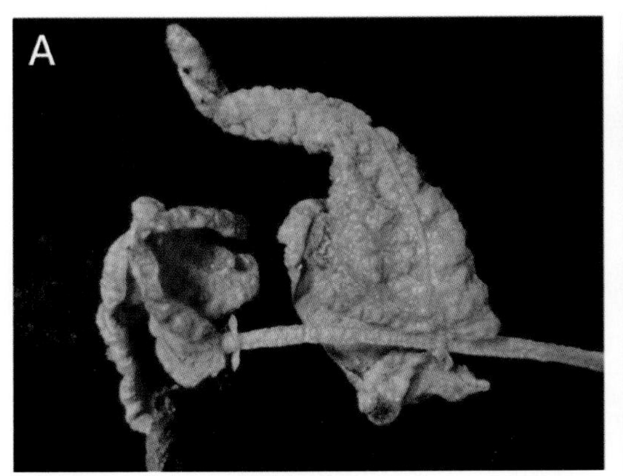

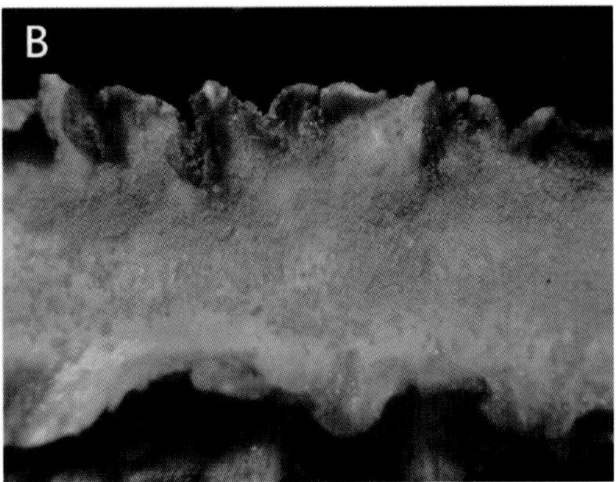

圖 5-1-1　感染偽銹病之翼豆。(A) 葉片及枝條上之病徵，造成葉片扭曲變形；(B) 果莢上病徵，均可見罹病組織上散生橘色膿泡，內含大量孢囊。

Fig. 5-1-1. False rust on the leaves and branches of winged bean. (A) Severe infection resulted in numerous sori and deformed leaves. (B) Orange pustules containing massive amount of sporangia scattered on a diseased pod of winged bean.

三、病原菌特性與病害環

1. 病原菌特性

橘黃色孢囊堆藏於罹病部位表皮下，孢囊呈球形至卵形，孢囊大小為 26.71±4.25 μm×26.61±4.60 μm（圖 5-1-2）。

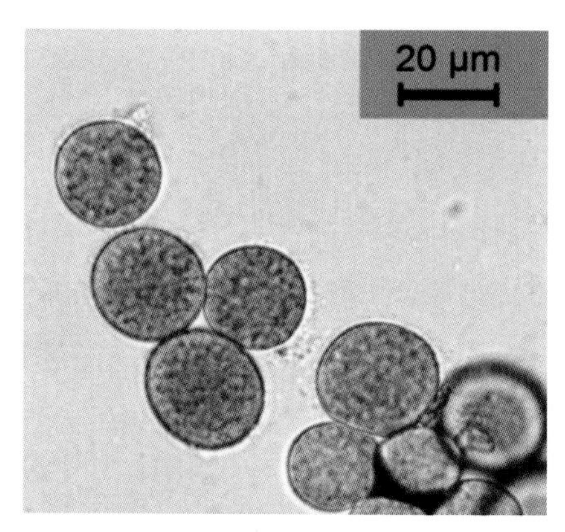

圖 5-1-2　翼豆偽銹病菌的孢囊呈球形至卵形外觀。
Fig. 5-1-2. The sori of *Synchytrium psophocarpi* contain ovoid to globose sporangia.

2. 病害環

本病害目前尚未有詳細研究，依照國內翼豆偽銹病病兆及壺菌類病害環，推測偽銹病菌以孢囊堆在罹病組織內越冬，於高溼度環境下產生游走孢子，藉風雨進行傳播侵染，游走孢子感染健康的寄主細胞後，於寄主細胞內繁殖分化，產生大量孢囊，並聚集成大量孢囊堆，本病害於溼度高水分充足之連續降雨氣候容易發生。

四、防治關鍵時機

1. 本病害於溼度高時發生嚴重，發現罹病株時，應立即修剪，並移除燒毀，連續降雨時應進行病害監測管理。
2. 參考國外文獻可以使用化學藥劑三得芬進行防治。

五、參考文獻

1. Drinkall, M. J., and Price, T. V. 1979. Studies of *Synchytrium psophocarpi* on winged bean in Papua New Guinea. Trans. Br. Mycol. Soc. 72:91-98.

2. Karami, A., Ahmad, Z. and Sijam, K. 2009. Morphological characteristics and pathogenicity of *Synchytrium psophocarpi* (Rac.) Baumann associated with false rust on winged bean. Am. J. Appl. Sci. 6(11): 1876-1879.

（作者：呂柏寬、張皓巽）

II. 長豇豆溼腐病
（Choanephora Wet Rot or Blight of Long Cowpea）

一、病原菌學名

Choanephora cucurbitarum (Berk. & Ravenel) Thaxt.

二、病徵

本病害常見於長豇豆植株的幼芽、頂端嫩梢、葉片或花器等之幼嫩部位極易受到爲害（圖 5-2-1A、B、C）。植株在營養生長期於頂梢葉片或幼芽受害時，初形成水浸狀斑點，隨後逐漸擴大，繼而導致植物組織軟化腐敗、葉緣捲曲或造成頂芽

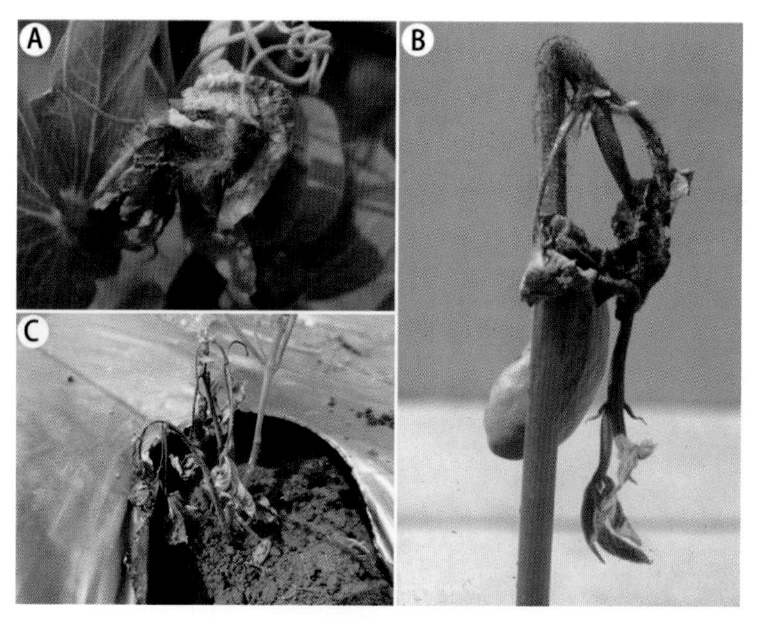

圖 5-2-1　*Choanephora cucurbitarum* 引起豆類作物的溼腐病（或芽枯病）。(A) 長豇豆溼腐病在葉片上的病徵；(B) 病原菌感染萊豆幼苗造成芽枯，並於罹病部位產生毛黴狀物，為病原菌孢囊及小型孢囊；(C) 敏豆芽枯病，幼苗頂芽受害後，迅速腐爛乾枯而死亡。

Fig. 5-2-1. Diseases of beans caused by *Choanephora cucurbitarum*. (A) Wet rot of long cowpea showing symptoms on infected leaves. (B) Wet rot of lima bean showing sign of pathogen on diseased seedling, comprising sporangia and sporangiola of the fungus. (C) Bud blight of common bean. Infected seedling showing damping off symptom, plant wilted and died.

腐敗，且在夏季豔陽高照與高溫下，造成整個葉片乾枯，致使植株的生長與發育明顯受阻；幼苗期嚴重時則自莖頂芽曲折腐爛，造成植株死亡（圖 5-2-1B）。在高溼度的環境下，病原菌可在罹病組織的部位迅速產孢而形成毛黴狀物，病原菌也會感染萊豆（圖 5-2-1B）及敏豆（圖 5-2-1C）。由於幼苗至成株都會受到感染，主要病徵出現在豆類植株頂端 2-5 cm 的嫩梢或幼芽部分，因此也有稱之芽枯病，或是莖頂腐敗病，但農友一般稱它爲「爛頭」。診斷案例中，也曾見到病原菌感染甘藍菜的葉緣（圖 5-2-2A）。

三、病原菌特性與病害環

1. 病原菌特性

C. cucurbitarm 培養於馬鈴薯葡萄糖瓊脂平板上的菌落爲白色，具有許多氣生菌絲，生長後期培養基上會出現淡黃色（圖 5-2-2B）。氣生菌絲可產生許多孢囊梗（sporangiophore），直立的孢囊梗頂端產生孢囊（sporangia）（圖 5-2-2C）或小型孢囊（sporangiola）（圖 5-2-2D）。孢囊爲球形，產生初期爲白色，而後轉爲暗褐色，直徑大小在 25-124 μm，內含有孢囊孢子（圖 5-2-2I），孢囊成熟時，孢囊梗大多向下彎曲。孢囊梗頂端也會形成棍棒狀泡囊，其上再產生 1-6 支棍棒狀的第二次泡囊（secondary vesicle），由此產生許多的小型孢囊（圖 5-2-2D、E）。小型孢囊大多爲橢圓形，大小爲 11-13×13-20 μm，基部具圓柱狀小梗，內含有一個孢囊孢子（圖 5-2-2F、G、H）。孢囊孢子爲橢圓形，褐色或淡褐色，孢子壁上有條狀直紋，大小爲 8-12×20-24 μm，孢子兩端具有數條細小無色的附屬絲（appendage）（圖 5-2-2I、J）。

2. 病害環

植株被害初期出現水浸狀斑點，在高溫高溼或長期露水環境下，病斑迅速擴展，約 2-3 天便造成被害組織軟化，而夏季高溫及陽光曝晒下，罹病部位迅速腐爛乾枯。當夜間來臨，溫度下降，露水出現後，一夜之間病原菌迅速產孢，在患部上形成叢生毛黴狀物（圖 5-2-1A、B），爲病原菌之孢囊或小型孢囊（圖 5-2-2C、D）。病原菌可經由昆蟲、雨水噴濺或風傳播感染植株的花器上，有時也會經由傷口感染植株，並隨著日夜溼度及露水期長短的變化，組織病變程度亦快慢不同。葉

圖 5-2-2 *Choanephora cucurbitarum* (A) 引起之甘藍溼腐病；(B) 培養在馬鈴薯葡萄糖瓊脂培養基上的菌落形態；(C) 孢囊形態及 (D、E) 孢囊梗頂端產生小型孢囊；(F-H) 單一小型孢囊的形態；(I) 病原菌孢囊孢子的形態；(J) SEM 下觀察病原菌孢囊孢子的形態。

Fig. 5-2-2. *Choanephora cucurbitarum*. (A) Symptom of wet rot on cabbage caused by *C. cucurbitarum*. (B) Colony morphology on potato dextrose agar plate. (C) Sporangia. (D, E) Sporangiola producing at the apex of sporangiophores. (F, G, H) Individual sporangiolum. (I) Sporangiospores. (J) Morphology of sporangiospore under the scanning electron microscope.

腋有露水累積，也往往出現類似病徵。臺灣南部長豇豆栽培區，在夏季高溫日晒後，出現午後雷陣雨的地區，在高溫多溼環境下，常見病原菌會爲害花器、嫩芽、嫩葉及下方的莖部。植株於幼苗期受害，導致頂芽壞死，無法生長（圖 5-2-1B）；在營養生長期及開花期，如果氣溫轉涼，或露水期縮短，則病害停止發展，植株又可抽出新梢，恢復生長。國外報導本病原菌主要爲害長豇豆成熟的豆莢，致使豆莢腐爛，失去商品價值，臺灣則常見感染花器及葉片。文獻記載病原菌可以在作物殘體存活。

四、防治關鍵時機

由於此病於連續陰雨才會發生，無需藥劑防治，但需加強田間衛生管理。保持田間良好通風，避免水分累積於豆莢。

五、參考文獻

1. 林益昇、楊佐琦、郭章信。1995。豆菜類與綠肥作物病害。臺灣農家要覽農作篇（三），第 189-190 頁。葉瑩、林子清主編，行政院農委會。豐年社，臺北，776 頁。
2. 郭章信、鍾文全、張清安。1999。萊豆溼腐病的病原菌特性。植物病理學會刊，8:103-110。
3. CABI, 2021. Invasive Species Compendium. *Choanephora cucurbitarum* (Choanephora fruit rot). Surrey, UK: Centre for Agriculture and Bioscience International. https://www.cabi.org/isc/datasheet/13038#toidentity
4. Pornsuriya, C., Chairin, T., Thaochan, N., & Sunpapao, A. 2017. Choanephora rot caused by *Choanephora cucurbitarum* on *Brassica chinensis* in Thailand. Australas. Plant Dis. Notes 12: 13.

（作者：郭章信）

六、同屬病原菌引起之植物病害

a. 豌豆溼腐病（Choanephora wet rot of garden pea）（圖 5-2-3）
b. 瓜類果腐病（Choanephora fruit rot of cucurbits）

c. 小白菜溼腐病（Wet rot of Pak-Choi）

病原菌：*Choanephora cucurbitarum* (Berk. & Ravenel) Thaxt.

圖 5-2-3　豌豆溼腐病的病徵。（黃振文提供圖版）

Fig. 5-2-3. Symptom of Choanephora wet rot of garden pea caused by *Choanephora cucurbitarum* in the field.

III. 紅龍果溼腐病
（Gilbertella Rot of Dragon Fruit, Wet Rot of Dragon Fruit）

一、病原菌學名

Gilbertella persicaria (Eddy) Hesseltine

二、病徵

花苞或已開完花之花瓣感染後出現快速腐爛（圖 5-3-1A、B），造成花苞折損或結果率下降；幼果受爲害者，病原由柱頭或花瓣尾端入侵，再擴展至果實，造成果皮與果肉褐化腐爛（圖 5-3-1C）；或影響果實發育，造成果實轉色異常，內部出現黑心病徵（圖 5-3-1D）。値得一提的是，目前田間觀察發現，除以上因花器感染影響而出現的病徵之外，授粉成功之幼果不會再受到進一步感染，往後各發育時期之果實亦未發現罹染溼腐病。待果實轉色完全成熟後，則可再次見到溼腐病感染之果實，尤其在採收常溫貯藏期間，罹病果常見由果梗傷口開始發病，部分由表皮傷口或鱗片天然開口發病。高溫高溼下，感染初期在 1 天左右即出現深色水浸狀病斑，並於 1-3 天後擴大布滿果實；病斑邊緣交界明顯，罹病果表及果肉組織軟腐，用手輕觸，腐敗果皮立即脫落（圖 5-3-1E），高溼度下表面出現病兆，爲病原菌之黑色孢囊構造（圖 5-3-1F）。

三、病原菌形態特徵

根據目前研究，引起我國田間紅龍果溼腐病的病原菌的形態與序列與 *G. persicaria* 最爲接近，然而比較形態、病原性以及序列與標準菌株間仍存有差異，有待進一步研究。

G. persicaria 屬於眞菌界、Zygomycota（門）、Zygomycetes（綱）、Mucorales（目）、Choanephoraceae（科），生殖方式包括有性與無性世代，簡述如下：

1. 無性世代：在馬鈴薯葡萄糖瓊脂上生長時，菌落初爲白或淡黃色，菌絲透明，

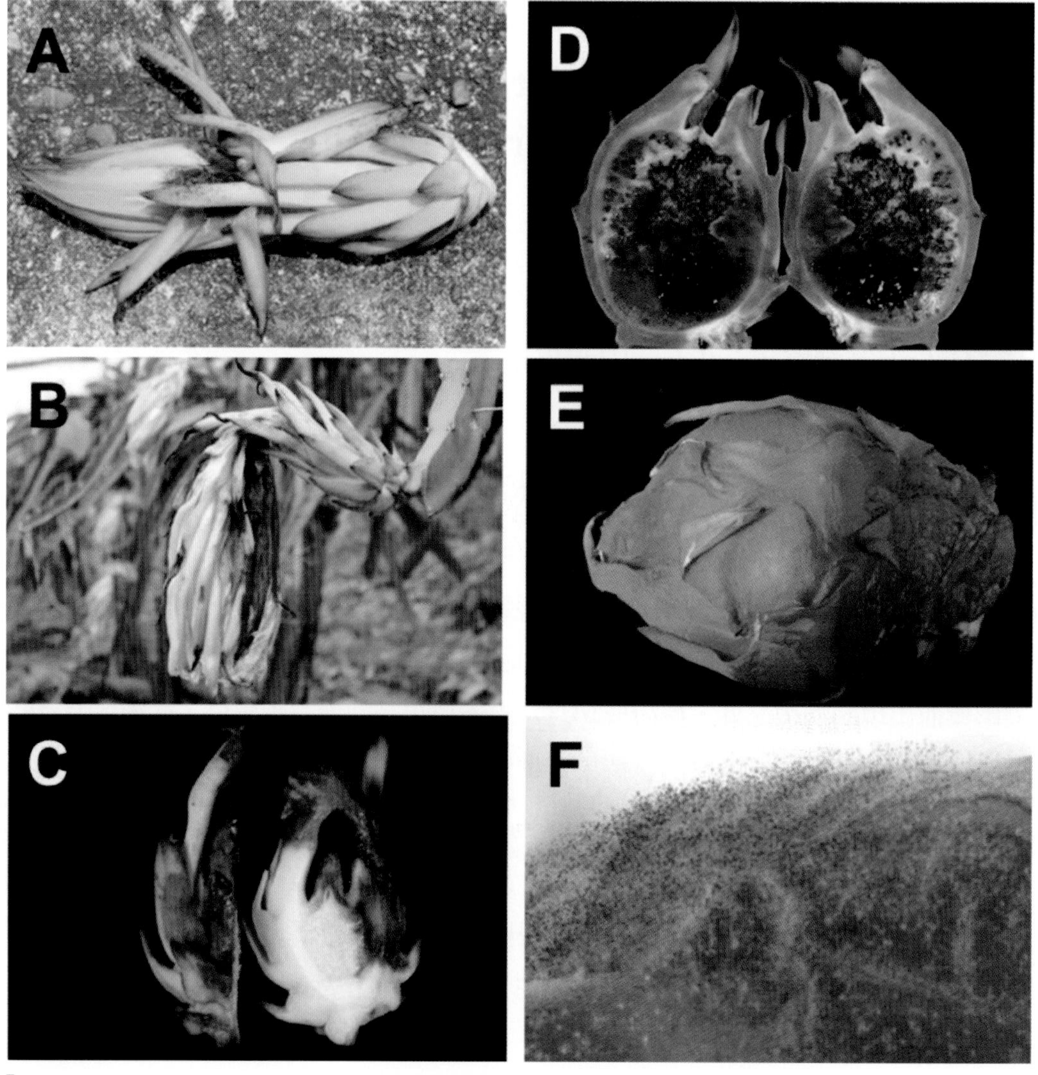

圖 5-3-1　*Gilbertella persicaria* 引起之紅龍果病害。病徵：(A) 花苞；(B) 花瓣；(C) 幼果腐爛；(D) 黑心；(E) 成熟果實腐爛；(F) 高溼度時罹病組織表面出現病兆。

Fig. 5-3-1. *Gilbertella persicaria* caused wet rot symptoms on pitaya. (A) Flower bud, (B) petals, (C) young fruit, (D) internal rot, (E) harvested fruit, and (F) signs developed on the diseased tissues under high humidity.

沒有假根（rhizoids）。該菌在紅龍果果皮與 PDA 上均可產生菌絲與孢囊，孢囊（sporangia）形成於長柄狀的孢囊柄（sporangiophores），而孢囊柄多數單生、偶爾分歧，褐黑色，直立或彎曲（圖 5-3-2A）。孢囊在未成熟時為白色圓形，逐漸轉變成褐色，成熟後呈現深黑褐色不規則圓形，具有 1 條以上的縱向裂縫

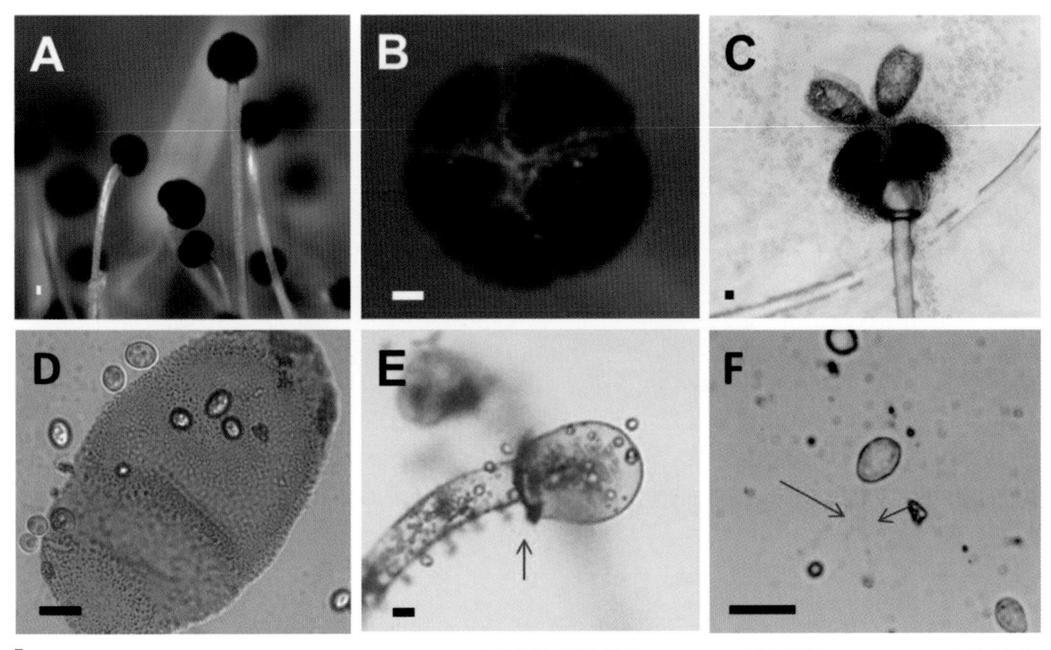

圖 5-3-2　*Gibertella persicaria* F210187 菌株接種於果實 (A、B) 或培養於 PDA (C-F) 上產生的無性繁殖構造。(A) 成熟孢囊，大部分孢囊柄呈微彎曲狀；(B) 孢囊具孢囊壁，壁上具縱裂縫；(C) 孢囊壁可分裂成 2-5 片，圖中為 4 片；(D) 孢囊壁上具細小顆粒；(E) 孢囊柱軸，基部具有領（箭頭處）；(F) 具附著絲（箭頭處）之孢囊孢子。標尺 = 10 μm。

Fig. 5-3-2.　Morphology of asexual reproduction structures of *Gibertella persicaria* isolate F210187 produced on fruit tissues (A, B) and PDA (C-F). (A) Mature sporangia produced on curved (mostly) sporangiophores. (B) Persistent sporangial wall with longitudinal sutures. (C) Sporangial wall could separate into 2-5 pieces (in the case of this picture were 4 pieces). (D) Sporangial wall covered with crystalline spines. (E) A columella with collar (arrow). (F) A spore with two hyaline appendages (arrows), stained by rose bengal. Bar = 10 μm.

（圖 5-3-2B）。成熟時孢囊壁自裂縫分裂成面積大致均勻的 2-5 片，多爲 4 片（圖 5-3-2C），偶而達 7 片，表面有細小之顆粒（圖 5-3-2D）。孢囊內有柱軸（columella）與孢囊孢子（sporangiospores），基部具有領（collar）（圖 5-3-2E），與孢囊柄間具隔板區分開；孢囊孢子著生在柱軸上，透明、圓或橢圓形（圖 5-3-2F）。培養在麥芽抽出物瓊脂無光照 7 天以上，可發現橢圓形之厚膜孢子（chlamydospores）形成（圖 5-3-3）。

2. 有性世代：不同的交配型（+、–）接觸並產生結合子，可增加菌種多樣性。除此之外，結合子可在嚴苛的環境下殘存，爲重要的生存構造，能在合適環境下

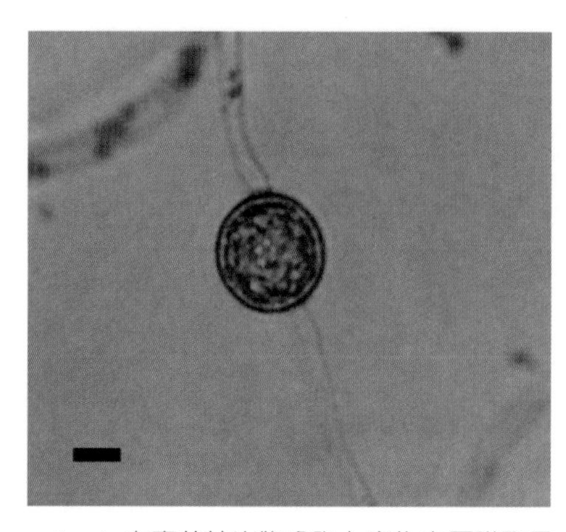

圖 5-3-3　*Gilbertella persicaria* 在麥芽抽出物瓊脂上產生之厚膜孢子。標尺 = 10 μm。
Fig. 5-3-3.　An intercalary chlamydospore produced by *Gilbertella persicaria* on malt extract agar. Bar = 10 μm.

發芽產生後代。目前未發表的結果顯示自紅龍果溼腐病徵分離之 *G. persicaria* 菌株皆爲（–）。

四、病害環

溼腐病菌殘存在棄置於園區的選汰花、花瓣，或者罹病之病花或果上，在高溼環境下，如下雨過後，罹病組織表面於短時間內（2-5 天）即產生大量白色長柄黑色孢囊（圖 5-3-2A），從中溢散出黑色粉狀物，即爲孢囊孢子，成爲田間重要感染源。病菌大多需要藉由傷口入侵，常經由果梗或鱗片上的天然開口感染。採收後，果實在常溫運送過程中若有發病亦會傳播至其他果實，傳播速度快。

五、防治關鍵時機

根據測試，在田間，本病菌在短時間內即可產生大量孢囊孢子，屬於多循環病原（polycyclic pathogen），因此主要的防治方法是降低二次感染源量。另外，多數 *G. persicaria* 菌株需藉傷口感染果實，感染花瓣則不需傷口。平均而言，最適溫爲 28-36℃，16-12℃以下不發病；罹病度與相對溼度（RH）呈現高度正相關。溼度越高，罹病度越高，RH 90% 以下明顯下降，RH 70% 以下罹病率降低至 50% 以下。因此本病的防治關鍵時間點爲 6-9 月分高溫多溼的夏季，特別是當開花前後或者果實採收前夕，若遇下雨或者颱風等有助孢囊孢子傳播與感染之天氣，應加強防治，尤其注重移除田間罹病組織與汰除之花苞、果實，以降低初次感染源濃度。

六、參考文獻

1. Benny, G. L. 1991. Gilbertellaceae, a new family of the mucorales (Zygomycetes). Mycologia 83: 150-157.
2. 林筑蘋、安寶貞、蔡志濃、徐子惠、張捷婷臺灣新紀錄眞菌 *Gilbertalla persicaria* 引起之紅龍果溼腐病。2014。植病會刊。23: 109-124, 2014.
3. 林筑蘋、蔡志濃、謝廷芳、安寶貞。2020。紅龍果花期與幼果溼腐病（病原 *Gilbertella persicaria*）之藥劑篩選與田間防治。臺灣農業研究 69 (3): 207-217.

（作者：林筑蘋）

七、同屬病原菌引起之植物病害

國內外尚無同屬引起之植物病害紀錄。

另補充 *Gilbertella persicaria* 引起之病害與寄主如下：

a. 國內寄主範圍尚待釐清。
b. 國外：根據美國農業部之國際眞菌收集與眞菌寄主分布資料庫（U.S. National Fungus Collections Fungi-Host Distribution Database），包括水蜜桃（圖 5-3-4；美國）、木瓜（墨西哥）、草莓（美國）、茄子（巴西、中國）等。另外根據林筑蘋等人（2014）所列之參考文獻，尚有梨子（圖 5-3-5）與番茄等。

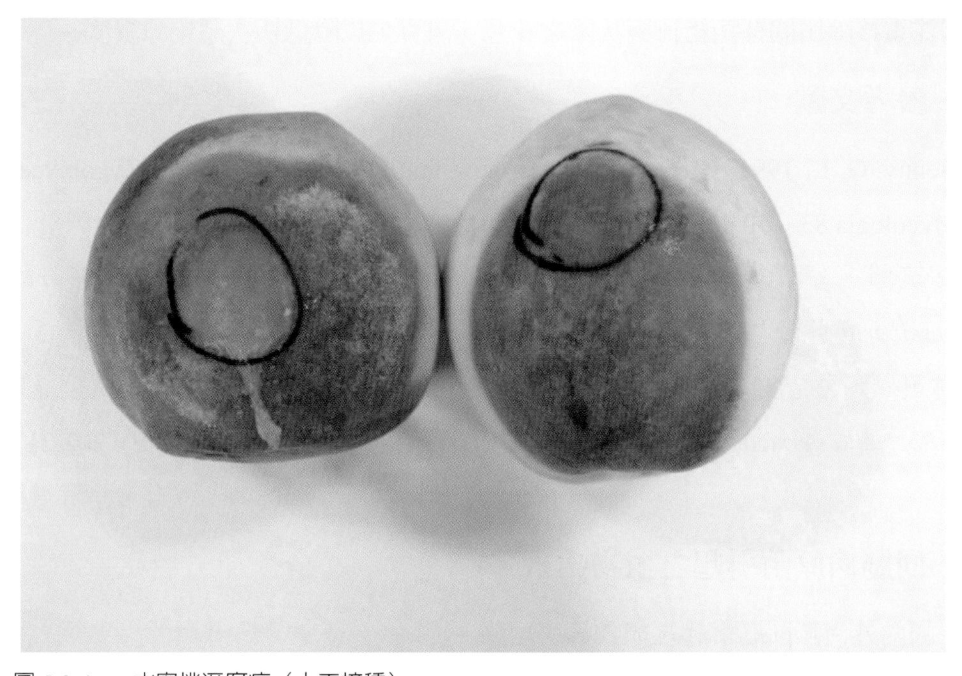

圖 5-3-4　水蜜桃溼腐病（人工接種）。

Fig. 5-3-4. Symptom of wet rot of peach fruits caused by *Gilbertella persicaria* (artificial inoculation).

圖 5-3-5　梨子溼腐病（人工接種）。

Fig. 5-3-5. Symptom of wet rot of pear fruit caused by *Gilbertella persicaria* (artificial inoculation).

IV. 蓮霧黑黴病（Rhizopus Rot of Wax Apple）

一、病原菌學名

Rhizopus stolonifer (Ehrenb.) Vuill.

二、病徵

黑黴菌爲害成熟果實，採收後販賣、貯藏及運輸途中發病多，成熟果未採收自然掉落地上者大多被黑黴病菌侵害。初期在果實表面出現水浸狀圓形病斑，病斑上之果皮易破裂，不久即有白色粗大菌絲長出，菌絲頂端生有白色球狀孢囊，不久變爲黑色。病斑繼續擴大，其上布滿黑色菌絲有如鬍鬚狀，俗稱鬍鬚病（whisker disease）。被害組織腐爛軟化，並有液汁，有發酵之酸味，故名軟腐病，會吸引果蠅聚集。

三、病原菌特性與病害環

1. 病原菌特性

本菌屬藻菌綱之毛黴科（Mucoraceae）根黴屬（*Rhizopus*），菌絲粗壯不分隔（10-20 μm 寬），有分枝，生長快速，較老菌絲中有空泡，形成黑色素。菌絲雖無隔膜，但有分隔之傾向。菌絲體與接觸基質硬面處形成假根（rhizoids），此假根將菌絲體固定於基質上。連接兩假根中間之菌絲稱約匍匐絲（stolon），於假根部位上生出 3-5 條孢囊梗，長約 1-2 mm，但有的可長達 1-2 cm（視溼度而定），孢囊梗頂端著生半球形之孢囊（sporangium），大小約 85-200 μm（直徑），孢囊底面有半球形狀之囊軸（columella），大小 70（直徑）×90（高）μm，伸入孢囊內，支持孢囊至其孢子釋放。孢囊孢子不規則圓形至卵圓形，大小 8-20 μm（直徑），表面有條痕（stristed），褐色至黑褐色，乾性。

本菌爲異絲生殖（heterothallic），+、– 菌絲相遇形成配偶體（gametangia），+ 配偶體與 – 配偶體大小略有不同，+、– 配偶體相遇即形成接合子（zygospore），即是有性孢子。接合子圓形或卵圓形，大小 160-220 μm（直徑），黑色，堅硬，各有配囊柄（suspensor），配囊柄如膨大的菌絲，兩者大小亦同。

2. 病害環

本菌為腐生或弱寄生，接合子為休眠孢子，可存活很久，孢囊孢子也可在植物殘體上存活數月，孢子為乾性，可由風傳播，落於寄主表面或傷口處即發芽侵入，一般均為害成熟果實或採收後之蔬果。一旦侵入即分泌果膠水解酶，使寄主組織潰爛，並發出發酵酸味，吸引果蠅及甲蟲，此等昆蟲也可傳播病害。本菌最低生長溫度為 6℃，最適 23-26℃，最高為 31℃。產孢最低溫為 10℃，最適溫為 26-28℃，最高溫為 30℃，孢子感染並不需要飽和溼度，侵入後在低溼度也可引起腐爛。

四、防治關鍵時機

1. 小心採收，勿弄破果皮。
2. 果實以紙包護，避免擦傷。
3. 立即貯放低溫下（5-10℃）。
4. 貯藏時，先清潔貯藏室，室內維持 5℃。
5. 小心運輸，勿傷果皮。

五、參考文獻

1. Fierson, C. F. 1966. Effect of temperature on growth of *Rhizopus stolonifer* on peaches and agar. Phytopathol. 56: 276-278.
2. Holliday, Paul. 1980. Fungus Diseases of Tropical Crops. Cambridge University Press, Cambridge, London, New York, New Rochelle, Melbourne, Sydney, 607p.
3. Snowdon, A. L. 1990. A color Atlas of Post-harvest Disease of Fruits and Vegetables. Vol. 1. General Introduction and Fruits. CRC Press, Inc., Boca-Rotan, Florida, U. S. A. 302p.
4. Wu. W. S. 1977. *Rhizopus nigricans* Ehrenb. (Rhizopus rot). Mem. Coll. Agr., N. T. U 17(2):140.

（資料來源：孫守恭。2000。臺灣果樹病害。世維出版社授權。）

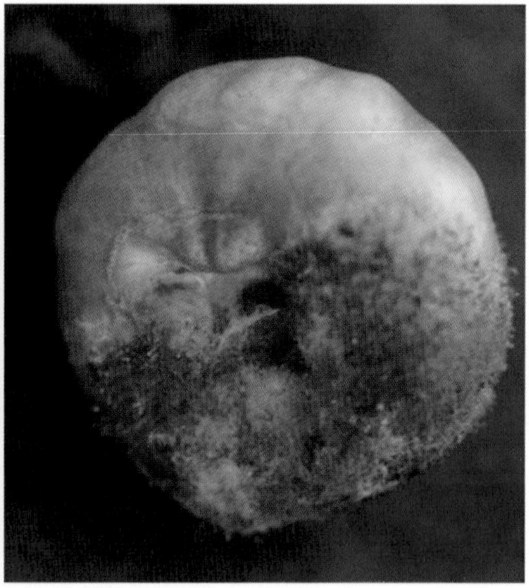

圖 5-4-1　蓮霧黑黴病在果實上的病徵。（黃振文、王智立提供圖版）
Fig. 5-4-1.　Symptoms of Rhizopus rot of wax apple.

六、同屬病原菌引起之植物病害

a. 桃黑黴病（Rhizopus rot of peach）

病原菌：*Rhizopus stolonifer* (Ehrenb.) Vuill.

b. 草莓黑黴病（Rhizopus rot of strawberry）

病原菌：*Rhizopus stolonifer* (Ehrenb.) Vuill.

c. 紫高麗菜苗黑黴病（Rhizopus rot of purple cabbage seedlings）（圖 5-4-2）

病原菌：*Rhizopus stolonifer* (Ehrenb.) Vuill.

圖 5-4-2　黑黴病菌為害紫高麗菜幼苗的情形。（王智立提供圖版）
Fig. 5-4-2. Rhizopus rot of purple cabbage seedlings caused by *Rhizopus stolonifer*.

CHAPTER 6

子囊菌類引起的植物病害

I. 甜瓜白粉病（Powdery Mildew of Melon）
II. 檬果炭疽病（Mango Anthracnose）
III. 十字花科蔬菜炭疽病（Anthracnose of Cruciferous Vegetables）
IV. 十字花科蔬菜黑斑病菌（Black Leaf Spot of Cruciferous Vegetables）
V. 豌豆葉枯病（Leaf Blight of Garden Peas）
VI. 番茄葉斑病（Stemphylium Leaf Spot of Tomato）
VII. 敏豆角斑病（Angular Leaf Spot of Common Bean）
VIII. 草莓葉斑病（Cercospora Leaf Spot of Strawberry）
IX. 梨黑星病（Pear Scab）
X. 梅黑星病（Japanese Apricot Scab, Freckle, Black Spot）
XI. 柑橘瘡痂病（Citrus Scab）
XII. 水稻胡麻葉枯病（Bipolaris Leaf Spot of Rice, Brown Spot of Rice）
XIII. 水稻稻熱病（Rice Blast）
XIV. 百合灰黴病（Lily Leaf Blight）
XV. 番石榴黑星病（Black Spot of Guava）
XVI. 荔枝酸腐病（Sour Rot of Litchi）
XVII. 茄子褐斑病（Phomopsis Blight of Eggplant, Fruit Rot）
XVIII. 酪梨蒂腐病（Stem-end Rot of Avocado）
XIX. 桃褐腐病（Brown Rot of Peach）
XX. 梨輪紋病（Pear Ring Rot）
XXI. 桃流膠病（Peach Gummosis）
XXII. 番石榴立枯病（Guava Wilt）
XXIII. 香蕉巴拿馬病（Panama Disease of Banana）
XXIV. 西瓜蔓割病（Fusarium Wilt of Watermelon）
XXV. 蘿蔔黃葉病（Radish Yellows）
XXVI. 甘藍黃葉病（Cabbage Yellows）
XXVII. 水稻徒長病（Rice Bakanae Disease）
XXVIII. 小麥赤黴病（Head Blight of Wheat）
XXIX. 萊豆苗莖枯病（Seedling Stem Blight of Lima Bean）
XXX. 甘藍黑腳病（Black Leg of Cabbage, Crucifers Canker, Dry Rot）
XXXI. 甘藷基腐病（Foot Rot of Sweet Potato）
XXXII. 落花生冠腐病（Aspergillus Crown Rot of Peanut）
XXXIII. 大豆紅冠腐病（Red Crown Rot of Soybean）
XXXIV. 蔬菜與花卉作物菌核病（Sclerotinia Rot of Vegetables and Ornamental Crops）
XXXV. 洋香瓜黑點根腐病（Root Rot/Vine Decline of Muskmelon）
XXXVI. 小葉欖仁潰瘍病（Canker of *Terminalia mantaly*）
XXXVII. 廣葉杉萎凋病（Chinese Fir Wilt）

不完全菌的有性世代可區分成子囊菌類與擔子菌類兩大族群，本章主要撰述的植物病原眞菌均歸屬子囊菌類。這類眞菌引起的植物病害種類繁多，主要典型病徵是在病原菌侵染植物細胞壞死後，會出現葉斑、黑斑、黴斑、瘡痂、葉枯、果斑、果腐、褐腐、莖潰瘍、莖枯、莖腐、流膠、基腐、根腐及萎凋等等；亦有植物受害後，引起植株矮化、徒長或葉腫等。臺灣農田最常發生的子囊菌類植物病害有：白粉病、炭疽病、葉斑病、灰黴病、鐮孢菌萎凋病及菌核病等。至於子囊眞菌引起的植物病害防治原則包括：(1) 清除燒毀病原菌存活的枝葉；(2) 氣候條件適宜子囊孢子感染的初期，需加強化學藥劑的防治工作；(3) 定期施用微生物肥料或農藥（天然植物保護製劑產品）及補充均衡的鈣、磷、鉀肥與微量元素，提升植株的抗病免疫能力；(4) 利用土壤有機添加物及施用化學或生物燻蒸劑處理存活於土壤中的厚膜孢子與菌核，降低病原菌於土中的存活能力。

I. 甜瓜白粉病（Powdery Mildew of Melon）

一、病原菌

Podosphaera xanthii (Castag.) Braun & Shishkoff

二、病徵

瓜類作物白粉病菌是屬於絕對寄生菌（obligate parasite），只能利用寄主活體的養分，無法於人工培養基生長及繁殖，寄生的部位主要為葉，亦會擴展至葉柄及莖蔓，不會發生於植物地下部之組織。本病為害甜瓜作物之葉、葉柄、莖及果實，最初在葉片上產生白粉狀斑點，爾後白粉漸濃，轉變為灰白色，白色粉狀病斑擴大相互連結布滿全葉，終使葉片枯黃、褐化。若無適當防治，植株生長不良，而果實產量較少且風味盡失（圖 6-1-1）。

三、病原菌特性與病害環

在臺灣僅見無性世代，孢子串生，分生孢子橢圓形或卵圓形，大小 24-50×14-26 μm，長寬比 1.4-2.1，分生孢子內有針或柱狀的纖狀物（fibrosin body），發芽管側生而有分叉。有性世代有配對型之區分，配對所產生之子囊殼為閉囊殼（chasmothecia），大小 60-120 μm，外有菌絲形之附絲（appendage），內有單一橢圓形（ellipsoid）至卵圓形（ovoid）之子囊（ascus），大小 50-100×40-80 μm，子囊內有 8 個橢圓形至亞球形（subglobose）子囊孢子（ascospore），大小 13-24×11-28 μm，長寬比 1.2-1.5（圖 6-1-2）。

甜瓜白粉病菌 *P. xanthii* 藉由風吹分生孢子傳播，分生孢子發芽產生發芽管（germ tube），於寄主體表產生附著器（appresorium），侵入表皮進入細胞中膠層，再形成吸器（houstorium）以吸取寄主細胞之養分，爾後原孢子會再產生菌絲、附著器及吸器，蔓延在寄主體表，然而病斑大小很少超過 2 cm，因寄主受感染之組織易老化而減緩病斑擴展。在適合的環境條件下，從侵入感染至病徵顯現產生大量的分生孢子，整個生活史（life cycle）約 5-6 天，傳播速率極快。在溫帶地區有

圖 6-1-1　甜瓜白粉病的病徵。(A) 葉片初期病徵出現白色斑點；(B) 葉片中期病徵出現整面白色粉狀物；(C) 嚴重白粉病導致植株生長不良；(D) 葉片嚴重病徵導致葉片褐化。

Fig. 6-1-1. Disease symptoms of melon powdery mildew. (A) Initial spot symptom on leaf; (B) white powders on the whole leaf surface; (C) poor growth of diseased plants; (D) browning of severely infected leaves.

有性世代（子囊殼與子囊孢子）的報告，唯本菌有性世代在臺灣罕見。甜瓜白粉病菌雖然是絕對寄生菌，但寄主卻非絕對專一性，其寄主除了瓜類之外，亦有其他如菊科作物，目前臺灣發現的甜瓜白粉病菌 *P. xanthii* 有 race 1 及 5，其中前者較普遍。甜瓜白粉病菌分生孢子發芽適溫爲 16-28℃，菌絲生長適溫爲 20-26℃，有游離水的環境下不利發芽。病原菌在 10-32℃或相對溼度低於 50% 仍可造成感染；其適合發病的環境因子包含溫度介於 20-27℃、作物生長茂密不通風、低光照、高溼度等條件。

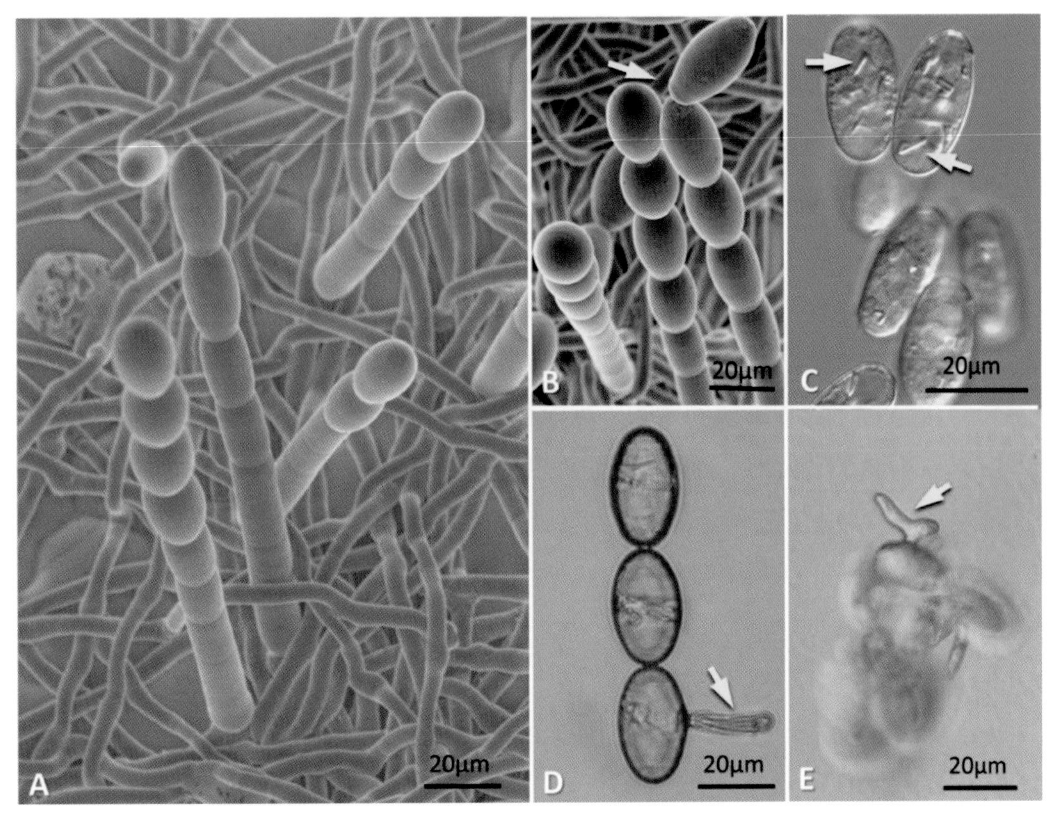

圖 6-1-2　甜瓜白粉病菌（*Podosphaera xanthii*）分生孢子之形態。(A) 串生型的分生孢子；(B) 成熟的分生孢子從分生孢子串末端脫落（箭頭）；(C) 分生孢子內有纖狀內含物（箭頭）；(D、E) 分生孢子從側邊長出單生或分叉的發芽管（箭頭）。

Fig. 6-1-2. Conidial morphology of *Podosphaera xanthii*. (A) Conidia in chain; (B) conidia shedding from the terminal of the conidial chain (arrow); (C) fibrosin bodies (arrows) in conidia; (D, E) Straight or branched germ tubes growing from conidia (arrows).

四、防治關鍵時機

臺灣設施栽培之瓜類作物白粉病幾乎終年皆可發生，但 7-9 月發病較輕；至於露天栽培則於每年 10 月至隔年 5 月病害最嚴重，故以涼冷、無雨之冬季爲病害好發時期。白粉病菌從侵入到出現病徵大約 7 天，且非爆發式的傳播，故在病害初期開始防治即可。

防治方法：

1. 抗病品種：東方型甜瓜較耐病，雖有白粉病病斑，但對風味及甜度影響較小，而洋香瓜則對白粉病感病，常因嚴重的白粉病而風味盡失。有些紅果肉的洋香瓜品種較抗白粉病，綠果肉則抗病品種較少，如臺農 10 號綠肉品種抗甜瓜白粉病菌 *P. xanthii* race 1。

2. 栽培管理：栽培時應避免溼度高、光照不足之環境；勿施用過量氮肥，可酌量施用鈣肥及矽肥；噴水雖可減少甜瓜白粉病的發生，但需注意通風良好，否則易感染其他病害，如露菌病、蔓枯病等。
3. 化學防治：參考植物保護手冊或上網在植物保護資訊系統（https://otserv2.tactri.gov.tw/ppm/）查詢用藥，例如：碳酸氫鉀、硫酸銅、克熱淨（烷苯磺酸鹽）、快諾芬、賽普洛、平克座、四克利、賽普待克利、克收欣、得克利、達克利、依滅列、芬瑞莫……等。注意甜瓜白粉病菌抗藥性產生極快，尤其是對系統性藥劑，如史托比系列藥劑的克收欣，相同種類的藥劑以不連續使用超過 3 次為原則。
4. 非化學合成資材：乳化葵花油、窄域油稀釋 400-500 倍葉面噴灑，但每週要噴 1-2 次；小蘇打溶液稀釋 1,000 倍亦可防治，但應注意高濃度會傷害葉片。

五、參考文獻

1. 黃晉興、王毓華、羅朝村。2002。利用葉片圓盤接種法測定甜瓜抗白粉病品種。臺灣農業研究 51: 49-56。
2. 黃晉興、王毓華。2007。臺灣甜瓜白粉病菌 *Podosphaera xanthii* 的生理小種。臺灣農業研究 56: 307-315。
3. 蔡竹固、童伯開。1995。瓜類白粉病。瓜類作物保護技術研討會專刊 P135-146。
4. Braun, U., Cook, R. T. A., Inman, A. J., and Shin, H. D. 2002. The Taxonomy of the Powdery Mildew Fungi. Pages13-55 *in* The Powdery Mildews-A Comprehensive Treatise. Belanger, R. R. et al. ed. APS Press. 292pp.

（作者：黃晉興）

六、同科不同屬病原菌引起之植物病害

a. 甜椒白粉病（Pepper powdery mildew）（圖 6-1-3）

病原菌：*Leveillula taurica* (Lév.) G. Arnaud

b. 豌豆白粉病（Pea powdery mildew）（圖 6-1-4）

病原菌：*Erysiphe pisi* DC.

c. 木瓜白粉病（Papaya powdery mildew）（圖 6-1-5）

病原菌：*Erysiphe diffusa* (Cooke & Peck) U. Braun & S. Takam.

d. 玫瑰白粉病（Rose powdery mildew）（圖 6-1-6）

病原菌：*Erysiphe simulans* var. *simulans* (E.S. Salmon) U. Braun & S. Takam.

e. 小麥白粉病（Wheat powdery mildew）（圖 6-1-7）

病原菌：*Blumeria graminis* f. sp. *tritici Em. Marchal.*

圖 6-1-3　由 *Leveillula taurica* 引起之甜椒白粉病；葉背產生白色粉狀物為其分生孢子。

Fig. 6-1-3. Pepper powdery mildew caused by *Leveillula taurica* and white condia produced on the lower side of the leaves.

圖 6-1-4　由 *Erysiphe pisi* 引起之豌豆白粉病。
Fig. 6-1-4.　Pea powdery mildew caused by *Erysiphe pisi*.

圖 6-1-5　由 *Erysiphe diffusa* 引起之木瓜白粉病。
Fig. 6-1-5.　Papaya powdery mildew caused by *Erysiphe diffusa*.

圖 6-1-6　由 *Erysiphe simulans* var. *simulans* 引起之玫瑰白粉病。
Fig. 6-1-6. Rose powdery mildew caused by *Erysiphe simulans* var. *simulans.*

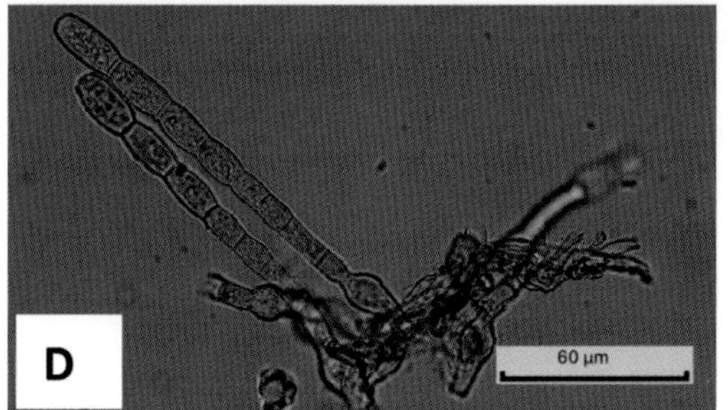

圖 6-1-7　由 *Blumeria graminis* f. sp. *tritici* 引起之小麥白粉病。(A、B) 小麥白粉病田間病徵；(C) 病原菌之吸器（haustoria）（箭頭）；(D) 分生孢子。（郭章信、洪爭坊提供圖版）

Fig. 6-1-7. Wheat powdery mildew caused by *Blumeria graminis* f. sp. *tritici*. (A, B) Symptoms of wheat powdery mildew in the field; (C) haustoria of *Blumeria graminis* f. sp. *tritici* (arrow) (absorbs nutrients from the leaf); (D) conidia.

II. 檬果炭疽病（Mango Anthracnose）

一、病原菌學名

Colletotrichum asianum Prihastuti, L. Cai & K.D. Hyde

二、病徵

花穗及葉片病徵：感染花穗時，可於花萼、花瓣及穗梗上造成平均約 0.3 cm 之細小橢圓形至長橢圓形黑色病斑，感染嚴重時病斑常相互合併如黑色汙斑，造成花萼及花瓣黑化枯萎及落花，穗梗乾枯、影響授粉及落果。感染葉片時，常於新生嫩葉上形成褐色至深褐色病斑，病斑發展快速，可於數天內擴大並相互合併造成大面積不規則壞疽（圖 6-2-1A），嫩葉上之炭疽病斑常影響葉片的發育，造成葉片皺縮不平整及生長畸形。此外，炭疽病菌亦經常藉由檬果蠅蚋爲害嫩葉時之傷口入侵，並進一步發展爲炭疽病斑，此類病斑中央常出現圓形穿孔，爲扁圓形的老化蟲癭脫落所形成。炭疽病於成熟葉上形成時，爲黑色中央凹陷病斑，周圍有黃暈，病斑發展緩慢易受葉脈限制，亦常自葉緣之傷口處發生。於高溼環境下，病原菌產生橘色分生孢子堆突破黑色病斑組織之表皮細胞，爲肉眼可見之病徵（圖 6-2-1B）。

果實病徵：病原菌可感染豌豆大小之幼果及果梗，於幼果初期形成黑色凹陷病斑，如遇降雨之高溼環境，病斑擴大，甚至覆蓋全果，導致落果。於生理落果期後至綠色成熟果實之採收期，病原菌以潛伏感染方式存在於果實表面，一般無病徵顯現。於果實後熟之貯藏期，潛伏感染之病原菌進一步生長，於果實表面形成黑色圓形凹陷病斑（圖 6-2-1C），與健康部位對比明顯，有時病斑由上而下沿果肩至果頂呈淚痕狀排列，病斑逐日擴展，並相互合併，形成黑色條狀病斑（圖 6-2-2A），於高溼貯藏環境下，病斑表面可見橘色分生孢子堆大量產生，病害可進一步延伸至果肉造成組織水浸狀，唯發展速度較慢，一般僅果肉表層出現病徵。檬果炭疽病於果皮造成之壞疽爲其主要病徵，嚴重影響果實之品質及櫥架壽命。

三、病原菌特性與病害環

本病害可由多種 *Colletotrichum* 屬的病原菌引起，包含 *C. asianum*、*C. fructicola*、*C. siamense*、*C. tropicale* 與 *C. sloanei* 等，其中以 *C. asianum* 占最多數，並具較強的病原性。病原菌爲糞殼菌綱之子囊菌，上述種中僅 *C. fructicola* 具有性世代之報導，其餘僅產生無性世代分生孢子，爲田間主要感染源。樣果炭疽病菌在培養基上的菌落形態，以最常見的 *C. asianum* 爲例，呈現多樣化之外觀，菌落正面具氣生菌絲並常呈白色，於中心點有橘色分生孢子堆零星產生，部分菌落則呈淡橘色，少數呈灰黑色；菌落背面呈白色、橘色、灰黑色，或橘色與灰黑色相間之外觀（圖 6-2-1D、E）。

病原菌於罹病組織及田間殘體中以菌絲進行兼性腐生及殘存，經雨水及田間露水之活化，進一步分化出分生孢子盤產生分生孢子堆，爲田間之初次感染源，分生孢子堆爲分生孢子相互黏附聚集而成，分生孢子爲無色單細胞之橢圓形孢子，中央常具一個明顯的油滴（圖 6-2-1F），其表面屬親水性，易於水中懸浮，分生孢子堆經雨水噴濺，將分生孢子分散傳播至樣果之葉片及果實等組織，於 25℃及游離水存在下，多數分生孢子於約 6 小時內即可分化完成附著器並累積黑色素（圖 6-2-1J、K），約 8 小時內即可發育出侵入釘進行入侵（圖 6-2-1L）。若分生孢子著陸於花穗、嫩葉及幼果等感病組織，侵入釘可持續發育進入植物細胞，以半活體營養的方式感染樣果，48 小時後可見細微壞疽病斑，數天後病斑上形成分生孢子盤，產生二次感染源，分生孢子可傳播感染鄰近或其他枝條之健康組織，花穗及葉片上之二次感染源亦可隨水攜帶沿穗軸傳播至果實上。若分生孢子著陸於發育期中的果實及成熟葉片上，侵入釘則轉爲休眠，進入潛伏感染的狀態，待果實成熟產生乙烯改變果實生理特性後，誘發病原菌重啓侵入生長，感染果皮組織，病果若未被採收或清除，果實上形成之分生孢子堆將成爲隔年之初次感染源之一。

四、診斷要領

本病原菌最常見於樣果果實上產生黑色略凹陷壞疽斑（圖 6-2-1C、圖 6-2-2A），高溼度環境下會在病斑上產生橘色分生孢子堆。

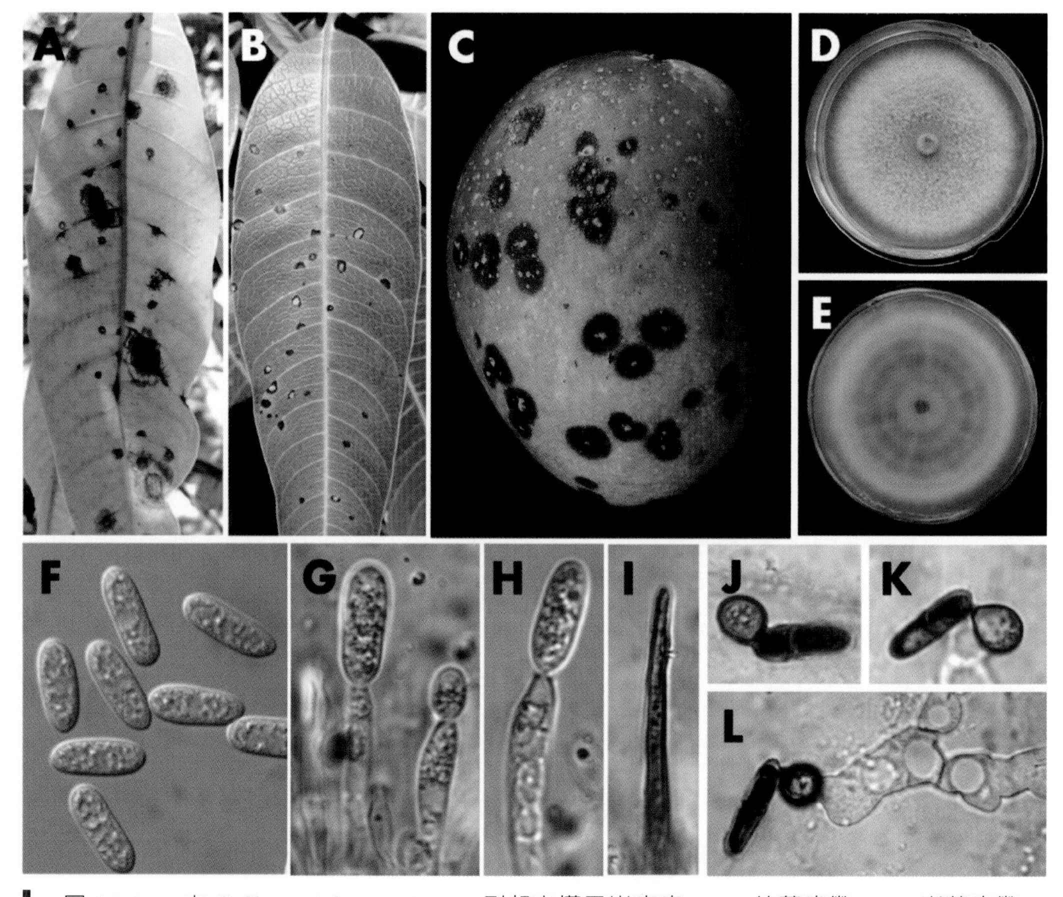

圖 6-2-1　由 *Colletotrichum asianum* 引起之檬果炭疽病。(A) 幼葉病徵；(B) 老葉病徵；(C) 果實病徵；(D) 菌落正面；(E) 菌落背面；(F) 分生孢子；(G、H) 產孢梗及分生孢子（取自果實病斑）；(I) 剛毛（取自果實病斑）；(J、K) 附著器（於洋蔥表皮細胞）；(L) 侵入菌絲（於洋蔥表皮細胞）。（王智立、林瑋倫、王姵涵提供圖版）

Fig. 6-2-1. Mango anthracnose symptoms caused by *Colletotrichum asianum* on (A) a young leaf, (B) an old leaf, and (C) a fruit. The (D) upper and (E) reverse sides of a colony on PDA. (F) conidia; (G, H) conidiophores (from a fruit lesion); (I) a seta (from a fruit lesion); (J, K) an appressorium (on onion epidermis); (L) penetration hypha (on onion epidermis).

五、防治關鍵時機

1. 檬果炭疽病可感染花穗及葉片，且由於檬果炭疽病有潛伏感染之特性，即使果實尚未成熟，孢子仍可發芽並在果實表面形成附著器。故須在檬果開花期就施用藥劑防治，待生理落果期結束，進行最後一次施藥後即可將果實套袋，並確實密封袋口，避免雨水噴濺後孢子滲入袋中。

2. 由於檬果炭疽病常殘存於掉落的病果及病葉上，並成為翌年的感染源，故採收期過後的清園工作須確實執行，將可能殘存病原菌的植體銷毀。

六、參考文獻

1. 王姵涵。2019。開發抑制炭疽病菌附著器侵入的綜合防治策略。國立中興大學植物病理學系碩士論文。
2. 中華民國植物病理學會。2019。臺灣植物病害名彙。第五版。320 頁。臺灣。
3. 安寶貞。2003。檬果炭疽病。植物保護圖鑑系列 10—檬果保護，第 76-81 頁。防檢局。臺北。195 頁。
4. 林瑋倫。2018。臺灣芒果炭疽病菌之親緣種與生物學特性。國立中興大學植物病理學系碩士論文。
5. Weir, B. S., Johnston, P. R., & Damm, U. 2012. The *Colletotrichum gloeosporioides* species complex. Stud. Mycol. 73: 115-180.

（作者：王智立、林瑋倫）

七、同屬病原菌引起之植物病害

A.果樹之炭疽病害

a. 番石榴炭疽病（Guava anthracnose）（圖 6-2-2B）

病原菌：*Colletotrichum gloeosporioides* species complex

b. 蓮霧炭疽病（Wax apple anthracnose）（圖 6-2-2C）

病原菌：*Colletotrichum acutatum* species complex,
C. gloeosporioides species complex

c. 棗炭疽病（Jujube anthracnose）（圖 6-2-2D）

病原菌：*Colletotrichum gloeosporioides* species complex

d. 芭蕉炭疽病（Banana anthracnose）（圖 6-2-2E）

病原菌：*Colletotrichum gloeosporioides* species complex

e. 酪梨炭疽病（Avocado anthracnose）（圖 6-2-2F）

病原菌：*Colletotrichum gloeosporioides* species complex

f. 木瓜炭疽病（Papaya anthracnose）（圖 6-2-2G）

病原菌：*Colletotrichum brevisporum* Noireung, Phouliv., L. Cai & K.D. Hyde, *C. boninense* species complex, *C. gloeosporioides* species complex, *C. truncatum* (Schwein.) Andrus & W.D. Moore

g. 百香果炭疽病（Passion fruit anthracnose）（圖 6-2-2H）

病原菌：*Colletotrichum gloeosporioides* species complex, *C. truncatum* (Schwein.) Andrus & W.D. Moore

h. 紅龍果炭疽病（Pitaya anthracnose）（圖 6-2-2I）

病原菌：*Colletotrichum boninense* species complex, *C. gloeosporioides* species complex, *C. truncatum* (Schwein.) Andrus & W.D. Moore

B.蔬菜及花卉之炭疽病害

a. 白菜炭疽病（Pak-choi anthracnose）（圖 6-2-3A）

病原菌：*Colletotrichum gloeosporioides* species complex, *C. higginsianum* Sacc.

b. 胡瓜炭疽病（Cucumber anthracnose）（圖 6-2-3B）

病原菌：*Colletotrichum orbiculare* species complex

c. 長豇豆炭疽病（Long cowpea anthracnose）（圖 6-2-3C）

病原菌：*Colletotrichum lindemuthianum* (Sacc. & Magn.) Briosi & Cavara, *C. truncatum* (Schwein.) Andrus & W.D. Moore

d. 洋蔥炭疽病（Onion anthracnose）（圖 6-2-3D）

病原菌：*Colletotrichum gloeosporioides* species complex.

e. 辣椒炭疽病（Chili anthracnose）（圖 6-2-3E）

病原菌：*Colletotrichum acutatum* species complex, *C. dematium* (Pers.: Fr.) Grove, *C. gloeosporioides* species complex, *C. nigrum* Ellis & Halst., *C. truncatum* (Schwein.) Andrus & W.D. Moore, *C. fructicola*, *C. tainanense*, *C. scovillei*

f. 青椒炭疽病（Green pepper anthracnose）（圖 6-2-3F）

病原菌：*Colletotrichum gloeosporioides* species complex, *C. truncatum* (Schwein.) Andrus & W.D. Moore

g. 蝴蝶蘭炭疽病（*Phalaenopsis* anthracnose）（圖 6-2-3G）

病原菌：*Colletotrichum gloeosporioides* species complex, *C. boninense* species complex, *C. orchidearum* species complex, *C. dracaenophilum* species complex

h. 蕙蘭炭疽病（*Cymbidium* anthracnose）（圖 6-2-3H）

病原菌：*Colletotrichum gloeosporioides* species complex

i. 蘆薈炭疽病（*Aloe* anthracnose）（圖 6-2-3I）

病原菌：*Colletotrichum* sp.

j. 玫瑰炭疽病（Rose stem anthranose）（圖 6-2-4）

病原菌：*Colletotrichum gloeosporioides* Penzig.

k. 毛豆炭疽病（Vegetable soybean anthracnose）（圖 6-2-5）

病原菌：*Collectotrichum truncatum* (Schewein.) Andrus & Moore

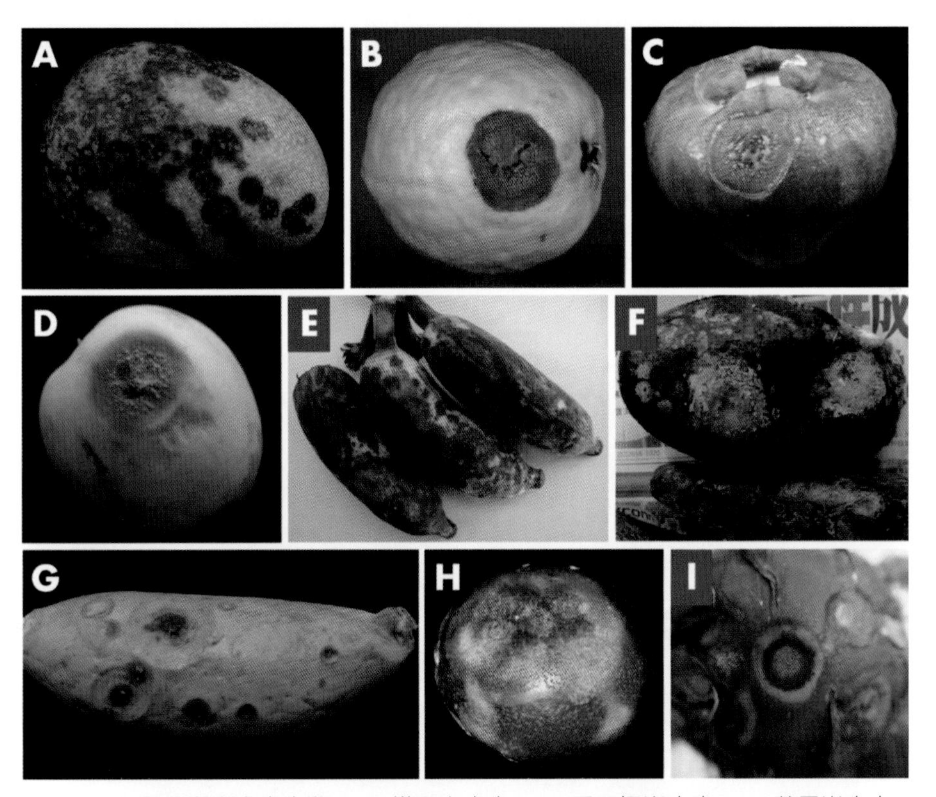

圖 6-2-2　各種果樹炭疽病病徵。(A) 檬果炭疽病；(B) 番石榴炭疽病；(C) 蓮霧炭疽病；(D) 棗炭疽病；(E) 芭蕉炭疽病；(F) 酪梨炭疽病；(G) 木瓜炭疽病；(H) 百香果炭疽病；(I) 紅龍果炭疽病。（王智立、王清中、林瑋倫、戴裕編提供圖版）

Fig. 6-2-2. Anthracnose symptoms on fruits of (A) mango, (B) guava, (C) wax apple, (D) jujube, (E) banana, (F) avocado, (G) papaya, (H) passion fruit, and (I) pitaya.

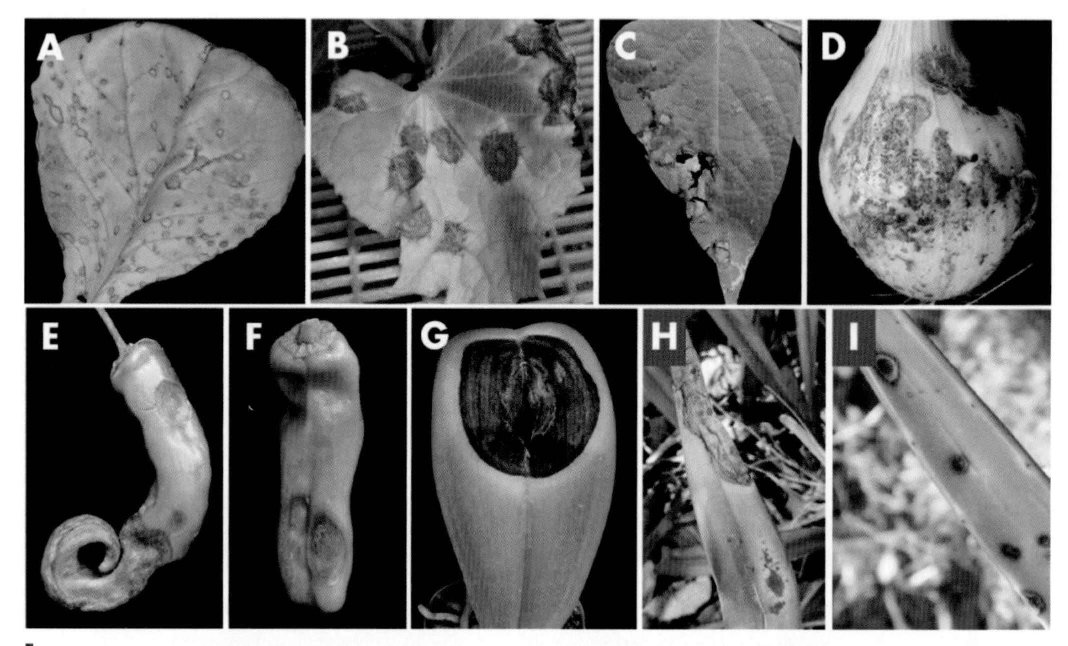

圖 6-2-3　各種蔬菜及花卉炭疽病病徵。(A) 白菜炭疽病；(B) 胡瓜炭疽病；(C) 長豇豆炭疽病；(D) 洋蔥炭疽病；(E) 辣椒炭疽病；(F) 青椒炭疽病；(G) 蝴蝶蘭炭疽病；(H) 蕙蘭炭疽病；(I) 蘆薈炭疽病。（王智立、王清中、林瑋倫、戴裕綸提供圖版）

Fig. 6-2-3. Anthracnose symptoms on vegetables and ornamental plants. Anthracnose symptoms of (A) pak-choi, (B) cucumber, (C) long cowpea, (D) onion, (E) chili, (F) green pepper, (G) *Phalaenopsis* sp., (H) *Cymbidium* sp., and (I) *Aloe* sp.

圖 6-2-4　由 *Colletotrichum gloeosporioides* 引起之玫瑰炭疽病的病徵。（黃振文提供圖版）

Fig. 6-2-4. Symptoms of rose stem anthracnose caused by *Colletotrichum gloeosporioides*.

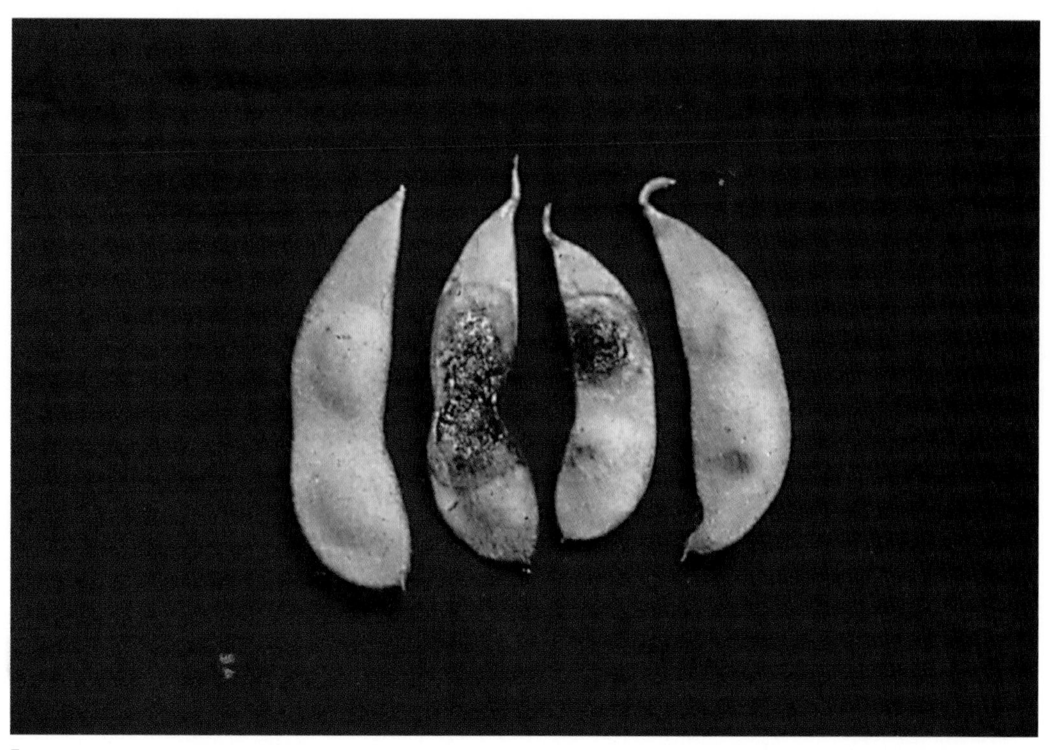

圖 6-2-5　由 *Colletotrichum truncatum* (Schwein.) Andrus & Moore 引起之毛豆炭疽病的病徵（黃振文提供圖版）

Fig. 6-2-5. Symptoms of anthracnose of vegetable soybean caused by *Colletotrichum truncatum*.

III. 十字花科蔬菜炭疽病
（Anthracnose of Cruciferous Vegetables）

一、病原菌

Colletotrichum higginsianum Sacc.

二、病徵

葉片上初期病徵爲水浸針狀病斑，後期病徵爲灰白色至灰褐色的圓形壞疽小斑，中間透明反光，有時會造成穿孔的現象（圖 6-3-1），當環境條件適合時，多數病斑會融合成大型不規則壞疽斑，另於葉柄上的病徵爲條狀的壞疽斑。病斑主要發生於下位葉，嚴重時受害葉片會出現乾枯下垂的病徵。本病害大多發生於有機蔬菜栽培區，其主要寄主作物有結球白菜、不結球白菜、蘿蔔、甘藍、芥藍等十字花科蔬菜作物（圖 6-3-2），此外，田間雜草中玄參科定經草亦會受感染出現病徵。

圖 6-3-1　十字花科蔬菜炭疽病在白菜葉片之病徵。
Fig. 6-3-1.　Symptoms of Pak-choi anthracnose in filed.

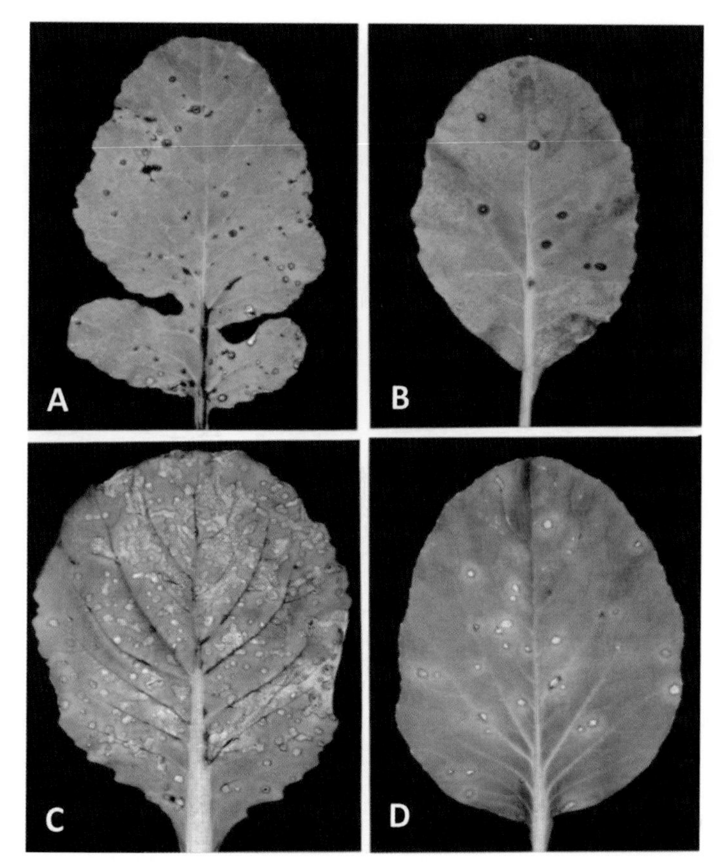

圖 6-3-2　炭疽病在不同品種之十字花科蔬菜上的病徵。(A) 蘿蔔；(B) 甘藍；(C) 白菜；(D) 油菜。
Fig. 6-3-2. Symptoms of various vegetable leaves infected by *Colletotrichum higginsianum*: lesions on (A) radish; (B) cabbage; (C) Chinese cabbage; (D) Chinese mustard.

三、病菌菌特性與病害環

1. 病原菌特性

本病原菌在馬鈴薯葡萄糖瓊脂平板培養時，菌絲平鋪生長，呈白色或墨綠色至黑色，會產生鮭紅色分生孢子堆；分生孢子單胞，圓筒形或紡錘形，透明無色，內有大型油滴（圖 6-3-3），大小爲 15-21×3.0-5.5 μm；附著器呈圓形至不規則形；分生孢子盤（acervuli）於葉表皮下埋生，孢子盤內散生剛毛，剛毛深褐色，大小爲 45-70×3-6 μm。

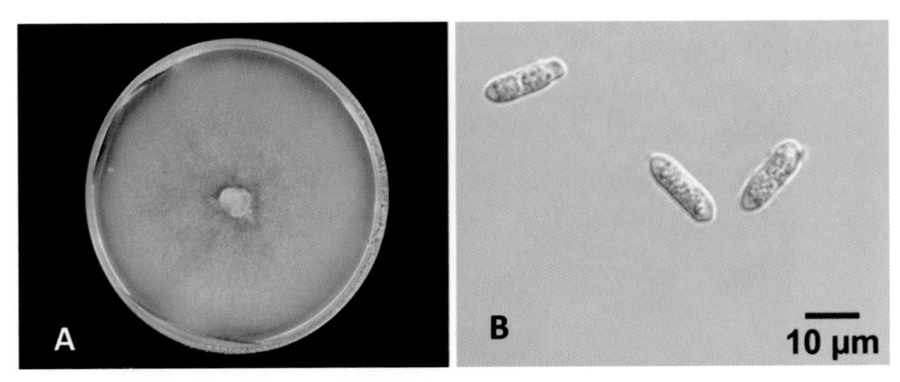

圖 6-3-3　十字花科蔬菜炭疽病菌（*Colletotrichum higginsianum*）之 (A) 菌落；(B) 分生孢子。（楊謹瑜提供圖版）

Fig. 6-3-3. Morphological characteristics of *Colletotrichum higginsianum.* (A) Colony on PDA plate; (B) conidia.

2. 病害環

此病原菌會造成蕪菁（*Brassica rapa* L.）葉片出現圓形灰白色或淡黃色的斑點，在葉柄則為條狀壞疽斑，同時也會為害子葉與種莢；當溼度高時，炭疽病的發生會更為嚴重。此外，本病原菌會於植物殘體、雜草（定經草、繖花龍吐珠、鼠麴舅、龍葵、香附子及野莧）上存活；在有機質（如牛糞堆肥、粕類）豐富的土壤中有利本病菌的增殖與存活。

臺灣氣候溫暖潮溼，大面積栽種的十字花科蔬菜極易發生病蟲害，尤其在不施用化學藥劑的有機栽培田，其栽種的白菜、油菜及芥菜等葉片更容易發生炭疽病。本病害多出現有機栽培田，一般施用化學農藥的慣行農法栽培田，病徵僅於植株下位葉出現零星的病斑。

四、防治關鍵時機

本病原菌主要存活於植物殘體或雜草，並易於有機質豐富的土壤中增殖，因此防治本病害的方法首重田間衛生管理，尤其於採收後，勿將下位葉棄置於田裡或埋入土中。此外，乳化丁香油或以五倍子、薑黃、仙草及山奈等植物萃取液調配製成的「活力能」植物源保護製劑，皆可有效預防本病害之發生或減緩病斑之擴展。

五、參考文獻

1. 林秋琍、黃振文。2002。臺灣十字花科蔬菜炭疽病之發生與其病原菌的鑑定。植物病理學會刊。11(4):173-178。
2. 孫彩玉。2009。十字花科蔬菜炭疽病菌的病原性與存活。國立中興大學植物病理學系。碩士論文。
3. 黃鴻章、黃振文、謝廷芳。2017。永續農業之植物病害管理。五南出版社，臺北。292 頁。
4. Higgins B. B. 1917. A *Colletotrichum* leaf spot of turnips. J. Agric. Res. 5:157-163.

（作者：林秋琍、楊謹瑜、黃振文）

IV. 十字花科蔬菜黑斑病菌
（Black Leaf Spot of Cruciferous Vegetables）

一、病原菌學名

Alternaria brassicicola (Schwein.) Wiltshire

Alternaria brassicae (Berk.) Sacc.

二、病徵

本病有兩種主要病原菌 *A. brassicicola* 和 *A. brassicae* 可以感染所有十字花科蔬菜的發育階段包括莖、葉、豆莢、種子（圖 6-4-1）。被感染葉、莖的部位呈現 2-10 cm 圓形且具鮮明同心輪紋狀褐色病斑。老葉發生較多，病斑數目多時，病斑相連在一起而引起葉片呈枯焦狀。葉柄、莖部受害時，患部呈黑色凹陷圓形斑或條斑；被感染的種子皺縮且發芽率降低，產量和品質明顯下降。

三、病原菌特性與病害環

Alternaria brassicicola 分生孢子爲暗褐色且縱橫隔膜，短口喙或無口喙，長串鏈生，大小爲 7.7-46.3×7.7-19.3 μm；*A. brassicae* 的分生孢子亦具縱橫隔膜，淡褐色，有 15.4-115.5 μm 長的口喙，單生或短鏈生，大小爲 77.0-231.2×15.4-30.8 μm。*A. brassicicola* 與 *A. brassicae* 分生孢子發芽最適溫分別是 16-32℃與 12-24℃；形成附著器最適溫爲 24-28℃與 24℃；而兩者侵入葉片造成病斑之最適溫均爲 24℃。本病菌靠病斑上分生孢子飛散而傳播。典型的病徵在葉片形成大小 2-3 mm，呈淡褐色同心輪紋的圓形病斑，病斑後期，中央易破裂，最後病斑擴散融合，導致降低光合作用效率，加速植物衰老與死亡。在種子受害，種皮常出現皺縮或使發芽率急降，幼苗的胚莖會受種子上的菌爲害，嚴重時易造成猝倒症。

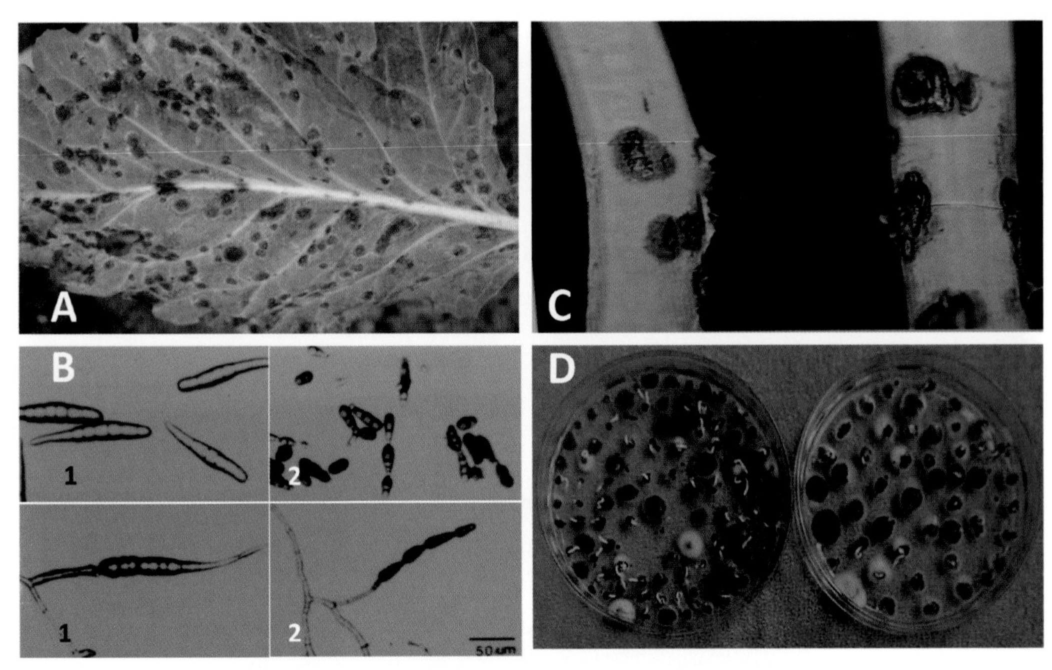

圖 6-4-1　十字花科黑斑病。(A) 芥藍菜葉片病徵；(B) 病原菌分生孢子：(1) *Alternaria brassicae*, (2) *A. brassicicola*；(C) 芥藍菜葉柄病徵；(D) 甘藍種子帶黑斑病菌。

Fig. 6-4-1. Alternaria black spot of cruciferous vegetables. (A) Symptoms on kale leaf; (B) conidia of *Alternaria brassicae* (1) and *A. brassicicola* (2); (C) symptoms on kale leaf stalks; (D) A semiselective medium for detecting seed-borne *A. brassicicola.*

四、防治關鍵時機

1. 健康株採種，以獲得清潔健康的種子。
2. 在 50℃的溫湯中，浸種 30 分鐘。
3. 將病株或病葉燒毀或深埋土中。
4. 輪作十字花科蔬菜以外的作物。
5. 注意氮磷鉀的使用，勿缺肥。
6. 葉片長出 5、6 枚時，以植物保護資訊系統所列之登記用藥進行防治。

五、參考文獻

1. 林俊義。1988。種子（苗）病害之傳播及防治。園藝種苗產銷技術研討會專輯。臺灣省政府農林廳，南投。233-252 頁。

2. 財團法人臺北市瑠公農業產銷基金會。2001。蔬菜有機栽培非農藥病害防治專輯。153 頁。
3. 黃振文。1989。十字花科。臺灣農家全書，第 57 頁。行政院農委會。臺北。263 頁。
4. 鍾文全。1993。臺灣十字花科蔬菜黑斑病菌的生物特性研究。國立中興大學植物病理學碩士論文。臺中。128 頁。

（作者：鍾文全、黃振文）

六、同屬病原菌引起之植物病害

a. 蔥紫斑病（Purple blotch disease of welsh onion）（圖 6-4-2）

病原菌：*Alternaria porri* (Ell.) Cif.

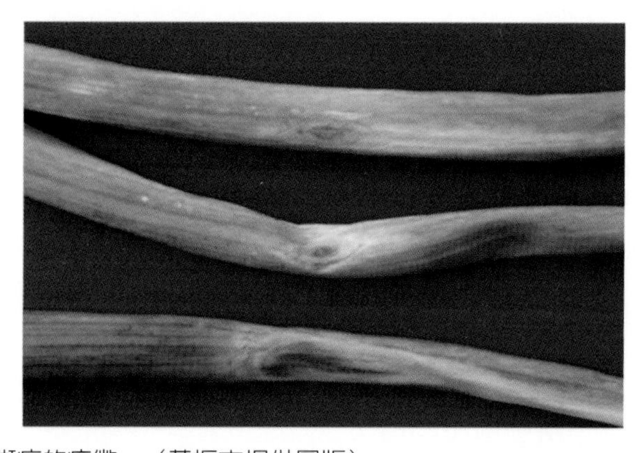

圖 6-4-2　蔥紫斑病的病徵。（黃振文提供圖版）
Fig. 6-4-2. Symptoms of purple blotch disease of welsh onion caused by *Alternaria porri*.

V. 豌豆葉枯病（Leaf Blight of Garden Peas）

一、病原菌學名

有性世代：*Didymella pinodes* (Berk. & A. Bloxam) Petr.

無性世代：*Ascochyta pinodes* L.K. Jones

二、病徵

本病原菌主要爲害豌豆的莖部、葉片、花、果莢及種子，是一種重要的種子傳播病害。病原菌可在葉片引起棕褐色輪形的壞疽斑（圖 6-5-1C）外，若受害嚴重時，許多小病斑可布滿整個葉片，致使葉片快速捲曲死亡。此外，還可在豌豆莖部引起黑褐色的長條性病斑（圖 6-5-1B）。每年 3 至 5 月分，在嚴重的罹病田可發現豌豆植株之莖基部受害表皮呈現黑褐色的壞死及所有下位葉完全枯死的現象。種莢受感染時，其表面常出現黑褐色凹陷的小斑點，甚至經由種莢感染種子，致使種皮顯現淡褐色不定形的壞疽斑。

三、病原菌特性與病害環

葉枯病爲豌豆重要的葉部病害，是由 *Didymella pinodes*（無性世代 *Ascochyta pinodes*）所引起，主要發生在溫帶或亞熱帶地區。本病原菌屬子囊菌，子囊雙壁，無隔絲，子囊孢子雙室。在溫度 4-16℃時，*D. pinodes* 可在豌豆的莖或果莢產生子囊殼。另外，除可以厚膜孢子在土壤中存活外，還會引起豌豆基腐病。本病原菌經由種子爲害幼苗的最適溫度是 15-18℃，至於病原菌有感染點再繼續爲害植株的最適合溫度是 20-24℃。此外，分生孢子由柄子殼溢出及子囊孢子的發芽需仰賴較高的溼度，因此溼度是本病害發生的重要影響因子。本病害最主要爲種子傳播（圖 6-5-1D）。病原菌可經由種子爲害植株幼苗的莖基部，並引起黑褐色的長條形病斑，隨後由感染點往胚根和胚軸擴展，造成部分幼苗在出土前即死亡；至於倖存的幼苗，其病組織產生的柄子殼與分生孢子，往往爲農田中豌豆葉枯病大發生的來源。

圖 6-5-1　(A) 豌豆葉枯病在田間嚴重發生的情形；(B) 葉枯病菌為害豌豆莖部，造成紫黑色病斑；(C) 豌豆葉枯病在葉片引起輪紋形的壞疽斑；(D) 利用選擇性培養基偵測豌豆葉枯病菌。

Fig. 6-5-1.　(A) *Didymella* leaf blight of garden peas occurred severely in the field. (B) Purple-black stem lesions of garden pea infected by *Didymella pinodes*. (C) Circular brown lesions with concentric rings caused by *Didymella pinodes*; (D) garden pea seeds carring the pathogen were detected by a semi-selective medium.

四、診斷要領

被害葉片的病斑邊緣紫褐色，中央暗褐色並有輪紋，如靶狀。罹病莢則爲圓形且有凹陷的壞疽斑。

五、防治關鍵時期

本病害的主要防治方法如下：

1. 抗病品種的篩選與育成。
2. 種植健康且不帶菌的豌豆種子。
3. 清除田間殘株，或將植株殘體埋入土表 15 cm 以下。

4. 採行輪作非豆科作物 3 年以上。
5. 化學防治參考植物保護手冊或上網在植物保護資訊系統（https://otserv2.tactri.gov.tw/ppm/）查詢用藥，如：施用液化澱粉芽孢桿菌 YCMA1，600 倍稀釋，每隔 7 天施用 1 次，連續 3-4 次。

六、參考文獻

1. 陳美杏。1994。豌豆葉枯病菌的偵測、種子感染與傳播。國立中興大學植病所碩士論文。114 頁。
2. Wallen, V. R., Cuddy, T. F., and Gtainger, P. N. 1967. Epidemiology and control of *Ascochyta pinodes* on field peas in Canada. Can. J. Plant Sci. 47:395-403.

（作者：黃振文、陳美杏）

VI. 番茄葉斑病（Stemphylium Leaf Spot of Tomato）

一、病原菌學名

Stemphylium lycopersici (Enjoji) W. Yamam.

Stemphylium solani G.F. Weber

二、病徵

本病發展初期，病徵表現爲黑色或褐色斑點，隨後病斑擴大或數個病斑融合成較大葉斑，病斑中心漸轉成灰色，所以過去本病被稱爲灰斑病。隨著病勢發展，罹病植株葉片最終乾枯脫落。近年來田間（圖 6-6-1A）實際所觀察到 *S. lycopersici* 造成的病斑主要爲黑色或褐色，有些病斑顯現周圍黃化症狀，但田間葉部病徵極少見到典型的灰斑病徵；莖部受本菌感染則是呈現黑色或暗灰色壞疽病徵（圖 6-6-1B、C）。病原菌嚴重感染葉片後，則造成葉片全面萎凋壞死症狀。本病病徵極易與晚疫病或細菌性斑點病混淆。一般農友經常將本病害誤診爲番茄細菌性斑點病，本病原菌不會感染果實的特性（圖 6-6-1D），可作爲農民田間病害診斷的參考。

三、病原菌特性與病害環

造成番茄 *Stemphylium* 葉斑病的病原菌包含 *S. lycopersici* 與 *S. solani*，現以 *S. lycopersici* 爲主要病原菌。當培養於 V8 培養基，近紫外光及無光照各 12 小時的條件下，其分生孢子梗成散生或叢狀生長，爲光滑的筆直圓柱狀，呈淡褐至中度褐色，具隔膜，頂生處的細胞會輕微膨大（圖 6-6-1E、F）。分生孢子爲散生分布，有時朝向頂端，呈基部較鈍的長橢圓狀，淺至中度褐色，表面光滑或有些微小顆粒，通常具 3-4 個橫隔膜和數個縱隔膜，在橫隔處略有隘縮（圖 6-6-1E、F、G）。*S. lycopersici* 培養於 PDA 上，菌落呈放射狀生長，菌落爲灰褐至暗黃色，並可分泌黃色至暗紅色色素於培養基中。

本病以病原菌分生孢子經風雨傳播至番茄上爲主要傳染途徑，病原菌亦可能存在於田間的寄主殘體或其它茄科作物上，作爲殘存於田間的感染源。

圖 6-6-1　番茄 *Stemphylium* 葉斑病病徵。(A) 番茄葉斑病田間發生狀況；(B、C) 番茄葉斑病於番茄小葉之病徵，遭 *S. lycopersici* 感染的番茄葉片呈現黑色或褐色病徵，在部分病斑亦有黃暈圍繞症狀；(D) 田間即使病害發生嚴重，果實未有病徵表現；(E、F) 病原菌之分生孢子梗及分生孢子，分生孢子梗頂端的產孢細胞腫大；(G) 病原菌之分生孢子。（郭章信提供圖版）

Fig. 6-6-1.　Symptoms of Stemphylium leaf spot of tomato. (A) The occurrence of tomato leaf spot disease in the field; (B, C) natural infection of *S. lycopersici* on tomato leaves causes irregular, black or brown necrotic spots surrounded with or without an apparent yellowish halo; (D) fruits are not affected; (E, F) conidiophores and conidia, conidiogenous cells of conidiophores were swollen at the apex; (G) conidia.

四、診斷要領

受感染番茄葉片呈現黑色或灰黑色病斑，但無水浸狀或結痂狀病斑；此外在顯微鏡下，於後期的病斑處可觀察到病原菌孢子。本病原菌不會爲害果實亦是診斷可供參考的依據。

五、防治關鍵時機

番茄葉斑病病徵的症狀容易與細菌性斑點病混淆，無經驗者不易以肉眼準確診斷，因而導致誤判。因此，從在臺灣已註冊可用於防治番茄細菌性斑點病的藥劑中篩選出具同時可防治這兩種病害的藥劑——嘉賜銅，經實驗證明，用於防治細菌性斑點病的嘉賜銅同樣亦可有效抑制 *S. lycopersici* 菌絲生長達 80% 以上，大多數分離菌株均可被嘉賜銅完全抑制生長，且沒有發現抗性菌株的出現。因此，建議早期發現番茄葉片出現黑灰色病斑出現後，即可選用嘉賜銅防治這兩種病害。

除了化學防治方法，選育帶有針對 *Stemphylium* 葉斑病抗病基因 *Sm* 的番茄品系，是目前極爲有效防治本病的策略。

六、參考文獻

1. Huang, C. J. and Tsai, W. S. 2017. Occurrence and Identification of *Stemphylium lycopersici* Causing *Stemphylium* Leaf Spot Disease on Tomato in Taiwan. European Journal of Plant Pathology, 148 (1), 35-44.
2. Sawada, K. 1931. Descriptive catalogue of the Formosan fungi, Part 5 (Vol. 5). Taipei, Taiwan: Department of Agriculture, Government Research Institute, Formosa.
3. Cerkauskas, R., Kalb, T. 2005. Tomato diseases-Gray leaf spot. Fact sheet. AVRDC-World Vegetable Center.

（作者：孫韻晴、蔡文錫、黃健瑞）

七、同屬病原菌引起之植物病害

a. 蔥黑腐病（*Stemphylium* leaf blight of Welsh onion）（圖 6-6-2）
有性世代：*Pleospora allii* (Rabenhorst) Cesati & de Notaris
無性世代：*Stemphylium vesicarium* (Wallroth) E. Simmons

b. 長壽花葉斑病（Leaf spot of *Kalanchoe blossfeldiana*）

無性世代：*Stemphylium solani* Weber

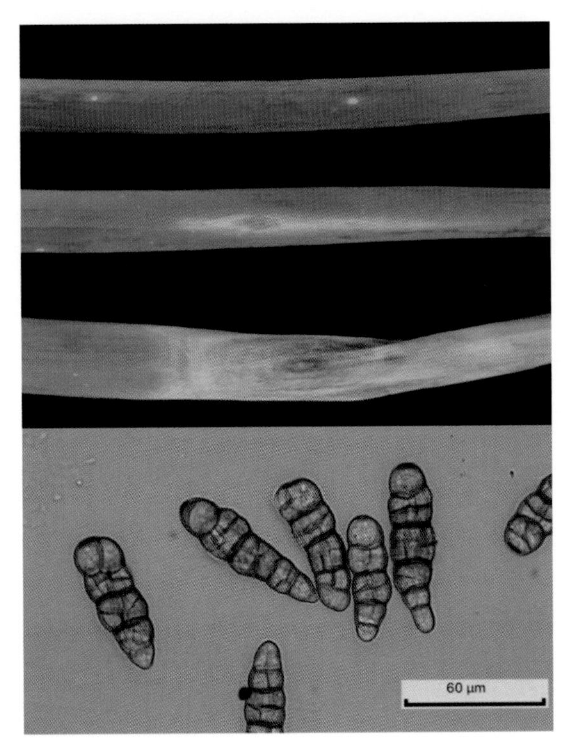

圖 6-6-2　蔥黑腐病的病徵。（洪爭坊提供圖版）

Fig. 6-6-2.　Symptoms of leaf blight of welsh onion caused by *Stemphylium vesicarium.*

VII. 敏豆角斑病（Angular Leaf Spot of Common Bean）

一、病原菌學名

Pseudocercospora griseola (Sacc.) Crous & U. Braun

二、病徵

本病病徵表現在豆莢、莖、葉片和葉柄上；通常在開花時首先看到病斑。根據葉片類型會出現兩種症狀。在三出複葉（3 片小葉）的葉片上，受害葉片出現角狀斑點，寬可達 3 mm，呈現灰色後轉至淺棕色，有時外圍出現黃色暈環（圖 6-7-1A）。在初葉（單葉）上，斑點直徑可達 15 mm，有時呈現輪斑。兩種形態的病斑，均可在葉背產生黴狀物，爲其分生孢子。病斑可在葉片兩面出現，呈現角斑狀至不規則狀，病斑的發展大多受到葉脈的侷限，很少呈現近圓形至橢圓形，寬約 1-8 mm，有時病斑間會融合，形成較大的褐色病斑（圖 6-7-1B、C），從淺橄欖色、橄欖棕色、黃棕色、灰棕色到深棕色不等；豆莢的病斑通常呈現紅棕色，且形態更規則爲近圓形至橢圓形，病斑邊緣不定，或在病斑周圍形成深棕色邊緣。孢柄叢（caespituli）（圖 6-7-2A）可在葉柄、豆莢、莖及葉片兩面的受害部位產生，葉片背面產生較多，孢柄叢通常爲散生，偶爾聚集呈現明顯的深棕色至黑灰色油點狀。

三、病原菌特性與病害環

1. 病原菌特性

子座近球形，直徑可達 70 μm，褐色，分生孢子柄緊密成束狀，通常形成束絲狀的分生孢子座（圖 6-7-2B），100-500×20-70 μm，生長突出表皮，橄欖色至褐色，這是其爲子座延伸長出的分生孢子柄，構成一個稍微緊密的梗狀體，並於末端開展形成頭狀體（圖 6-7-2B），游離的孢子柄末端長可達 100 μm，單支的分生孢子柄呈絲狀，2-5 μm 寬，頂端可達 7 μm 寬，多隔膜多數，近透明至橄欖褐色，薄壁，有時隨著菌齡而變得粗糙。產孢細胞（conidiogenous cells）頂生，20-100 μm 長，近圓柱狀到似棍棒狀（圖 6-7-2B），通常沒有膝狀彎曲，產孢點頂生或側生，

圖 6-7-1 敏豆角斑病。(A) 罹病敏豆園田間發生狀況；(B) 罹病植株葉片出現灰色角狀斑點，然後是淺棕色，有時外圍有黃暈，但受葉脈侷限；(C) 罹病植株葉片背面出現灰色角狀斑點，有時病斑間會融合，形成較大的褐色病斑。

Fig. 6-7-1. Symptoms of angular leaf spot of common bean caused by *Pseudocercospora griseola*. (A) Disease symptoms as observed in the field. (B) Greyish angular spots first appear on diseased leaves, the spots later becoming light brown and sometimes surrounded by a yellow halo, but restricted by the veins. (C) Grey angular spots appeared on the lower side of diseased leaves. Sometimes leaf spots coalesced to form larger brown lesions.

孢痕不加厚或不明顯，平截或不突出，寬 1.5-2.5 μm。分生孢子（圖 6-7-2 C-J）單生，倒棍棒狀至圓柱形（或寬梭形），較短的分生孢子有時呈橢圓形至短圓柱形，筆直或彎曲，20-75(-85)×4-9 μm，具 (0-)1-5(-6) 個隔膜，通常在隔膜處不隘縮，近透明至淺橄欖色或橄欖的棕色，薄壁，光滑或有時粗糙，頂端鈍，基部倒錐狀呈截形或鈍圓，孢蒂 1.5-2.5(-3) μm 寬，不增厚或有點屈光。在 PDA 上菌落平鋪生長具有些許氣生菌絲，中央表面爲橄欖灰色，菌落邊緣及背面爲鐵灰色，邊緣呈現不規則羽毛狀。生長溫度在 6-30℃之間，最適生長溫度在 24℃。

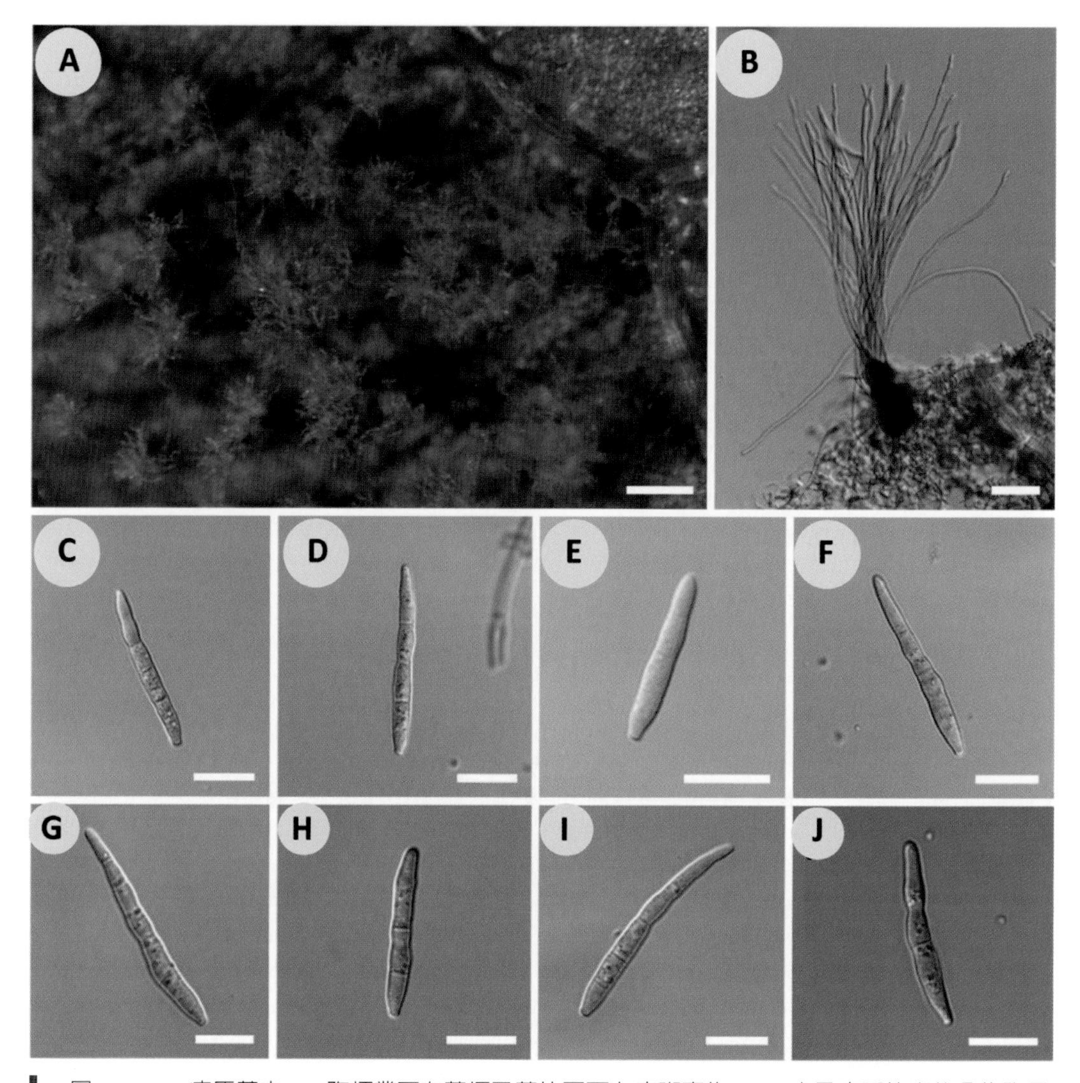

圖 6-7-2. 病原菌之 (A) 孢柄叢可在葉柄及葉片兩面上病斑產生；(B) 由子座延伸出的分生孢子柄構成一個稍微緊密的梗狀體及末端開展而成的頭狀體；(C-J) 分生孢子。

Fig. 6-7-2. Morphology of the pathogen. (A) Tufts of conidiophores may appear on the petioles and both sides of the diseased leaves. (B) Tuft of conidiophores arising from the conidioma, comprising a somewhat firm stipe with a loosely splaying terminal capitulum. (C-J) Conidia.

2. 病害環

病原菌的傳播是由葉片病斑上產生分生孢子後，經飛散再由空氣傳播成爲田間感染源。長距離傳播則是經由種子帶菌，再經由雨水噴濺將病原菌自受感染的種子飛濺到葉片上。病原菌可以在作物殘株、田間再生苗或在種子上存活，存活的時間可長達 12 個月；在適當的溫度（16-28℃），或在高溼度及乾燥環境交替下，或是下雨，均有利於病害的發生。潮溼環境有利於孢子發芽、侵入感染及產孢，乾旱環境則有利於分生孢子經由風傳播而飛散。

四、防治關鍵時機

病原菌可經由種子帶菌，種植前適當的種子消毒，以及慎選健康種子，可降低病害的發生；採收後注意田間衛生，以及選用抗病品種或適當的輪作。

五、參考文獻

1. CABI, 2021. Invasive Species Compendium. *Pseudocercospora griseola* (angular bean leaf spot). Surrey, UK: Centre for Agriculture and Bioscience International. https://www.cabi.org/isc/datasheet/40010#togrowthStages
2. Crous, PW, Liebenberg, MM, Braun, U, JZ Groenewald. 2006. Re-evaluating the taxonomic status of *Phaeoisariopsis griseola*, the causal agent of angular leaf spot of bean. Studies in Mycology 55: 163-173.
3. Index Fungorum. 2021. http://www.indexfungorum.org/names /Names.asp. Accessed 21 Sep, 2021.
4. Pacific Pests & Pathogens-Full Size Fact Sheets. 2021. Bean angular leaf spot (216). https://apps.lucidcentral.org/ppp/text/web_full/entities/bean_angular_leaf_spot_216.htm

（作者：郭章信）

六、同屬病原菌引起之植物病害

a. 長豇豆煤黴病（Sooty blotch and leaf spot of long cowpea）（圖 6-7-3）
有性世代：*Mycosphaerella cruenta* Latham
無性世代：*Pseudocercosopora cruenta* (Sacc.) Deighton

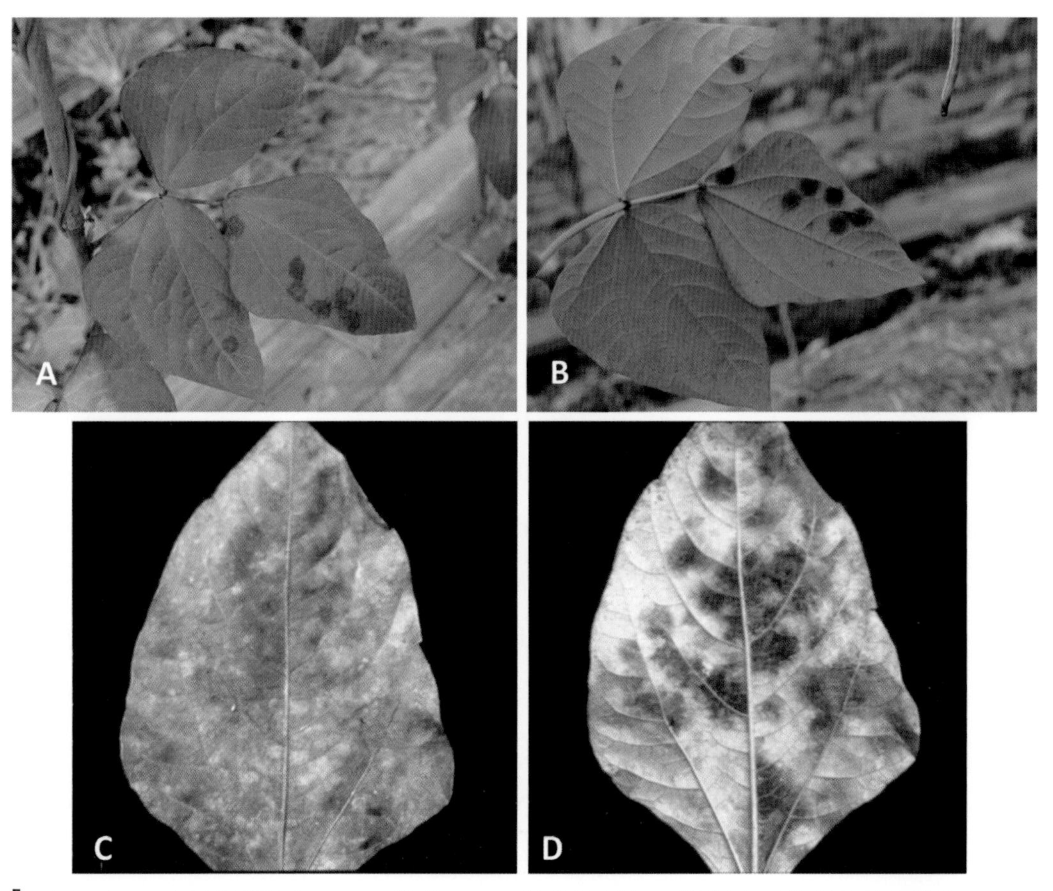

圖 6-7-3　長豇豆煤黴病 (A、C) 葉表 (B、D) 葉背的病徵。（黃振文、洪爭坊提供圖版）
Fig. 6-7-3.　Symptoms of sooty blotch disease of long cowpea caused by *Pseudocercospora cruenta.*

VIII. 草莓葉斑病（Cercospora Leaf Spot of Strawberry）

一、病原菌學名

Cercospora fragariae Lobik

二、病徵

初期發生的病斑大多出現在上位葉的表面，葉斑很小呈圓形淡褐色，進而爲均勻的紫紅色，斑點中心的顏色非常淺近乎是白色，隨後病斑中心逐漸擴大，逐漸轉爲棕色（圖 6-8-1A、B）。病斑後期，壞死中心部位，變脆並有時會脫落，導致穿孔（shot hole）的症狀。病斑的發展相較其他種類的葉部病害相對較小，且呈現不規則狀，病斑外緣呈明顯的深紫色，偶爾病斑會相連合併，而在下位葉的病斑呈現藍色至棕褐色，在葉片上較爲分散。葉片受害時經常發生落葉，葉斑病發生嚴重時，也影響植物體的活力，進而導致果實發育減少。孢子大多產生在上位葉的表面，病斑白色中心位置，散布著深色小點爲病原菌的子座。病徵表現會因爲草莓栽培品種而異。在國外，本病害與 *Mycosphaerella fragariae* 引起的葉斑病（common leaf spot）病徵相似，但是本病害的病斑更小、中心顏色更淡、形狀上比較不規則。但是依據臺灣植物病害名彙之紀錄，國內目前未有 *M. fragariae* 病害的報導。

三、病原菌特性與病害環

1. 病原菌特性

C. fragariae 的分生孢子梗從小的深褐色（至黑色）子座中產生，分生孢子梗基部的子座可由少數深色細胞或由細胞群（直徑可達 50 μm）組成（圖 6-8-1C、D）。分生孢子梗 2 至 20 束，呈淺橄欖棕色，顏色呈現由底部至頂端逐漸爲無色透明，直徑均勻一致，多隔膜，不分支，呈波浪狀，具 1-6 個曲膝狀彎曲點，分生孢子梗在近平截狀頂端具有大的孢痕（conidial scars）（圖 6-8-1D）；一般而言，生長在上表皮的孢子梗長度在 3.5-5×25-150 μm，在下表皮產生的孢子梗較上表皮的長，可達 250 μm（圖 6-8-1C）。分生孢子無色透明，大小爲 2.5-6×20-125 μm，

圖 6-8-1. *Cercospora fragariae* 引起之草莓葉斑病。(A、B) 草莓葉斑病病徵；(C) 草莓葉背病斑上之分生孢子梗及分生孢子；(D) 病原菌分生孢子梗與基部的子座形態；(E-H) 病原菌之分生孢子，孢子底部具有孢痕。標尺：C=500 µm，D-H=20 µm。（簡秀蓉提供圖版）

Fig. 6-8-1. Leaf spot disease of strawberries caused by *Cercospora fragariae*. (A, B) Disease symptoms on leaves. (C) Turfs of conidiophore and conidia on leaf spot on the lower side of the leaf. (D) Turf of conidiophores of the pathogen arising from a basal stroma. (E-H) Conidia of the pathogen bearing a dark hilum at the base. Bars: C=500 µm, D-H=20 µm.

彎曲的狹窄倒棍棒狀；較短的分生孢子可能爲圓柱狀，直的或稍微彎曲。分生孢子大約 1-11 隔膜，孢子基部具有平截至倒圓錐形平截狀，孢子頂端爲近尖形至近鈍形（圖 6-8-1E-H）。

2. 病害環

雨水和溫暖潮溼的天氣通常有利於病害的發展，病原菌可在受感染的植物、植物殘體和雜草寄主上越冬。在春天，病斑處產生分生孢子，受雨水飛濺再進入氣流經由空氣傳播，降落至葉面後經常感染草莓新葉，尤其是上位葉，最容易受害，經常表現較多病斑，斑點呈圓形至不規則形狀，這些壞疽斑通常有明顯的紅紫色至銹褐色的周緣。罹病部位的發展經常受到寄主種類和環境溫度的影響，特別是感病品種受害嚴重時，經常導致植株上葉片部分或完全落葉。

四、防治關鍵時機

注意田間衛生和使用抗性品種，栽種時維持適當的行株距，以及將植栽遠離陰涼處，均可降低本病害的發生。同時，在開花期和結果前噴灑保護性殺菌劑，可以有效防治本病害。

五、參考文獻

1. 曾顯雄、曾國欽、張清安、蔡東纂、嚴新富。2019。臺灣植物病害名彙（第五版）。行政院農業委員會動植物防疫檢疫局、行政院農業委員會農業試驗所、中華民國植物病理學會出版。311 頁。
2. Baggio, J. S., Mertely, J. C., and Peres, N. A. 2020. Leaf Spot Diseases of Strawberry. PP359, one of a series of the Plant Pathology Department, UF/IFAS Extension, Institute of Food and Agricultural Sciences, University of Florida. https://edis.ifas.ufl.edu/publication/PP359
3. CABI, 2021. Invasive Species Compendium. *Cercospora fragariae*. Surrey, UK: Centre for Agriculture and Bioscience International. https://www.cabi.org/isc/datasheet/12220
4. Demchak, K. 2017. Strawberry Disease-Leaf Spots. Penn State Extension. College of Agricultural Sciences, The Pennsylvania State University. https://extension.psu.edu/strawberry-disease-leaf-spots.
5. Ellis, M. A. 2016. Strawberry Leaf Diseases. Ohioline. PLPATH-FRU-35. The Ohio State University Extension. Plant Pathology. https://ohioline.osu.edu/factsheet/plpath-fru-35.

6. Index Fungorum. 2021. http://www.indexfungorum.org/names /Names.asp. Accessed 31 Oct, 2021.

7. Maas, J. L. 1998. Compendium of Strawberry Diseases, 2nd edition. St. Paul: APS Press. 138 pp.

（作者：郭章信）

六、同屬病原菌引起之植物病害

a. 萵苣黃褐圓星病（Cercospora leaf spot of lettuce）

病原菌：*Cercospora lactucae-sativae* Sawada

b. 大豆紫斑病（Purple seed stain of soybean）（圖 6-8-2）

病原菌：*Cercospora kikuchii* (Matsumoto & Tomoy.) M.W. Gardner

圖 6-8-2　大豆紫斑病的病徵。（洪爭坊提供圖版）

Fig. 6-8-2. Symptoms of purple seed stain of soybean caused by *Cercospora kikuchii*.

IX. 梨黑星病（Pear Scab）

一、病原菌學名

有性世代：*Venturia nashicola* Tanaka & Yamamoto

無性世代：*Fusicladium nashicola*

二、病徵

梨黑星病為臺灣梨樹常見病害，好發於低溫多雨的環境，臺灣記錄引起梨黑星病（pear scab）之病原菌有兩種，分別為 *Venturia pirina* 與 *V. nashicola*；*V. pirina* 主要引起西洋梨黑星病，而 *V. nashicola* 引起亞洲梨（如橫山、新興、豐水等）黑星病，分布於臺灣、日本、韓國及中國大陸等梨產區。根據吳氏等人調查，目前引起臺灣梨樹黑星病之病原以 *V. nashicola* 為主；而 *V. pirina* 因西洋梨在臺灣栽培不普遍之因素，目前無法確定是否仍存在。由 *V. nashicola* 所引起之黑星病可發生於梨樹之葉片、枝條、果實等部位，產生黴狀物病斑，呈褐色、淡黑色或深黑色。於葉片上會沿葉脈、中肋及葉柄產生黴狀病徵，嚴重時病斑會融合，病斑內布滿大量深色分生孢子，葉片感染嚴重時可造成葉片畸形或提早落葉，果實亦可能發生提早落果現象。

三、病原菌特性

Venturia nashicola（無性世代為 *Fusicladium nashicola*）主要感染亞洲梨（如橫山、新興、豐水等）。臺灣目前尚未發現有性世代。*V. nashicola* 所產生之分生孢子呈暗褐色，孢子形態為卵形（ovariform）、洋梨形（pyriform）、紡錘形（fusiform）或不規則形（irregular），分生孢子大小長 11.6-25.8 µm，平均值為 14.6 µm；寬 6.1-8.4 µm，平均值為 7.0 µm。其中分生孢子長寬比介於 1.9-3.1 µm。

四、關鍵防治時機

1. 進行清園：清除落葉與修除受感染之枝條。
2. 注意栽培管理：注意施肥提高植株生長勢；減少灌溉次數，降低梨樹葉表之溼度。

3. 化學防治：防治藥劑參考植物保護資訊系統，本病之防治藥劑有系統性及保護性藥劑可選擇，未發生前可使用保護性藥劑預防，發現病斑後使用系統性藥劑治療。

五、參考文獻

1. 孫守恭。1996。臺灣果樹病害。世維出版社。臺中。
2. 吳舒雅、鍾文全、黃振文、石井英夫、鍾文鑫。2009。目前臺灣地區梨黑星病菌之鑑定與其對藥劑的感受性。植病會刊 18: 135-143。

（作者：鍾文鑫）

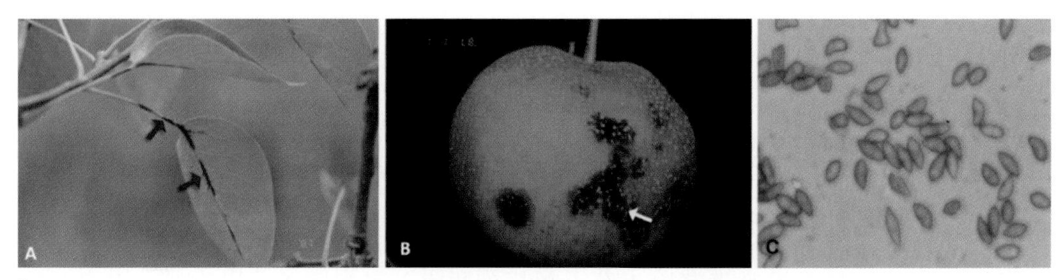

圖 6-9-1　(A、B) 受感染之橫山梨葉片與果實，產生黑色黴狀物之病徵；(C) 梨黑星病菌（*Venturia nashicola*）之分生孢子形態。（圖 A、B 為郭章信提供圖版）

Fig. 6-9-1. (A, B) Scab symptoms caused by *Venturia nashicola* on pear leaf and fruit; (C) conidial morphology of *Venturia nashicola*.

X. 梅黑星病
（Japanese Apricot Scab, Freckle, Black Spot）

一、病原菌學名

有性世代：*Venturia carpophila* Fisher

無性世代：*Cladosporium carpophilum* Thümen

二、病徵

本病原菌可侵害果實，葉片及枝梢，但以果實之病徵最爲明顯。果實之病斑多在果實肩部向陽面，病斑爲圓形，直徑約 2-3 mm，臘綠色至淡褐色，後期轉黑褐色（圖 6-10-1）。罹病初期各病斑散生，嚴重時多數病斑可相互融合，且偶有果皮龜裂的現象。病斑僅限於表皮，少有深入果肉內，罹病部位呈大片黑褐色，影響果實外觀。高溼度時，有黑色黴狀物出現。葉片之病徵在葉之背面，病斑呈圓形或不規則形，初爲淡褐色至棕褐色，後變爲黑褐色，有時呈金屬光澤，在葉片老化或掉

圖 6-10-1　梅黑星病的病徵。（黃振文提供圖版）
Fig. 6-10-1.　Symptoms of Japanese apricot scab caused by *Venturia carpophila*.

落地上時病斑會繼續擴展，並於高溼度時，出現黑色黴狀物。枝條受害，病斑圓形至橢圓形，灰褐色略突起，病原菌可在枝條上存活越冬。

三、病原菌特性與病害環

本菌菌絲呈現橄欖色，有隔膜具分支，在角質層下形成僞薄壁組織，由僞薄壁組織層生出灰白色至橄欖色的直立或彎曲，單生或具分支的分生孢子梗，長可達 100 μm，寬度約 4-6 μm，有時梗基略爲膨大；分生孢子爲單生或鏈生，長圓筒形或倒棍棒形，孢子一端或兩端有明顯的突起孢痕，單胞，灰褐橄欖色，外表平滑，大小約 12-18×4-5 μm。僞子囊殼（pseudothecia）在落葉上形成，褐色球形，有短嘴及開口，直徑約爲 60-160 μm。子囊長筒形袋形，雙膜，內有 8 個子囊孢子，子囊孢子橄欖褐色，雙胞，上端鈍圓，細胞略大，下端尖而細胞較小，大小約 12-16×3-5 μm。

黑星病菌在地上枯葉越冬，並在其上形成僞子囊殼。在冬季不太冷時或早春，僞子囊殼逐漸成熟，但成熟期並非同時，有的在梅樹花芽尚未張開時已成熟，但大部分僞子囊殼多在花開放及形成小果時成熟。冬末春初落雨時，枯葉吸收水分，僞子囊殼內子囊吸水膨脹伸長，並伸出子囊殼口將子囊孢子猛力放射至空中，由氣流攜帶子囊孢子至小果及嫩葉。

四、診斷要領

果實之病斑多在果實肩部向陽面，病斑爲圓形，臘綠色至淡褐色，後期轉黑褐色。葉片上的病斑爲暗褐色，會有紋狀產生及木栓化。枝條罹病時出現暗褐色略凹陷之圓形至橢圓性形病斑，病斑中央產生黑褐色點狀物。

五、防治關鍵時機

本病害以注重田間衛生管理爲首要工作：

1. 剪除病枝，並燒毀。
2. 噴布腐蝕性殺菌劑於地面，殺死枯葉上子囊孢子。
3. 秋季噴布 5% Urea（尿素）及在花芽裂開前再施 2% Urea 於落葉，可以抑制子囊殼形成。

4. 梅樹萌芽前4天噴布夏油稀釋90倍液及比多農（bitertanol）可溼性粉劑稀釋5,000倍一次以後，每20天噴布比多農可溼性粉劑連續2-3次。

六、參考文獻

1. 富樫浩吾。1950。果樹病學。朝倉書店（東京）。
2. 澤田兼吉。1931。臺灣產菌類調查報告（第五編）。臺灣總督府農業試驗所。
3. Fisher, E. E. 1961. *Venturia carpophila* sp. nov., The ascigerous state of the apricot freckle fungus. Trans. Brit. Mucol. Soc. 44(3): 337-342.
4. Sivanesan, A. 1974. *Venturia carpophila*. CMI Descriptions of Pathogenic Fungi and Bacteria No. 402.

（資料來源：孫守恭。2000。臺灣果樹病害。世維出版社授權。）

七、同屬病原菌引起之植物病害

a. 蘋果黑星病（Apple scab）（圖 6-10-2）

病原菌：*Venturia inaequalis* (Cooke) G. Winter（有性世代）

Fusicladium pomi (Fr.) Lind

圖 6-10-2　蘋果黑星病在葉子和果實上的病徵。（黃振文提供圖版）

Fig. 6-10-2. Symptoms of apple scab caused by *Venturia inaequalis* on the leaf and fruits.

XI. 柑橘瘡痂病（Citrus Scab）

一、病原菌學名

有性世代：*Elsinoë fawcettii* Bitancourt & Jenkins

無性世代：*Sphaceloma fawcettii* Jenkins

二、病徵

本病原菌主要爲害柑橘葉片、枝條及果實，常見的病徵爲不規則之木栓化突起病斑，如瘡痂狀。受害葉片初期出現半透明小點，不久即突起，於中央略平而凹下；嚴重被害葉扭轉皺縮，病斑成錐狀。在酸橙、檸檬及溫州蜜柑之受害果實，出現木栓化突起，病斑上木栓化疣狀物是被害組織爲抵抗病原菌侵入，行細胞分裂所造成。嚴重時果實有明顯畸形之現象（圖 6-11-1）。

三、病原菌特性與病害環

1. 病原菌特性

無性世代之孢子盤極小，略呈圓形，小於 1 mm，位於表皮下，而後突出，下有擬薄壁組織。分生孢子梗垂直生出數條密集，每條圓筒狀，頂端略尖，1 至 3 個

圖 6-11-1　柑橘瘡痂病在果實上的病徵。（黃振文提供圖版）
Fig. 6-11-1.　Symptoms of citrus scab on fruits.

細胞，透明，但有時爲灰色，大小約 12-22×3-4 μm。分生孢子長圓形，略似腎臟型或卵圓形，大小約 5-10×2-5 μm。

有性子囊世代之子囊座寄生在表皮下組織內，散生子囊腔（ascomata），黑褐色，圓形或橢圓形，每個腔內有 1-20 個子囊，子囊爲球狀或卵圓形大小 12-16 μm（直徑），內有 8 個子囊孢子，子囊孢子無色，短棒狀，2-4 個細胞組成，分隔處有隘縮，上半部厚而短，下半部薄而長，兩端略尖細。

2. 病害環

瘡痂病菌在罹病組織內越冬。子囊座在柑橘表皮下寄生組織內，子囊孢子無法釋放出來，除非病組織腐爛破裂，才具傳播力。在春季溫度上升有雨季節，病組織上產生分生孢子，經風雨傳播至新生出之嫩葉或幼果，溫度在 20-23℃時有水膜條件下，孢子即會發芽侵入組織。除春梢外，夏梢或秋梢只要溼度與溫度適宜，病原菌均可以感染。

四、診斷要領

本病原菌主要爲害果實、葉片及枝條，病徵爲不規則之突起木栓化病斑，瘤腫，瘡痂。

五、防治關鍵時機

1. 在花落後幼果期及出芽後新梢幼葉期是本病害的防治關鍵期。
2. 化學防治：
   a. 花苞將開放時行第1次施藥，結小果時行第2次施藥，隔3星期再第3次施藥。
   b. 每公頃之施藥量視植株大小而異，藥量可酌情增減。施用之化學農藥可參考植物保護手冊或植物保護資訊系統（https://otserv2.tactri.gov.tw/ppm/）查詢用藥。例如：亞托敏、益胺座、扶吉胺、免賴得、快得寧等藥劑。
3. 採果後，剪除病葉及病枝，另田間之落花、枯枝與落果均須清除並燒毀。氮肥勿多施、避免密植、促進通風、日照充足並促使新萌發枝葉迅速成熟。

六、參考文獻

1. 蔡雲鵬。2003。柑橘瘡痂病。植物保護圖鑑系列，第 186-187 頁。防檢局。臺北。378 頁。
2. 澤田兼吉。1919。臺灣產菌類調查報告（第一編）。臺灣總督府農業試驗所。
3. Bitancourt, A. A., and Jenkins, A. E. 1936. *Elsinoë fawcettii,* the perfect stage of the citrus scab fungus. Phytopathol. 26: 393-396.
4. Holliday, Paul. 1980. Fungus Disease of Tropical Crops. Cambridge Unversity Press, Cambridge, London, New York, New Rochelle, Melbourne, Sydney.
5. Whiteside, J. O. 1975. Biological characteristics of *Elsinoë fawcettii* pertaining to the epidemiology of sour orange scab. Phytopathol. 65: 1170-1175.

（資料來源：孫守恭。2000。臺灣果樹病害。世維出版社授權。）

七、同屬病原菌引起之植物病害

a. 葡萄黑痘病（Grape anthracnose）（圖 6-11-2）
有性世代：*Elsinoë ampelina* (de Bary) Shear
無性世代：*Sphaceloma ampelinum* de Bary

b. 甘藷縮葉病（Sweet potato bud atrophy）（圖 6-11-3）
有性世代：*Elsinoë batatas* (Sawada) Viégas & Jenkins
無性世代：*Sphaceloma batatas* Sawada

c. 泡桐瘡痂病（Paulownia scab）
無性世代：*Sphaceloma tsujii* Hara

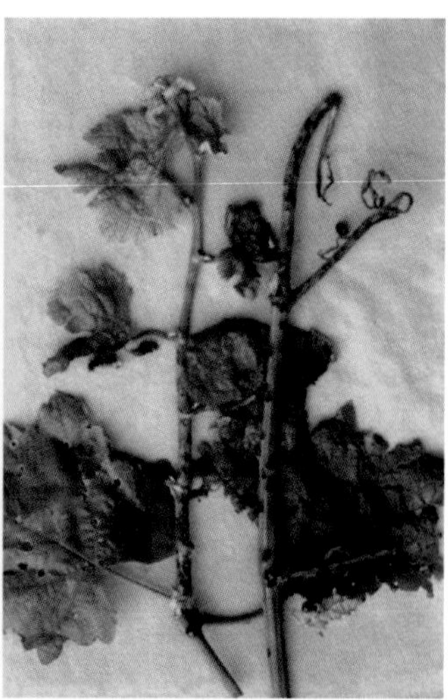

圖 6-11-2　葡萄黑痘病的病徵。（黃振文提供圖版）

Fig. 6-11-2. Symptoms of grape anthracnose (bird's eye disease) caused by *Elsinoë ampelina*.

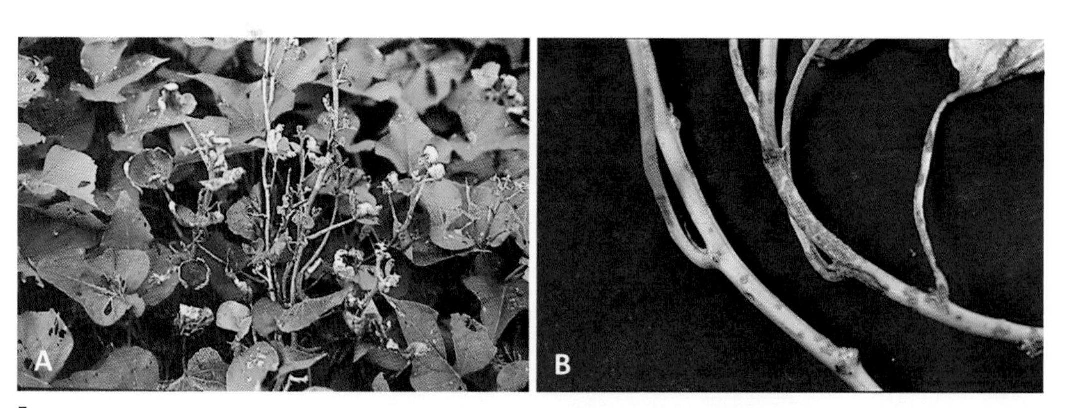

圖 6-11-3　(A) 甘藷縮芽病在田間的病徵；(B) 甘藷縮芽病造成薯蔓外表木栓質瘡痂狀。（黃振文提供圖版）

Fig. 6-11-3. Symptoms of sweet potato scab caused by *Elsinoë batatas* in the field. (A) Distortion and upright foliar symptoms; (B) scab lesions on the sweet potato vines.

XII. 水稻胡麻葉枯病
（Bipolaris Leaf Spot of Rice, Brown Spot of Rice）

一、病原菌學名

有性世代：*Cochliobolus miyabeanus* (S. Ito & Kurib.) Drechsler ex Dastur

無性世代：*Bipolaris oryzae* (Breda de Haan) Shoemaker

二、病徵

本病原菌爲害本田期及老熟秧苗葉片時，初呈墨綠色水浸狀小斑點，隨後斑點轉爲（深）褐色並逐漸擴大呈橢圓形如胡麻種子大小，周圍明顯有黃暈，有些病斑上具有同心輪紋（圖 6-12-1A、B），罹病植株如在缺乏氮、鉀或矽肥環境時，病斑會繼續擴大，大型病斑沿葉脈呈長橢圓形，兩端較圓寬，黃暈明顯但較窄（圖

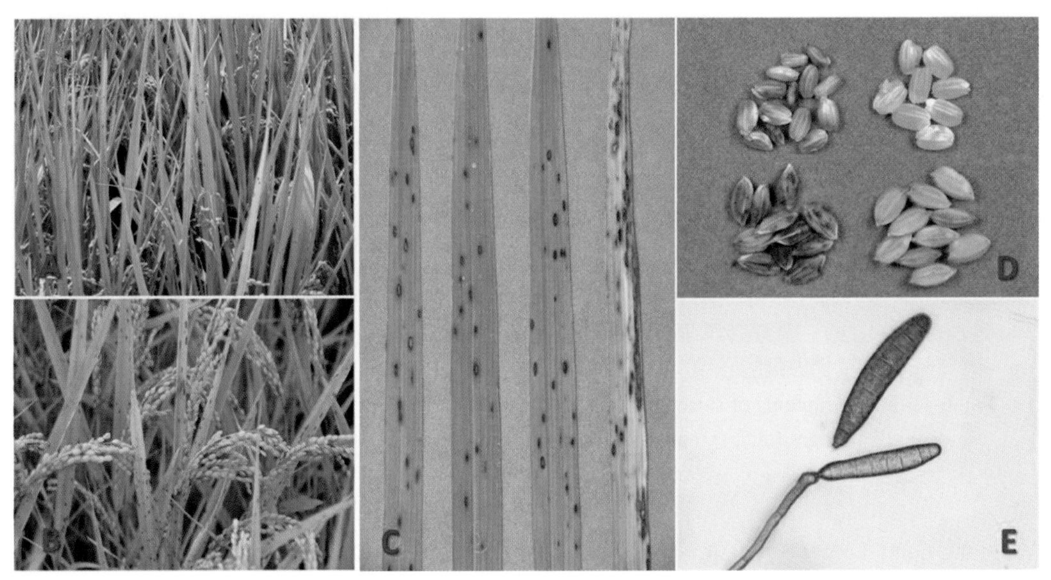

圖 6-12-1　(A、B) 水稻胡麻葉枯病好發於缺氮肥之田區；(C) 葉片上可見典型（暗）褐色橢圓形病斑，周圍明顯有黃暈；(D) 病原菌亦可感染穀粒，使糙米病變為銹米、死米或青米；(E) 環境適合時病斑上會產生病原菌的分生孢子。（陳純葳、陳繹年提供圖版）

Fig. 6-12-1.　(A-D) Symptoms of brown spot of rice caused by *Bipolaris oryzae*. (E) Morphology of the pathogen.

6-12-1C），此症狀可與稻熱病病斑（病斑兩端較尖黃暈不明顯）明顯區分。本病甚少為害葉鞘，但會為害葉節（葉片與葉鞘交接處）及葉舌。

稻孕穗期受害嚴重時，植株矮化，葉片皺縮、略變厚、常無法正常伸展，抽穗緩慢或不良，稻穗短小結實不佳。穗及枝梗受害時，形成墨綠色轉黑褐色病斑，受害部位以上之稻穗不會立即枯死，空秕粒增加，穀粒受害時初呈褐色至黑褐色小斑點，病斑擴大後成為胡麻種子大小之暗褐色病斑，嚴重時病斑會擴展至外穎部位，其糙米病變為銹米、死米或青米，進而影響品質（圖 6-12-1D）。

本病原菌亦可在種子萌芽時引起苗枯病，罹病稻芽初呈黃褐色水浸狀病變，子葉上呈短黑色線狀斑點，嚴重時進而枯萎死亡，病苗上有墨綠色菌絲及分生孢子，病苗之子葉褐色至深褐色，並向本葉之葉鞘蔓延，葉鞘受害後亦呈褐色病變，組織脆而易折斷，葉片生長受阻不易伸長，致葉片直立黃化，嚴重則與葉鞘一起枯萎死亡。

三、病原菌特性與病害環

1. 病原菌特性

無性世代之分生孢子成熟時為黃褐色或褐色，具 6-11 個隔膜，大多孢子略微彎曲呈新月狀、中間略下方處較膨大，頂端半圓形，寬度約為孢子中間部位之一半，基部細孢有明顯孢子著生痕跡，大小 35-170×11-17 μm。分生孢子梗自氣孔或表皮長出，單生或簇生，稍微彎曲，大小 150-600×4-8 μm，7-15 個隔膜，基部暗褐色，往上漸呈淡色（圖 6-12-1E）。

本病原菌在自然界之有性世代尚未有人發現報導，目前大多以人工配對培養產生，子囊殼呈球形或扁球形、有孔口、深黃褐色至黑色、大小 560-950×368-777 μm。子囊無色長圓筒形或長紡錘形，大小 142-235×21-36 μm，內有 8 個子囊孢子互相纏聚在一起；子囊孢子呈絲狀或長圓柱狀，無色或淡橄欖綠色，有 6-16 個隔膜，大小為 250-469×6-9 μm。

2. 病害環

本病原菌係靠其菌絲或分生孢子殘存於稻種或罹病組織上，田間主要藉由帶菌種子或空氣傳播，水稻各生育期均可受感染。帶菌稻種經浸種催芽及播種後，其初生芽及根可能被感染，除在秧苗盤內高密度秧苗及低溫環境下會引起秧苗枯萎外，正常狀況下秧苗會迅速長出葉片，並未受感染，病原菌會在帶菌稻種的穀粒及子葉上增殖，所產生之分生孢子，為感染秧苗後期葉片之二次感染源。其分生孢子無休眠性，只要溼度夠，雖未脫離分生孢子梗，亦會發芽。分生孢子隨風飄至稻葉上後，於溫度 20-28℃之高溼環境下，經 4-8 小時即可完成侵入過程。

植株缺乏氮肥時比較容易發生本病害，足量氮肥可抑制本病發生，故土壤貧瘠、保肥力差或酸性土壤的田區發生機率較高；其他病蟲害發生或其他環境因子不利水稻生長時，均造成水稻生育不良，此時亦可能併發本病害。

四、防治關鍵時機

1. 因為本病原菌主要殘存於帶菌稻種及罹病組織上，因此罹病稻草可於整地淹水時翻埋入土，至罹病組織完全腐熟時裡面的病菌亦會死亡，並且使用消毒完全的稻種來培育秧苗，避免使用老熟秧苗插秧，以降低田間感染源。
2. 合理化施肥。
3. 本病屬於風土病，各地區發病情況差異大，每年嚴重發生之地區可於分櫱後期觀察是否發生本病害，初發生時需即時施藥防治。

五、參考文獻

1. 張義璋。2003。稻胡麻葉枯病。植物保護圖鑑系列 8—水稻保護（下冊），第 252-257 頁。行政院農業委員會動植物防疫檢疫局。臺北市。448 頁。
2. 張義璋。2004。臺灣水稻重要病害之生態及防治要領。水稻健康管理研討會專集，第 75-101 頁。財團法人全方位農業振興基金會。臺北。158 頁。
3. Ou, S. H. 1985. Rice Diseases. 2nd ed. Commonwealth Mycological Institute, Kew, Surrey, England. 380pp. 67.

（作者：陳純葳）

六、同屬病原菌引起之植物病害

a. 甘蔗眼點病（Eye spot of sugarcane）；玉米圓斑病（Round leaf spot of maize）
   無性世代：*Bipolaris sacchari* (E.J. Butler) Shoemaker.

b. 甘蔗褐條病（Brown stripe of sugarcane）

有性世代：*Cochliobolus stenospilus* T. Matsumoto & W. Yamam.

無性世代：*Bipolaris stenospila* (Drechsler ex Faris) Shoemaker

c. 玉米煤紋病／葉枯病（Northern leaf blight of maize, leaf blight, yellow leaf disease）；高粱煤紋病／斑葉病（Leaf spot of sorghum）

有性世代：*Setosphaeria turcica* (Luttr.) K.J. Leonard & Suggs

無性世代：*Exserohilum turcicum* (Pass.) K.J. Leonard & Suggs

Syn. *Bipolaris turcica* (Pass.) Shoemaker

d. 玉米葉枯病／葉斑病／胡麻葉枯病（Southern corn leaf blight, Southern leaf spot）；高粱葉枯病（Leaf spot of sorghum）；百慕達草葉枯病（Leaf blight of Bermuda-grass）

有性世代：*Cochliobolus heterostrophus* (Drechsler) Drechsler

無性世代：*Bipolaris maydis* (Y. Nisikado & C. Miyake) Shoemaker

e. 高粱葉斑病／胡麻葉枯病／葉枯病／褐斑病（Target leaf spot of sorghum, leaf spot, brown leaf spot）

無性世代：*Bipolaris cookei* (Sacc.) Shoemaker

f. 小麥斑點病／葉枯病／胡麻葉枯病（Spot blotch of wheat）；裸麥斑點病／葉枯病（Spot blotch of rye）；大麥斑點病／葉枯病（Spot blotch of barley）

有性世代：*Cochliobolus sativus* (S. Ito & Kurib.) Drechsler ex Dastur

無性世代：*Bipolaris sorokiniana* (Sorokin) Shoemaker

g. 小米胡麻葉枯病（Leaf spot of German millet）

有性世代：*Cochliobolus setariae* (S. Ito & Kurib.) Drechsler ex Dastur

無性世代：*Bipolaris setariae* (Sawada) Shoemaker

h. 茭白筍胡麻葉枯病（Brown leaf spot of wateroat）（圖 6-12-2）；文心蘭花瓣斑點病（Petal spot of oncidium）

有性世代：*Cochliobolus miyabeanus* (S. Ito & Kurib.) Drechsler ex Dastur

無性世代：*Bipolaris oryzae* (Breda de Hann) Shoemaker

i. 紅龍果果腐病（Fruit rot of pitaya）（圖 6-12-3）；仙人球莖腐病（Stem rot of peanut cactus）

無性世代：*Curvularia cactivora* (Petr.) Y. Marin & Crous; Syn. *Bipolaris cactivora* (Petr.) Alcorn

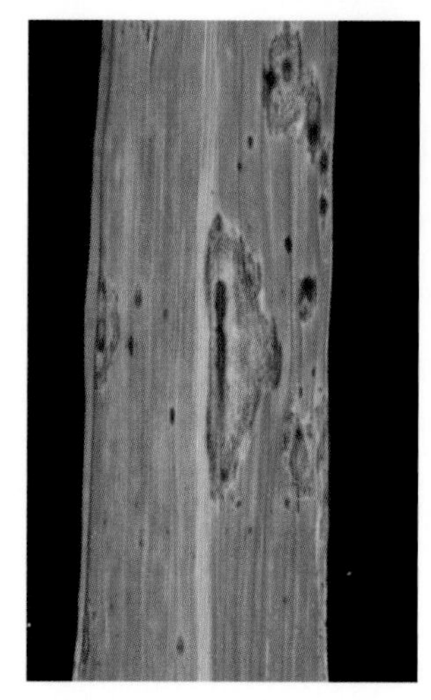

圖 6-12-2　茭白筍胡麻葉枯病。初期病徵為褐色小斑，逐漸擴大成暗褐色具黃暈的橢圓形病斑，後期病斑會相互融合。

Fig. 6-12-2. Symptom of brown spot of wateroat (wildrice; *Zizania latifolia*) caused by *Bipolaris oryzae*.

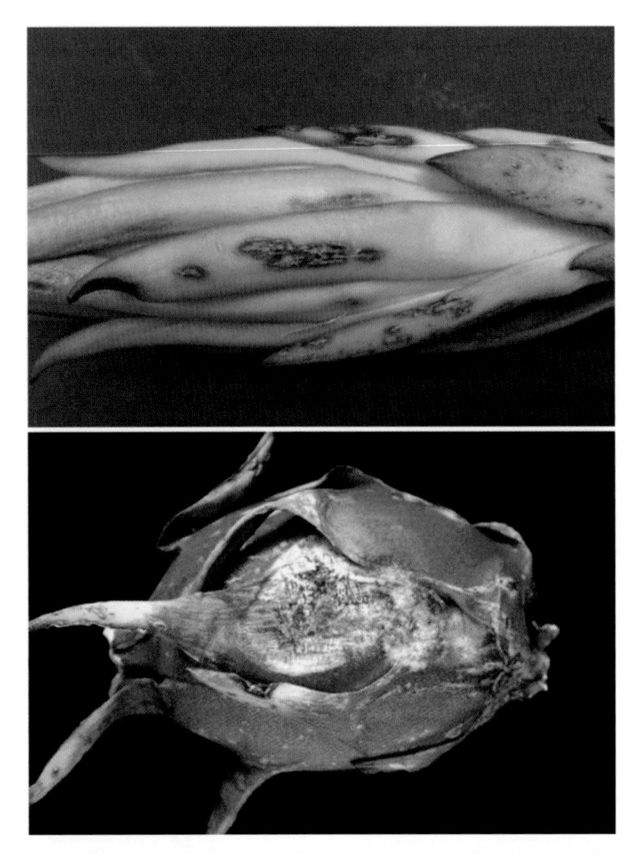

圖 6-12-3　紅龍果果腐病。本病害發生在花器（上圖）與成熟的果實（下圖）上，初呈褪色小斑，後逐漸擴大為淡褐色橢圓形壞疽斑，帶有黑色橫紋，覆蓋黑色黴狀物。（林筑蘋、洪爭坊提供圖版）

Fig. 6-12-3.　Symptoms of flower and fruit rot of pitaya caused by *Bipolaris cactivora.*

XIII. 水稻稻熱病（Rice Blast）

一、病原菌學名

有性世代：*Magnaporthe oryzae* B. C. Couch

無性世代：*Pyricularia oryzae* Cavara

二、病徵

稻熱病主要好發於臺灣第一期作水稻，溫度 23-30℃、相對溼度 87% 以上環境有利本病害發生。水稻從苗期至穗期各生育階段，苗、葉、葉舌、節與穗等部位均會遭受稻熱病菌侵染。苗稻熱病（圖 6-13-1A）與葉稻熱病（圖 6-13-1B）主要爲害植株葉片部位，病菌侵染後隨水稻品種、環境條件及病勢發展進程不同，會形成圓形至紡錘形、大小不同之病斑，斑點顏色從灰色、白色及褐色都有，當病斑聚合

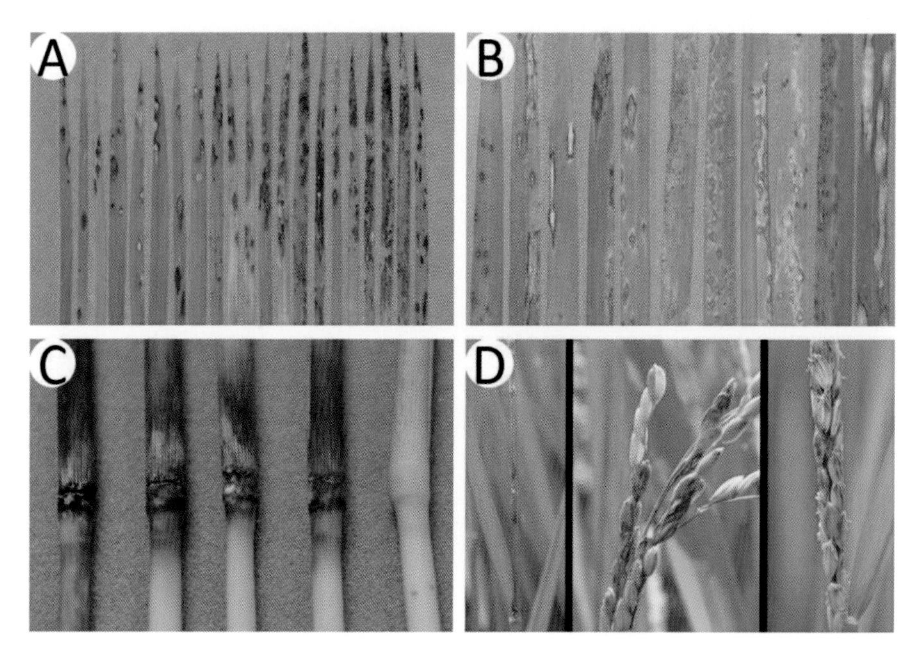

圖 6-13-1　感染稻熱病之水稻組織。(A) 秧苗葉片；(B) 本田期葉片；(C) 抽穗期莖節；(D) 穗頸、枝梗及穀粒。

Fig. 6-13-1. Rice blast caused by *Pyricularia oryzae*. Symptoms on the (A) leaves of rice seedlings; (B) rice leaves; (C) nodes of rice; and (D) neck, branches and grains of panicle.

時會造成葉片黃化、枯死。節稻熱病（圖 6-13-1C）主要發生在水稻抽穗後，植株下部莖節部位受害時初呈暗褐色，後乾縮凹陷轉黑，末期稻稈易受外力影響而從病節處斷裂。穗稻熱病（圖 6-13-1D）爲害部位包括穗頸、枝梗及穀粒，穗頸及枝梗受害時呈灰綠色、病部邊緣深褐色，罹病部位以上的枝梗與穀粒因缺乏水分及養分而枯死泛白；穀粒受害時，主要發生在護穎及稻殼部位，罹病稻殼內、外穎患處形成暗褐色、不規則形病斑。當環境溼度高時，罹病組織部位會產生大量灰黑色分生孢子，有利病害傳播擴散。

三、病原菌特性與病害環

本病原菌 *Pyricularia oryzae* Cavara（有性世代 *Magnaporthe oryzae* B. C. Couch）爲子囊菌門 Pyriculariaceae 科眞菌，田間目前尚未發現其有性世代，主要以無性世代分生孢子作爲傳播與感染媒介。分生孢子呈西洋梨形（pyriform shape），通常具 2 個隔膜，頂端細胞頭部略尖，基部細胞尾端圓鈍具一短狀突起（圖 6-13-2）。孢子透明無色或淡灰色，大小爲 17.0-41.2×6.7-14.8 μm，隨菌株、養分及環境條件不同而有差異。

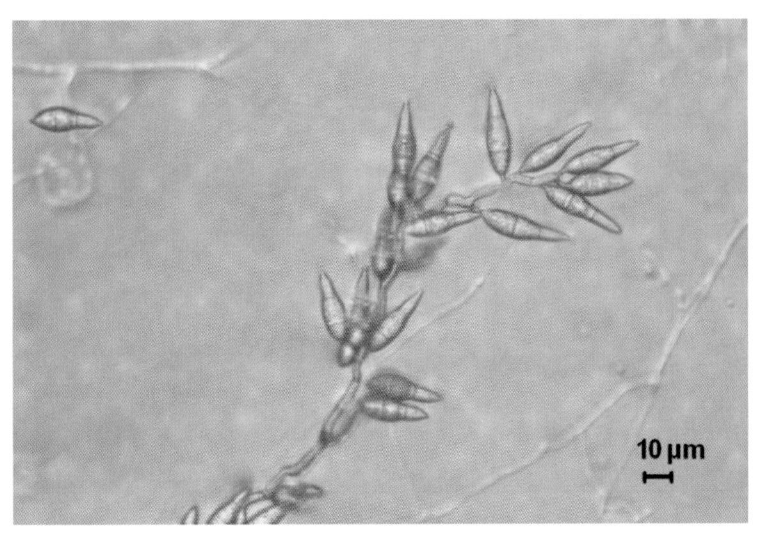

圖 6-13-2　著生於分生孢子梗上的稻熱病菌成熟分生孢子。孢子呈西洋梨形，具有 3 個細胞，尾端具一短狀突起。

Fig. 6-13-2. Mature conidia of *Pyricularia oryzae* on the conidiophore. The conidia are generally three-celled, pyriform and exhibit a short tooth at the base.

消毒未完全的帶菌稻種及混拌於育苗土中的帶菌稻殼，爲本病害田間初次感染源「帶病秧苗」的主要病源。苗盤中稻種發芽後植株密集的溫暖、潮溼環境，提供病原菌良好的生長與侵染條件，病原孢子發芽後菌絲於植體細胞及苗株間侵染、產孢、擴散，通常播種後 2 週已可在苗株基部及第一、二位葉處觀察到明顯病斑（圖 6-13-3）。插秧後因植株分散、環境溼度不足，病害發展趨緩、停滯，隨植株進入分蘗盛期，稻欉漸密、微氣候溼度升高後，潛伏於植體上之病原恢復生長、繁殖，進一步在稻欉冠層間向上傳播、侵染稻葉與稻穗，最後分生孢子再藉由氣流向鄰田擴散。水稻糊熟期後才受感染的稻穀，對穀粒充實影響不大，但殘存於護穎及稻殼上的病原體就成爲次年苗稻熱病的重要初次感染源。

四、防治關鍵時機

帶病秧苗爲田間稻熱病發生的重要初次感染源。栽培管理上，農友插秧後可在田間預留一些秧砧、隨時觀察，若插秧後 1 個月內發現秧砧出現密集不明斑點或乾

圖 6-13-3　播種後兩週的秧苗盤中，已可觀察到感染稻熱病的苗株。此時期的稻熱病斑主要集中在苗株的第一及第二位葉處。

Fig. 6-13-3. The diseased seedlings caused by *Pyricularia oryzae* can be observed in the seedling box 2-3 weeks after sowing. The lesions of rice blast are mainly located on the first and second leaves of the seedlings in the young stage.

枯等不正常現象，應盡速以塑膠袋將秧砧打包丟棄並立即進行田間施藥預防，避免進入分櫱盛期後田間高溼度環境加速植體上病菌蔓延、加劇病勢發展。若秧砧無上述異常現象，可續留田間以監測環境中外來之稻熱病菌出現時機與菌量，作爲葉稻熱病防治管理時機參考。穗稻熱病對水稻產量造成的影響較大，建議可於水稻孕穗期及齊穗階段，參考農委會農業藥物毒物試驗所植物保護資訊系統網站推薦的防治藥劑及使用方法進行預防性施藥，以降低病害造成的減產衝擊。

五、參考文獻

1. 蔡武雄。2007。稻熱病。植物保護圖鑑系列 8—水稻保護（下冊）。第 263-270 頁。林慶元、洪士程、徐保雄、施錫彬、陳治官、黃益田、劉清和、劉達修、蔣永正、蔣慕琰、鄭清煥、羅幹成編。行政院農業委員會動植物防疫檢疫局。臺北市。
2. 陳繹年、陳珮臻。2020。被忽略的稻熱病初次感染源——「帶病秧苗」。植物醫學 62：13-16。
3. Katsantonis, D. Kadoglidou, K. Dramalis, C. Puigdollers, P. 2017. Rice blast forecasting models and their practical value: a review. Phytopathol. Mediterr. 56:187-216.

（作者：陳譯年）

XIV. 百合灰黴病（Lily Leaf Blight）

一、病原菌學名

Botrytis elliptica (Berk.) Cooke

二、病徵

百合灰黴病菌（*B. elliptica*）感染百合葉片時，初呈水浸狀淡褐色小斑點（圖 6-14-1），病斑逐漸擴大，形成外圍褐色中間淡色之圓形或橢圓形斑，多數病斑可融合成大形病斑，嚴重時造成葉枯（圖 6-14-2 至圖 6-14-4）。在高溼情況下，葉背病斑部可見灰色黴狀物，爲病原菌之分生孢子（圖 6-14-5）。

三、病原菌特性與病害環

1. 病原菌特性

無性世代之分生孢子梗直立呈暗褐色，長約 500 µm，頂端具 2-4 分支，其上著生分生孢子。分生孢子無色，長橢圓形，底端微尖，大小約 16-34×10-24 µm，聚集在孢子梗頂端，形成大小爲 75-85 µm 之孢子團。*Botrytis elliptica* 在馬鈴薯葡萄糖培養基上生長兩週即可產生菌核，菌核黑色不整形，大小爲 2.6-14.7×1.8-5.9 µm（圖 6-14-6）。有性世代尚未發現。*B. elliptica* 在蒸餾水中之發芽率可達 94% 以

圖 6-14-1　灰黴病出現在下位葉，被認為是種球帶菌的初級感染源來源。
Fig. 6-14-1.　Symptom of Botrytis leaf blight showed on the lower leaf of lily plants.

圖 6-14-2　百合葉片上的灰黴病病斑上大量產孢（圖左），再飛散至花器上感染（圖右）。
Fig. 6-14-2. Amount of conidia sporulation on the lesion (left) of Botrytis leaf blight of lily and conidia spreading and infection to lily buds (right).

圖 6-14-3　不同嚴重程度的百合灰黴病病徵。
Fig. 6-14-3. Different scales of disease severity of Botrytis leaf blight.

圖 6-14-4　鐵炮百合灰黴病相對較為嚴重。
Fig. 6-14-4. The varieties of *Lilium longiflorum* are susceptible to Botrytis leaf blight.

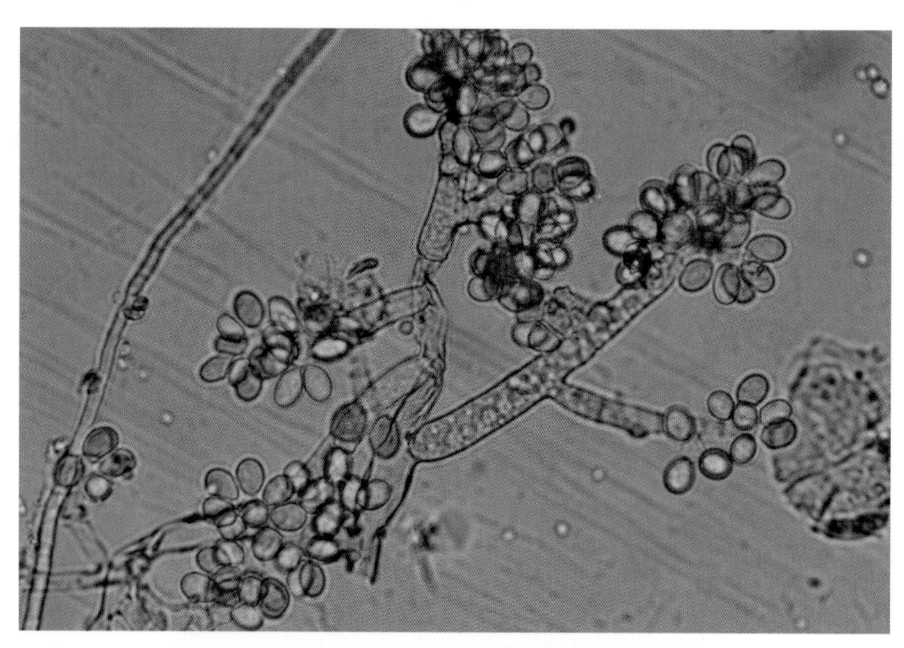

圖 6-14-5　百合灰黴病菌 *Botrytis elliptica* 之孢子梗與孢子形態。

Fig. 6-14-5.　Morphology of conidia and conidiaphore of *Botrytis elliptica*.

圖 6-14-6　百合灰黴病菌於試管中的菌落形態。圖右為一般光源下之菌落形態，圖左為近紫外光下刺激產孢的形態。

Fig. 6-14-6.　Colony morphology of *Botrytis elliptica* on PDA slant tubes under natural light (right) and near UV light (left).

上，然在相對溼度 98% 以下卻不發芽，可見 *B. elliptica* 之發芽需有游離水存在。適合百合灰黴病菌孢子發芽之溫度為 8-36℃，最適之溫度為 16-24℃。適合病害發生之溫度則為 12-24℃，而最適之發病溫度為 20℃，超過 32℃則不表現病徵。

2. 病害環

灰黴病菌 *B. elliptica* 能經由百合種球攜帶傳播，病圃及連作田亦可能殘存越冬菌絲或菌核，而成為翌年之初次感染源，在環境適宜時，越冬菌絲或菌核產出無性世代分生孢子成為感染源，分生孢子可經氣流傳播或雨滴飛濺而接觸寄主葉片或花瓣，發芽後以侵入釘直接穿透角質層侵入寄主細胞或經由傷口及氣孔侵入（圖 6-14-7 至圖 6-14-11），若遇低溫高溼之環境則病勢發展迅速，可於患部產生分生孢子，成為二次感染源，再誘發大面積的流行。由於尚未發現 *B. elliptica* 可形成有性世代子囊孢子，因此菌絲及菌核為最可能之越冬感染源。

百合灰黴病菌主要由百合葉背感染組織，侵染速率非常快速，在 20℃，12 小時即可見水浸狀病徵。本菌非全由氣孔侵入寄主，其中以直接入侵之方式完成感染的比率亦相當高，然而卻不易由百合葉表侵入。

四、防治關鍵時機

在種球種植前進行消毒或種植後，3 週內檢視下位葉，若出現病斑時是本病害的防治關鍵期。

五、參考文獻

1. Hsiang, T., Hsieh, T. F., and Chastagner, G. A. 2001. Relative sensitivity to the fungicides benomyl and iprodione of *Botrytis elliptica* from Taiwan and the Northwestern U.S.A. Plant Pathol. Bull. 10(2): 93-95.
2. Hsieh, T. F., Huang, J. W., and Hsiang, T. 2001. Light and scanning electron microscopy studies on the infection of oriental lily leaves by *Botrytis elliptica*. Europ. J. Plant Pathol. 107(6): 571-581.
3. Huang, J., Hsieh, T. F., Chastagner, G. A., and Hsiang, T. 2001. Clonal and sexual propagation in *Botrytis elliptica*. Mycol. Res. 105: 833-842.

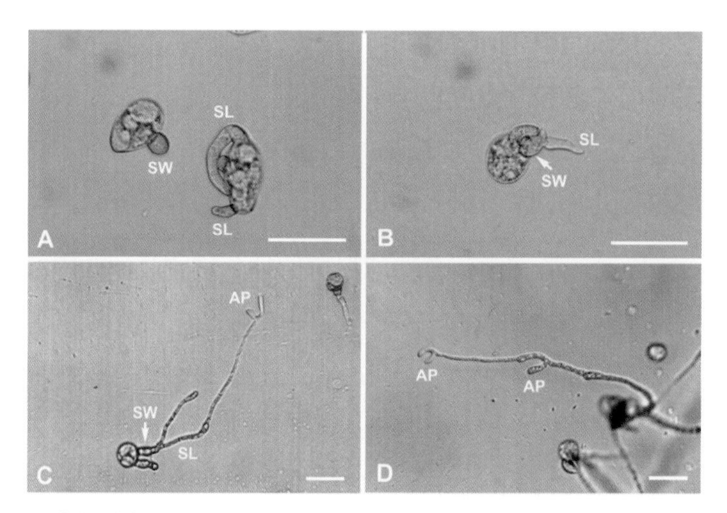

圖 6-14-7　百合灰黴病菌孢子在玻片上的發芽方式。(A) 發芽管呈膨大型（swollen, SW）和細長型（slender, SL）；(B) 由膨大型發芽管再長出細長型發芽管；(C) 單瓣或指狀附著器（appressoria, AP）形成於細長型發芽管頂端；(D) 單瓣或指狀附著器（AP）可繼續長出二次發芽管並再形成附著器。標尺 = 50 μm。

Fig. 6-14-7.　Conidial germination and appressoria formation of *B. elliptica* in water droplets on glass slides. (A) Conidia with swollen (SW) and slender (SL) types of germ tubes were often observed. (B) Growth from swollen germ tubes (SW) became thinner and resembled the slender germ tubes after growth and elongation. (C) Simple lobed or digitate appressoria (AP) formed at the tips of elongated slender germ tubes after 8 h of incubation. (D) Single lobed or digitate appressoria (AP) could continue to grow and then produce secondary germ tubes which could also form appressoria. Bar = 50 μm.

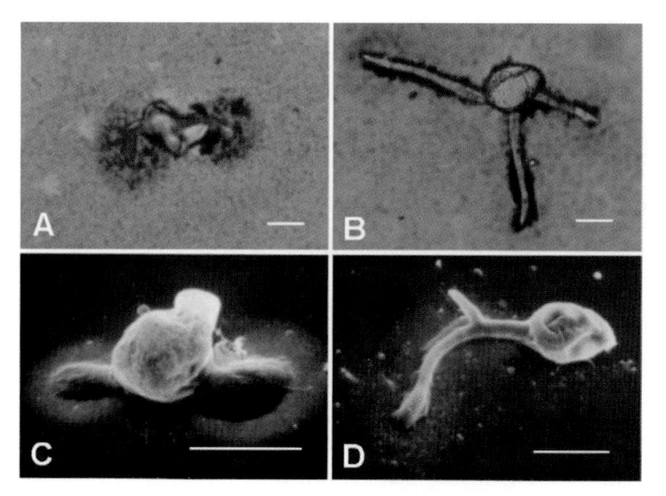

圖 6-14-8　正常的百合灰黴病菌孢子發芽時，發芽管有膨大型 (A、C) 與短管型 (B、D) 二種。

Fig. 6-14-8.　Two types of germ tubes, swollen (A, C) and slender (B, D) types formed after conidial germination.

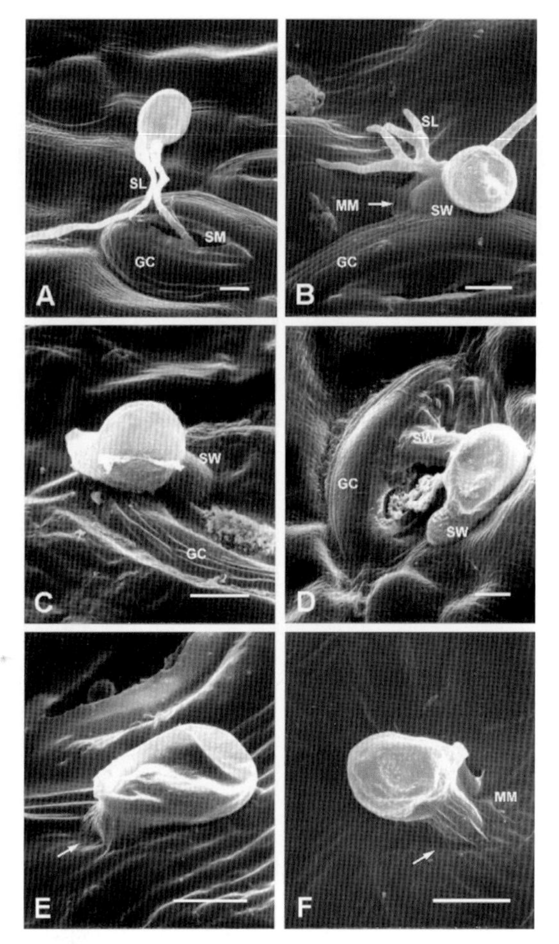

圖 6-14-9　掃描式電子顯微鏡觀察百合灰黴病菌在葵百合葉背上的侵染。(A) 細長型發芽管（SL）經由氣孔（stomate, SM）入侵葉片；(B) 孢子發芽產生細長型（SL）與膨大型發芽管（SW），後者成為附著器，外面被覆黏著物質（mucilaginous material, MM）；(C) 膨大型發芽管直接經由氣孔入侵葉片；(D) 單一孢子長出二膨大型發芽管分別經由氣孔與表皮入侵葉片；(E、F) 膨大型發芽管的附著器直接由表皮入侵葉片（箭頭）。標尺 = 10 μm。

Fig. 6-14-9. Scanning electron micrographs of the abaxial foliar surface of oriental lily (cv. Star Gazer) inoculated with *Botrytis elliptica*. (A) Slender germ tubes (SL) penetrating host through an open stomate (SM). This was very infrequently observed. (B) Conidium producing two types of germ tubes: slender germ tube (SL) and swollen germ tube (SW) which acted as an appressorium with mucilagenous material (MM) around it. (C) Swollen germ tube appressorium directly penetrating through guard cells (GC). (D) Two swollen germ tube appressoria (SW) arising from a conidium and penetrating host via guard cell (GC) and epidermal cell. (E) Swollen germ tube appressorium of *B. elliptica* directly penetrating epidermal cell (arrow). (F) Swollen appressoria directly penetrating epidermal cell. An indentation on the cuticle surface (arrow) around the penetration site was visible, as well as mucilagenous material (MM). Bar = 10 μm.

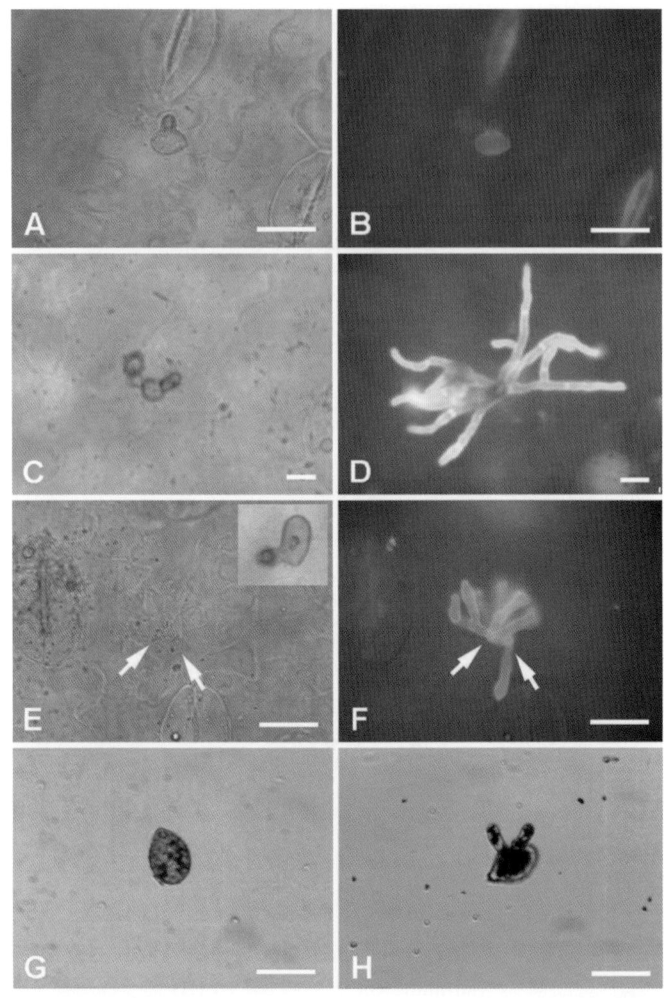

圖 6-14-10　利用光學與螢光顯微鏡觀察百合灰黴病菌在葵百合葉背上的侵染。(A、C) 以光學顯微鏡無法看出膨大型附著器侵入葉片的情形，(B、D) 而以螢光顯微鏡可觀察到菌絲已於表皮下生長，(E) 移除感染點的孢子可在表皮上看到侵入孔（箭頭），(F) 以螢光顯微鏡可觀察到感染點下的表皮組織內已長菌絲；(G) 孢子未發芽時酯酶活性低；(H) 而孢子發芽後酯酶活性高。標尺 = 50 μm。

Fig. 6-14-10. Light (A, C, E) and fluorescence micrographs (B, D, F) of abaxial surfaces of lily leaves. (A and C) Swollen germ tube appressoria. With light microscope it was difficult to assess whether penetration had occurred, but with a fluorescent stain (B and D), successful penetration (D) was easy to assess. Infection hyphae that penetrated into cuticle and epidermal cells appeared clearly under fluorescent microscope. When infection structures above the leaf surface were removed, penetration points (arrows) were visible under light (E) or fluorescent (F) microscope. Esterase activity of conidia and germ tubes of *B. elliptica* indicated by the dark color reaction. Esterase activity in conidia was minor before germination (G). After 6 h incubation on a cover slip, high esterase activity in conidia and on germ tubes was observed (H). Bar = 50 μm.

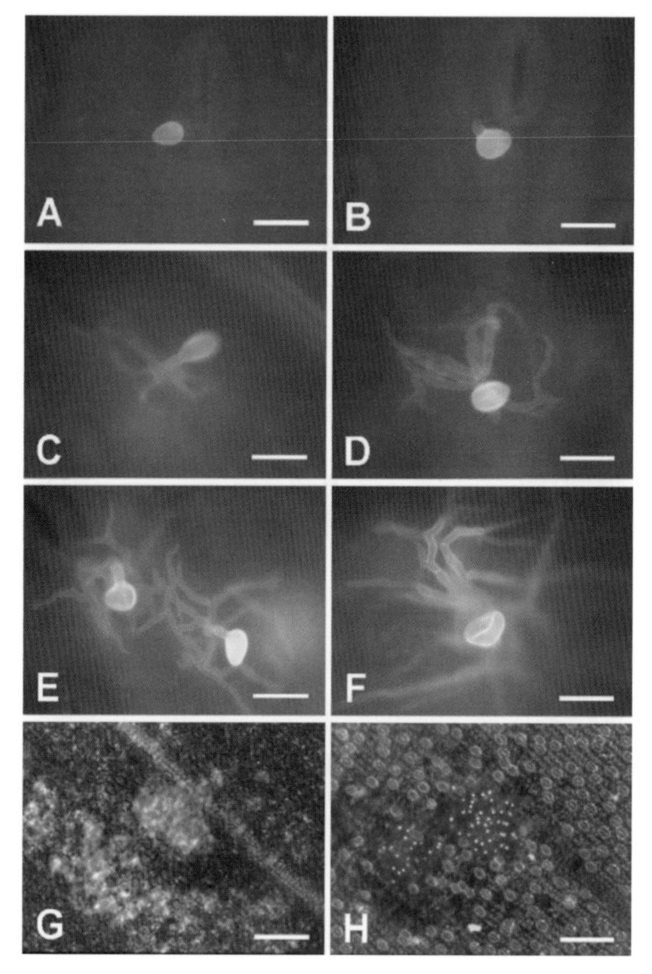

圖 6-14-11 以螢光顯微鏡觀察百合灰黴病菌在百合葉背上的侵染時程。(A) 剛接種之未發芽孢子，(B) 接種後 3 小時之孢子長出膨大型發芽管，但未見附著器，(C) 接種後 6 小時膨大型發芽管已成附著器入侵表皮細胞，(D) 接種後 9 小時分叉型菌絲已明顯在組織內擴展，(E) 接種 12 小時及 (F)15 小時後菌絲大量於組織內擴展（標尺 = 50 μm），且 (G) 在光學顯微鏡和 (H) 螢光顯微鏡下觀察葉表已出現病徵（標尺 = 200 μm）。

Fig. 6-14-11. Time course of infection by conidia of *B. elliptica* on abaxial foliar surfaces of oriental lilies at 20 C under fluorescent microscope. (A) Ungerminated conidium right after inoculation. (B) Swollen germ tube were visible but not penetrating into leaf tissues 3 h after inoculation. (C) Penetration by swollen germ tube appressorium was observed and penetration hyphae were visible in epidermal cells 6 h after inoculation. (D) Branching penetration hyphae were visible and expanding in leaf tissues 9 h after inoculation. (E) Penetration hyphae continuously expanded, and fluorescence was apparent around infected cells 12 h after inoculation. (F) Penetration hyphae expanding in leaf tissues 15 h after inoculation. Bar = 50 μm. (G, H) Symptomatic area observed with light and fluorescence microscope, respectively. Bar = 200 μm.

4. 謝廷芳、黃振文。1998。百合灰黴病之發生條件與病勢進展。植保會刊 40: 227-240。
5. 謝廷芳、黃振文、張志展。1999。百合灰黴病菌的黏著現象。植病會刊 8: 15-22。

（作者：謝廷芳）

六、同屬病原菌引起之植物病害

a. 南美假櫻桃（*Muntingia calabura* L.）灰黴病（Jamaica cherry grey mold）（圖 6-14-12）

杜鵑花灰黴病（Rhododendron grey mold）（圖 6-14-13）

玫瑰花灰黴病（Rose grey mold）

康乃馨灰黴病（Carnation grey mold）

聖誕紅灰黴病（Poinsettia grey mold）

草莓灰黴病（Strawberry grey mold）

星辰花、洋桔梗、麒麟菊、仙克萊灰黴病（Statice, Eustoma, Spike gayfeather, and Florist's cyclamen grey mold）

有性世代：*Botryotinia fuckeliana* (de Bary) Whetz.

無性世代：*Botrytis cinerea* Pers.

b. 唐菖蒲灰黴病（Gladiolus grey mold）（圖 6-14-14）

有性世代：*Botryotinia draytonii* (Buddin & Wakef.) Seaver

無性世代：*Botrytis gladiolorum* Timmerm.

c. 萵苣灰黴病（Lettuce grey mold）（圖 6-14-15）

病原菌：*Botrytis cinerea* Pers.

圖 6-14-12　南美假櫻桃灰黴病。(A) 灰黴病菌在果實上產孢；(B) 灰黴病菌孢子；(C) 在 PDA 培養試管管壁上形成黑色菌核；(D) 人工接種葉片和果實的灰黴病病徵。

Fig. 6-14-12. Grey mold of Jamaica cherry (*Muntingia calabura* L.). (A) Grey mold signs on a Jamaica cherry fruit. (B) Conidia of grey mold pathogen grown on PDA culture. (C) Black sclerotia formed on the side of the PDA culture. (D) Symptoms on leaves and fruits inoculated with *Botrytis cinerea*.

圖 6-14-13　各種花卉作物：(A) 仙克萊；(B) 非洲菊；(C) 星辰花；(D) 玫瑰花；(E) 麒麟菊；(F) 聖誕紅；(G) 杜鵑花；(H) 洋桔梗；(I) 康乃馨；(J) 繡球花及 (K) 草莓灰黴病；(L) 病原菌的分生孢子。（L 圖為郭章信提供圖版）

Fig. 6-14-13.　Symptoms of grey mold on several ornamental plants: (A) florist's cyclamen, (B) gerbera, (C) statice, (D) rose, (E) spike gayfeather, (F) poinsettia, (G) rhododendron, (H) eustoma, (I) carnation, (J) hydrangea, and (K) strawberry; (L) conidia of *Botrytis cinerea*.

圖 6-14-14　唐菖蒲灰黴病在葉片（左）、花器（中）上之病徵，以及在田間（右）大量發生之情形。

Fig. 6-14-14.　The symptoms of grey mold on gladiolus leaf (left), petal (middle) and plants in the fields (right).

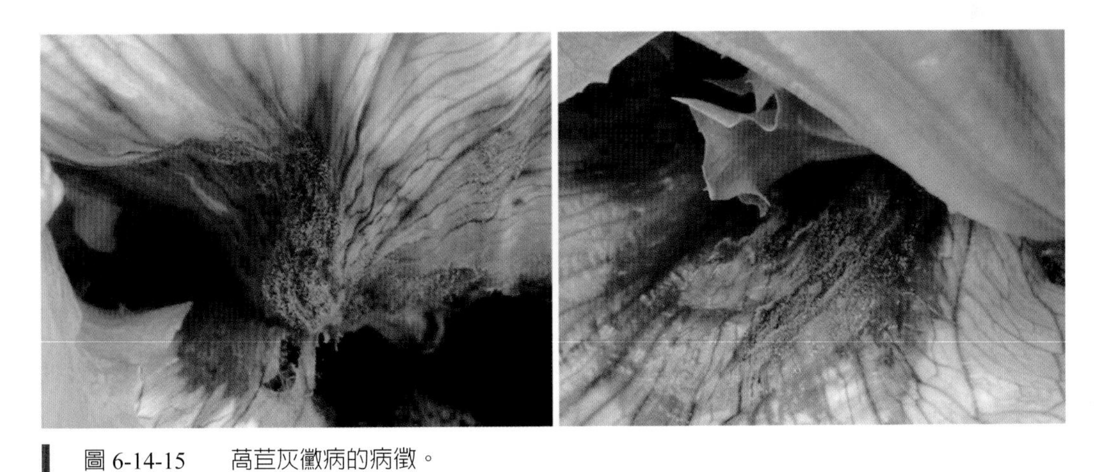

圖 6-14-15　萵苣灰黴病的病徵。

Fig. 6-14-15.　Symptoms of grey mold of lettuce caused by *Botrytis cinerea*.

XV. 番石榴黑星病（Black Spot of Guava）

一、病原菌學名

Phyllosticta capitalensis Henn.

二、病徵

本病害全年皆可發生，尤以 8 月到 10 月頻率最高，病害於番石榴發育成熟的果實上表現病徵，大而明顯的病斑於田間果實採收期即可觀察到，櫥架及貯藏期間亦可形成新的病斑，亦屬採後病害之一。病斑形成於番石榴果實表皮，初期爲小的褐色圓形斑，中央罹病組織略凹陷，之後褐色病斑中央逐漸呈現淡黑色，1-2 天後淡黑色加深轉爲藍黑色，並延伸到整個病斑邊緣，形成周圍褐色、內部黑色之小型黑色圓斑，隨病斑逐漸擴大，小型黑色圓斑擴展爲大型黑色圓斑，黑色病徵隱約可見同心輪紋，多個鄰近病斑若相互融合，則形成不規則病斑。黑色病斑表面可見細小突起，爲病原菌之柄子殼及假囊殼之頂端孔口。病害後期，果實內外組織受到破壞，且罹病果實失水加劇，病斑凹陷更爲顯著，並逐漸與健康組織分離。病徵發展過程中，病害亦自果實表皮延伸至果肉深處，造成受害組織周圍褐化、內部藍黑色至黑色壞疽，因其黑色壞疽顯著而命名爲黑星病（圖 6-15-1A）。

三、病原菌特性與病害環

本病原菌 *Phyllosticta capitalensis* Henn.（Syn: *Guignardia psidii* Ullasa & Rawal）爲同絲型眞菌，可於病斑及培養基上形成柄子殼（pycnidia）及假囊殼（pseudothecia）。柄子殼單生或聚生，壁由許多層棕色緊縮細胞組成，內產生分生孢子及性孢子；產孢細胞（conidiogenous cell）爲透明，近球形至圓柱形，外表平滑，產孢方式爲全芽孢型（holoblastic）；分生孢子爲卵形至洋梨形，9-12 μm ×5-7 μm、無色、無隔膜之孢子，外圍具一層透明黏質外鞘，頂端圓鈍具一條 6-9 μm 附絲（圖 6-15-1F）；性孢子爲啞鈴形、無色、無隔膜之孢子，孢子兩端各具一小油滴（圖 6-15-1J、K）。假囊殼散生於柄子殼間，內產生多個子囊，子囊爲

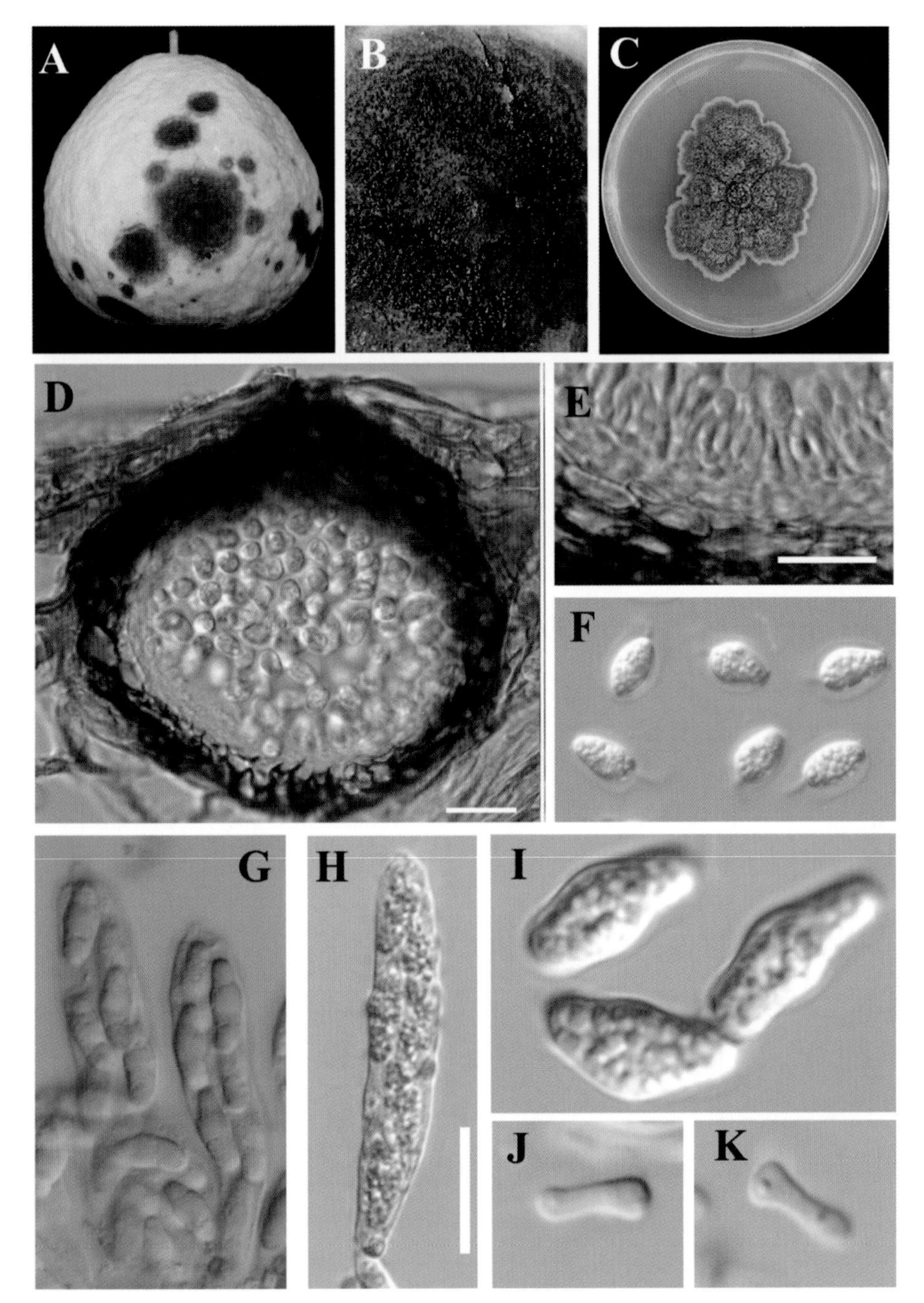

圖 6-15-1　由 *Phyllosticta capitalensis* 引起之番石榴黑星病。(A、B) 果實病徵；(C) 菌落正面；(D) 柄子殼；(E) 分生孢子梗；(F) 分生孢子；(G、H) 子囊；(I) 子囊孢子；(J、K) 性孢子。（王智立、郭章信、賴媞雅提供圖版）

Fig. 6-15-1. Guava black spot caused by *Phyllosticta capitalensis*. (A, B) fruit symptoms; (C) the upper side of a colony, (D) a pycnidium, (E) conidiophores, (F) conidia, (G, H) asci, (I) ascospores, (J, K) spermatia.

短棍棒狀之雙囊壁子囊，內含 8 顆子囊孢子，子囊孢子以雙列及單列的方式分別排列於子囊上下部中（圖 6-15-1G、H）。子囊孢子爲中間上下略微縮縊之橢圓形、12-16×5-7μm、無色、無隔膜之孢子，孢子兩端各具一透明黏質不規則形外鞘（圖 6-15-1I）。病原菌於 PDA 培養基上生長較一般菌緩慢，菌絲生長密實不易切取，菌落爲灰綠色至黑色，表面具許多突起之顆粒狀構造，邊緣常不規則，邊緣之新生菌絲爲白色，之後轉爲深褐色，因此菌落邊緣可見一圈白色菌絲帶（圖 6-15-1C）。

病原菌潛伏於番石榴樹上之葉片，待葉片老化脫落至地面上後，病原菌進一步纏據葉部組織，於褐色落葉上下表面形成柄子殼及假囊殼，於降雨及露水多的田間條件下釋放分生孢子及子囊孢子，其中子囊孢子爲田間主要初次感染源，7、8 月是釋放的高峰期，經風攜帶傳播至地上部之番石榴葉片及果實，於葉片上形成附著器潛伏，不表現病徵。一般認爲，子囊孢子可於未成熟的果實上以附著器潛伏，直到果實成熟後才進一步感染，表現病徵，病斑於果實上可形成新的產孢構造，產生二次感染源，感染鄰近的健康組織。

四、診斷要領

番石榴果實發育成熟後形成之果實病斑，病斑表面呈黑色，並具細小突起，病斑下之果肉爲藍黑色壞疽（圖 6-15-1A、B）。

五、防治關鍵時機

1. 著果後至套袋前以賽普護汰寧或克收欣針對幼果及葉片進行噴布防治。
2. 保持田間衛生，田間落葉、罹病果實，應移出掩埋，或就地集中進行堆肥製作，以減少感染源。
3. 田間疏枝修剪之枝條應清除，保持果園通風、降低溼度，以減少感染。

六、參考文獻

1. 林正忠、賴秋炫、蔡淑芬。2003。番石榴果實新病害黑星病及其他病害生態調查。植物保護學會刊 45: 263-270。
2. 賴娓雅。2014。番石榴黑星病之鑑定及感染源。國立中興大學植物病理學系碩士論文。

3. 中華民國植物病理學會。2019。臺灣植物病害名彙。第五版。320 頁。臺中市，臺灣。

（作者：王智立、郭章信、賴媞雅）

七、同屬病原菌引起之植物病害

a. 明尼桔柚黑星病（Black spot of orange）（圖 6-15-2A）；檸檬黑星病（Black spot of lemon）（圖 6-15-2B）

病原菌：*Phyllosticta citricarpa* (McAlpine) Aa

b. 香蕉黑星病（Black spot of banana）（圖 6-15-2C）

病原菌：*Phyllosticta musarum* (Cooke) Aa

c. 薑白星病（Leaf spot of ginger）（圖 6-15-2D）

病原菌：*Phoma zingiberis* (Ramakr.) Khune; Syn. *Phyllosticta zingiberis* F. Stevens & R.W. Ryan

d. 柳橙黑星病（Black spot of orange）（圖 6-15-3）

病原菌：*Phyllosticta citricarpa* (McAlpine) Aa

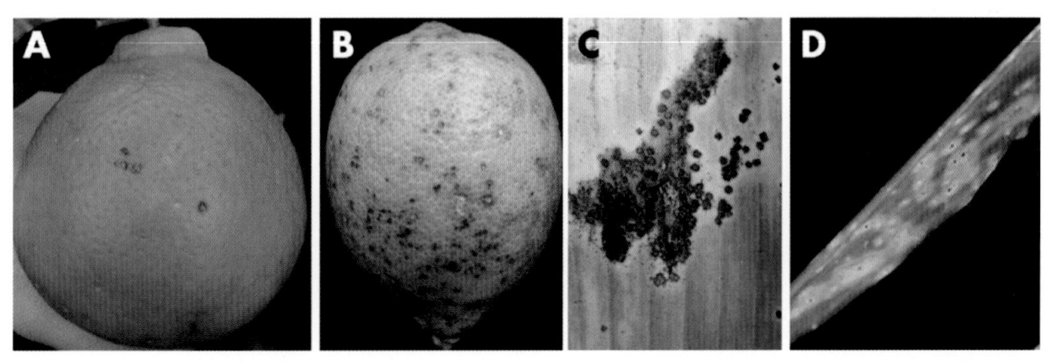

圖 6-15-2　*Phyllosticta* spp. 引起之作物病徵。(A) 柑橘屬；(B) 檸檬；(C) 香蕉；(D) 薑。（王智立提供圖版）

Fig. 6-15-2.　Symptoms caused by *Phyllosticta* spp. (A) *Citrus* sp.; (B) lemon; (C) banana; (D) ginger.

圖 6-15-3　由 *Phyllosticta citricarpa* 引起之柳橙黑星病的病徵。（黃振文提供圖版）
Fig. 6-15-3.　Symptoms of black spot of of orange caused by *Phyllosticta citricarpa*.

XVI. 荔枝酸腐病（Sour Rot of Litchi）

一、病原菌學名

Geotrichum candidum Link

Geotrichum ludwigii (Hansen) S.F. Fang, T.C. Yen & J.C. Yen

二、病徵

酸腐病菌主要爲害成熟期之荔枝果實，病原菌侵入僅需 1-2 天時間，果實即出現病徵，蔓延相當迅速。病徵最初爲褐色水浸狀之病斑，進而造成裂果，表面有乳酪狀菌體，被害果實迅速腐爛並流出有強烈酸味之乳白色汁液（圖 6-16-1）。

三、病原菌特性與病害環

1. 病原菌特性

依 De Hoog 等人之鑑定方法，鑑定結果證明引起臺灣荔枝酸腐病之病原菌爲 *G. candidum* 及 *G. ludwigii* 兩種。此兩種病原菌之形態特性如下：*G. candidum* 及 *G. ludwigii* 培養於 PDA 上都會產生蘋果的芳香氣味，分生孢子係由側生菌絲之隔膜處斷裂形成，稱爲斷生孢子（arthrospore）或節孢子。*G. candidum* 之菌落爲白色，表面粉狀或近似細絨毛狀（圖 6-16-2），菌絲無色，有隔膜，呈二或三分叉生長，有內生孢子之產生，合軸式產孢，斷生孢子圓桶狀或橢圓形，孢子大小 5-15×4-8 μm（圖 6-16-3）；*G. ludwigii* 之菌落爲乳白色（圖 6-16-4），似酵母菌，菌絲無色，有隔膜，似刷子狀，爲頂生式產孢，節孢子圓桶狀或橢圓形，孢子大小 5-35×5-10 μm（圖 6-16-5）。此兩種病原菌在 8℃以下，36 ℃以上生長緩慢，最適生長溫度爲 28-32℃。

2. 病害環

本病主要發生於荔枝果實成熟期，高溫多溼會加速病害發生。病原菌僅爲害果實，對於花、葉片及枝條並不會造成爲害，病原菌在土壤中存活時間可長達 1 年以上。本病之初次感染源爲來自地上落果，誘釣土壤中之病原菌後，經由昆蟲（例如：果蠅及蜜蜂等）吸食攜帶，將病原菌攜至樹上果實，造成果實腐敗及裂果，而產生乳白色之汁液及菌體，再經果實間相互接觸磨擦、昆蟲吸食傳播及雨水之飛濺，造成病害快速蔓延，罹病嚴重之果實掉落土壤後，若未清園處理，即成爲第 2 年之初次感染源（圖 6-16-6）。

四、防治關鍵時機

本病初次感染源之傳播，主要爲昆蟲攜帶，因此，必須防治園區之昆蟲，再配合下述之防治措施。

1. 注意田間衛生

將果園之落果及枝葉清除，以減少初次感染源之來源。

2. 田間藥劑防治

目前植物保護資訊系統上，並無任何推薦藥劑可供使用，需加強水分管理，避免果實產生裂果。

圖 6-16-1　荔枝酸腐病之病徵。

Fig. 6-16-1. The disease symptoms of litchi sour rot caused by *Geotrichum candidum.*

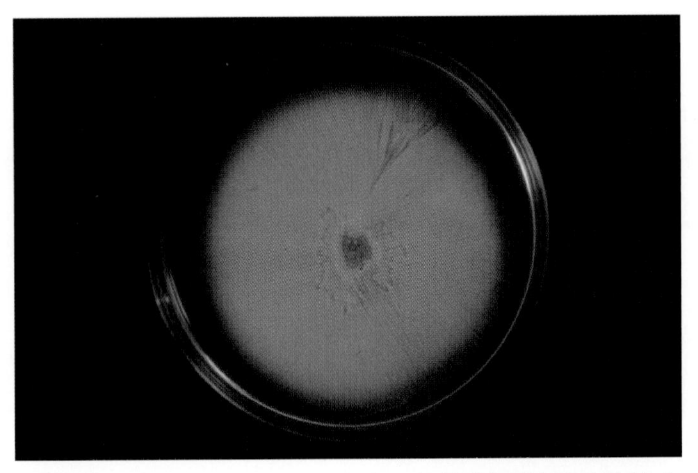

圖 6-16-2　酸腐病菌（*Geotrichum candidum*）於馬鈴薯葡萄糖瓊脂培養基（PDA）上培養之菌落特徵。

Fig. 6-16-2.　The characteristics of colony morphology of *Geotrichum candidum* grown on PDA.

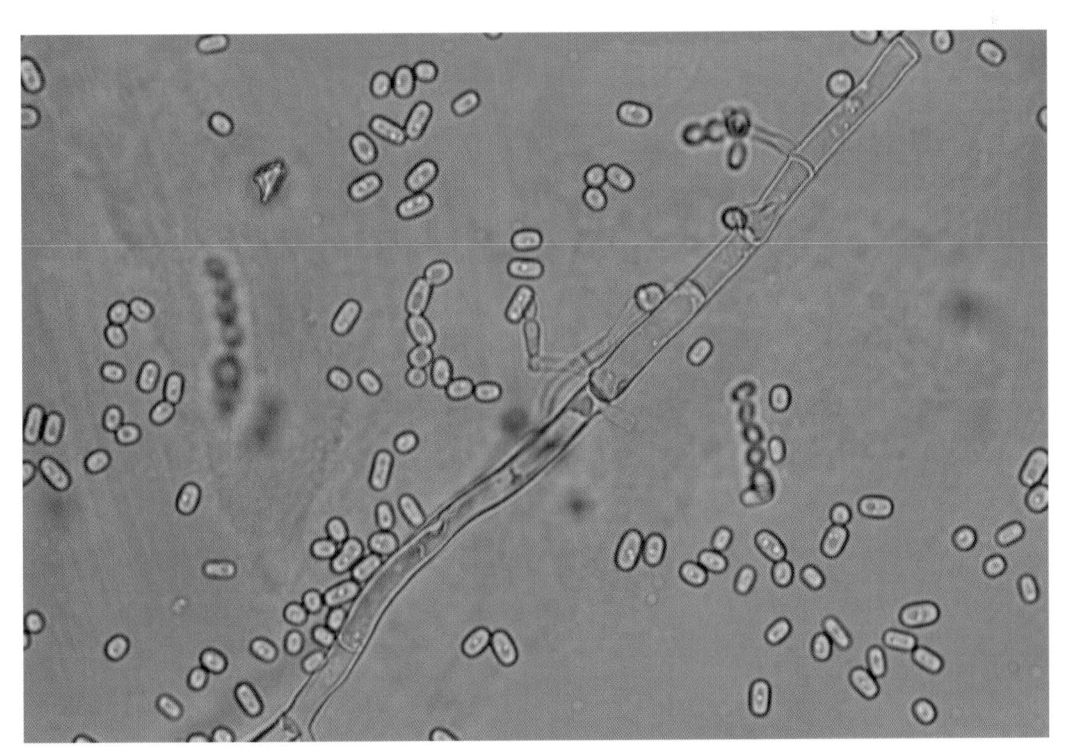

圖 6-16-3　酸腐病菌（*Geotrichum candidum*）於馬鈴薯葡萄糖瓊脂培養基（PDA）上培養之菌絲及斷生孢子形態。

Fig. 6-16-3.　The hyphae and arthrospores of *Geotrichum candidum* grown on PDA.

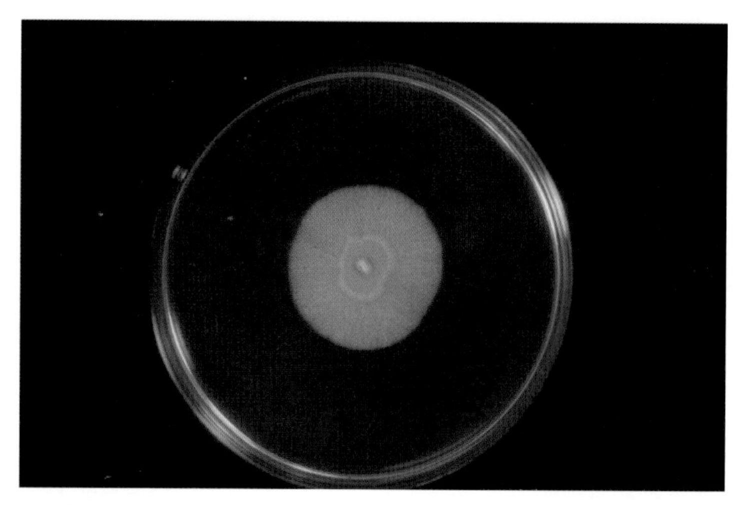

圖 6-16-4　酸腐病菌（*Geotrichum ludwigii*）於馬鈴薯葡萄糖瓊脂培養基（PDA）上培養之菌落特徵。

Fig. 6-16-4.　The characteristics of colony morphology of *Geotrichum ludwigii* grown on PDA.

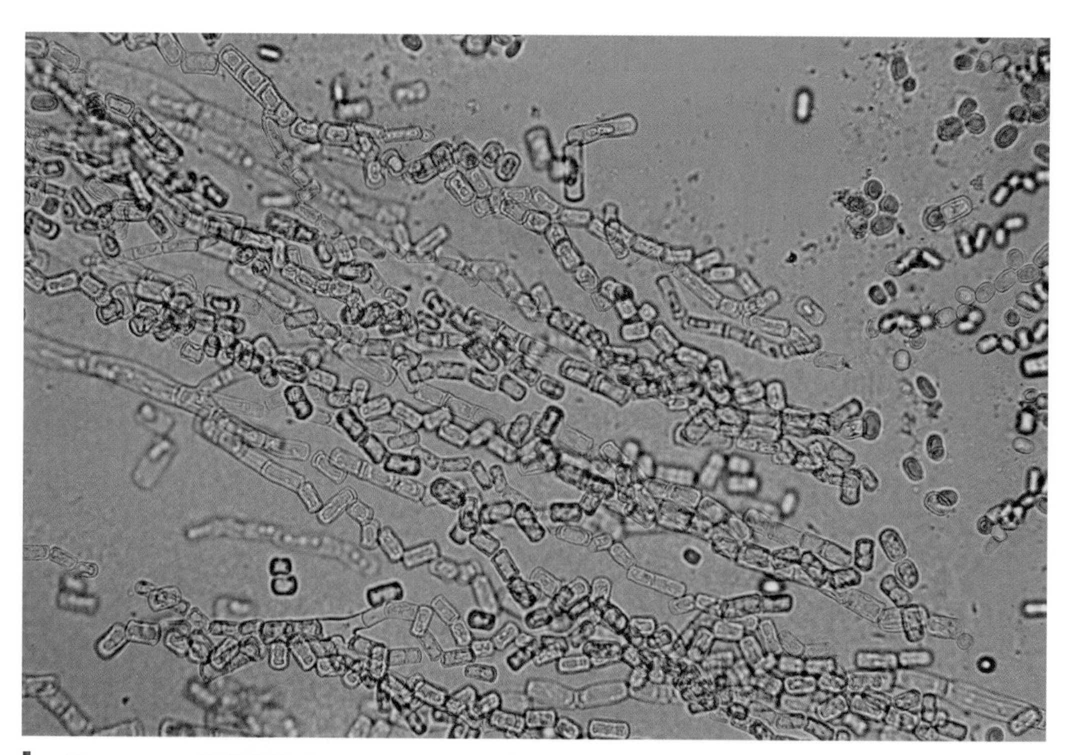

圖 6-16-5　酸腐病菌（*Geotrichum ludwigii*）於馬鈴薯葡萄糖瓊脂培養基（PDA）上培養之菌絲及斷生孢子形態。

Fig. 6-16-5.　The hyphae and arthrospores of *Geotrichum ludwigii* grown on PDA.

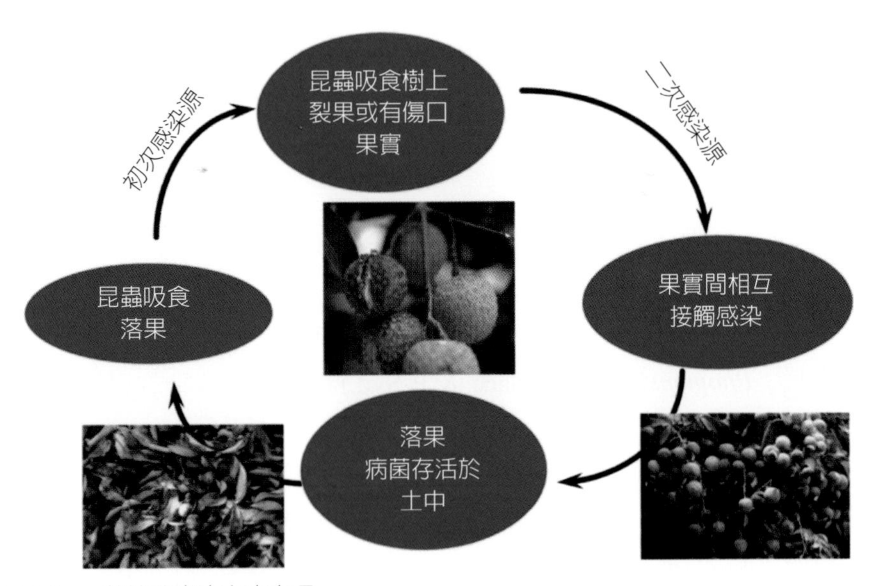

圖 6-16-6　荔枝酸腐病之病害環。
Fig. 6-16-6.　The disease cycle of litchi sour rot caused by *Geotrichum candidum* and *G. ludwigii.*

五、參考文獻

1. 蔡志濃、謝文瑞。1996，荔枝酸腐病。植物病理學會刊 5(4)：199。中華民國植物病理學會八十五年年會論文摘要。
2. 蔡志濃、謝文瑞。1998，荔枝酸腐病之發生及病原菌特性。植病會刊 7(1)：10-18。
3. Alka, S., Joshi, I. J., and Saksena, S. B. 1983. A new rot of bean caused by *Geotrichum candidum*. Indian Phytopathol. 36: 581-582.
4. Baudoin, A. B. A. M., and Eckert, J. W. 1982. Factors influencing the susceptibility of lemons to infection by *Geotrichum candidum*. Phytopathol. 72: 1592-1597.
5. De Hoog, G. S., Smith, M. T., and Gueho, E. 1986. A revision of the genus *Geotrichum* and its teleomorphs. Stud. Mycol. 29: 1-131.

（作者：蔡志濃、安寶貞、林筑蘋）

XVII. 茄子褐斑病
（Phomopsis Blight of Eggplant, Fruit Rot）

一、病原菌學名

有性世代：*Diaporthe vexans* (Sacc. & P. Syd.) Gratz

無性世代：*Phomopsis vexans* (Sacc. & P. Syd.) Harter

二、病徵

病原菌主要爲害茄子，造成種子發芽不良、幼苗的猝倒，葉片、莖部的病變，以及果實腐爛（圖 6-17-1）。幼苗期多在莖基部發病，罹病部位隘縮，出現猝倒或立枯。葉片形成灰白色斑點，逐漸擴大爲不規則病斑（圖 6-17-1C），邊緣呈褐色中央淺黃色有時形成小黑點爲柄子殼，嚴重時茄子葉片壞疽，病斑融合並造成葉片破裂。果實初期病徵爲淡褐色軟化、凹陷，病斑爲圓形或橢圓形，病斑逐漸擴大，造成數個病斑合併在一起，導致罹病果腐爛而脫落（圖 6-17-1B）。罹病部位後期產生黑色小點爲柄子殼（圖 6-17-2），有時會呈現似同心輪紋，有助於田間病害診斷。

三、病原菌特性與病害環

1. 病原菌特性

無性世代的柄子殼，著生於葉表皮下，大多爲黑色深色具厚壁，呈扁平至球狀，大小不一，直徑通常爲 100-300 μm。分生孢子梗爲瓶梗狀透明，呈單一或分枝，有時具有隔膜，長 10-16 μm。具有 α 及 β 兩型分生孢子（圖 6-17-2D），α 分生孢子透明，無隔膜，亞圓柱形，5-8×2-3 μm。β 分生孢子呈絲狀，彎曲，透明，有隔膜，18-32×0.5-2.0 μm，不發芽。菌絲透明，有隔膜，寬 2.5-4.0 μm。有性世代的子囊殼，在培養中通常成簇聚集產生，直徑 130-350 μm，有喙（beaks）；喙彎曲，碳質，不規則，80-500 μm。子囊棍棒狀，無柄，24-44×5-12 μm，內有 8 個子囊孢子。子囊孢子雙列，透明，狹長的橢圓形至鈍紡錘形，單隔膜，在隔膜處隘縮，9-12×3.0-4.5 μm。

圖 6-17-1　茄子褐斑病。(A) 罹病茄子園田間發生狀況，植株枯萎，地上留有未清理罹病殘體；(B) 罹病果實病徵；(C) 罹病葉片上葉斑的病徵；(D) 枝條修剪後，病原菌由傷口感染，罹病枝條上產生小黑點為柄子殼。

Fig. 6-17-1.　Symptoms of Phomopsis blight of eggplant caused by *Phomopsis vexans*. (A) Wilted plants and debris scattered on the ground of a severely infected eggplant field. (B) Symptom of a diseased fruit. (C) Leafspot symptom of Phomopsis blight. (D) Pathogen infects stems via pruning wounds. Small black spots that appear on diseased stem are pycnidia of the pathogen.

2. 病害環

病原菌可經由種子傳播，受感染的種子在種皮中、種皮和胚乳間，以及胚處存在大量的菌絲體，有時也會有柄子殼的存在。罹病種子發芽後病原菌隨即緩慢侵入，降低種子品質與重量，也降低種子發芽率。幼苗和幼莖之幼嫩組織極易受到病原菌的感染，成熟組織在感染區域下方表現出肥大和增生，阻止了眞菌的進一步傳播。病害經由成熟柄子殼釋放出孢子，成熟的分生孢子可藉由水分及昆蟲傳染，當田間露水存在於莖幹或是葉片時，孢子迅速發芽、侵入感染植株，病原菌也可以由修剪過的枝條傷口入侵（圖 6-17-1D）。分生孢子在 6 小時後發芽，12 小時後入侵。在組織中，病原菌的傳播是以細胞間生及細胞穿生形式爲害植物組織。病原菌

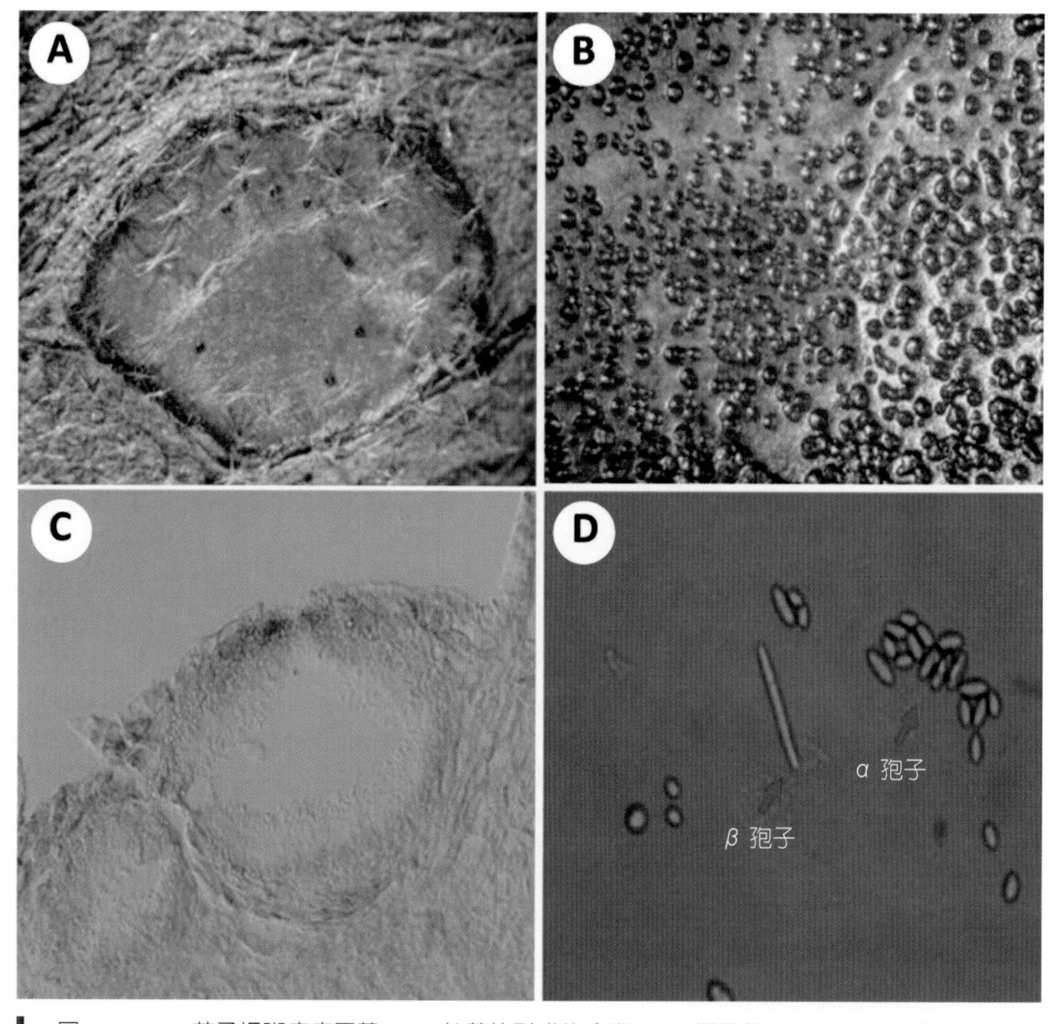

圖 6-17-2　茄子褐斑病病原菌。(A) 於葉片形成的病斑；(B) 柄子殼；(C) 柄子殼的縱切面及內部分生孢子；(D) 病原菌兩種分生孢子形態，分別為 α 孢子及 β 孢子。

Fig. 6-17-2.　Morphology of *Phomopsis vexans*. (A) Pycnidia appear as small black spots on leaf lesion. (B) Groups of pycnidia. (C) Longitudinal section of a pycnidium showing some conidia inside. (D) Two types of conidia, namely α-conidia and β-conidia.

可藉由植物殘留枯枝落葉，在土中越冬，待來年氣候適宜，於播種後植入新苗時即可感染幼苗，或在幼苗移植時傳染擴散。病害與溫度、溼度、降雨及田間管理等密切相關，病原菌需要炎熱和潮溼的環境才能感染和疾病發展。

四、防治關鍵時機

病原菌可經由種子帶菌，適當的種子消毒，慎選健康種子，可降低病害的發生。如果田間已經發生，利用多年輪作可減少或消除特定區域的真菌。病原菌於田間主要由傷口入侵，於植株修剪枝條及大雨過後是病原菌入侵的主要時機；同時清除殘株注意田間衛生，也是本病害的防治關鍵期。

五、參考文獻

1. CABI, 2021. Invasive Species Compendium. *Phomopsis vexans* (Phomopsis blight of eggplant). Surrey, UK: Centre for Agriculture and Bioscience International. https://www.cabi.org/isc/datasheet/40488
2. Divinagracia, GC. 1969. Some factors affecting pycnidial production of *Phomopsis vexans* in culture. Philipp. J. Agric. 53:173.
3. Schwartz, HF., Gent, DH. 2009. Damping-Off and Seedling Blight. High Plains IPM Guide. 20-52.
4. Punithalingam, E., Holliday, P. 1972. *Phomopsis vexans*. CMI Description of Pathogenic Fungi and Bacteria. (2). 338.
5. Index Fungorum. 2017. http://www.indexfungorum.org/names /Names.asp. Accessed 8 Aug, 2021.
6. Verma VS, Khan AM. 1965. Fungi associated with Sorghum seeds. Mycopathol. Mycol. Appl. 27(3-4):314-320.
7. Vishunavat K, Kumar S. 1994. Location of infection of *Phomopsis vexans* in brinjal seeds. Indian J. Mycol. Pl. Pathol. 24:226.

（作者：郭章信）

六、同屬病原菌引起之植物病害

a. 柑橘黑點病（Citrus melanose）（圖 6-17-3）
有性世代：*Diaporthe citri* (H.S. Fawc.) F.A. Wolf
無性世代：*Phomopsis citri* H.S. Fawc.

圖 6-17-3　柑橘黑點病之病徵。（黃振文提供圖版）
Fig. 6-17-3.　Symptom of citrus melanoses caused by *Phomopsis citri*.

XVIII. 酪梨蒂腐病（Stem-end Rot of Avocado）

一、病原菌學名

Lasiodiplodia theobromae (Pat.) Griffon & Maubl.

二、病徵

病原菌主要爲害酪梨枝條及果實，爲典型酪梨採收後病害，病害大多由果實果頂處開始發生，初期圍繞果頂產生黑色環狀斑，病徵發展非常快速，黑色病斑由果蒂向下延伸，呈指狀斑（圖 6-18-1A）。果實內部近果梗處有白色菌絲產生，果肉則呈水浸狀腐爛狀，且深入果心（圖 6-18-1B），染病果實完全無商品價值。若果實有傷口，病原菌亦可由傷口處侵入發病。

三、病原菌特性與病害環

1. 病原菌特性

病原菌之菌絲粗大，在 PDA 培養基上初爲無色菌絲，但氣生菌絲多，呈白色

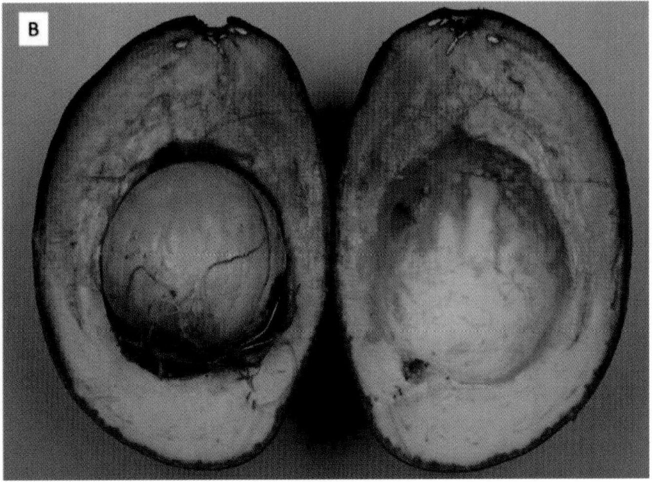

圖 6-18-1　酪梨果實蒂腐病 (A) 外部及 (B) 內部病徵。
Fig. 6-18-1. The external (A) and internal (B) symptoms of avocado stem-end rot disease caused by *Lasiodiplodia theobromae*.

棉絮狀，培養 2 天即可長滿 9 cm 直徑的培養皿，菌絲漸轉爲灰綠色，後期轉爲灰黑色（圖 6-18-2A）。在 PDA 培養基上不易產孢，可培養於含木麻黃之培養基使其產生柄子殼及分生孢子（圖 6-18-2B）。分生孢子卵圓形，初期無色透明，單胞，成熟後爲雙胞，呈灰褐色，具有縱紋，大小約 24.57×13.52 μm（圖 6-18-2C）。

2. 病害環

Lasiodiplodia theobromae 爲亞熱帶及熱帶常見的病原菌，寄主範圍廣，可感染的寄主作物達 500 種以上，包括多年生果樹、核果類植物、蔬菜類作物以及觀賞植物等，在臺灣除了引起酪梨蒂腐病外尚可引起香蕉軸腐病、番石榴莖潰瘍病、芒果蒂腐病、百香果果腐病、木瓜蒂腐病及萊豆苗莖枯病等。本菌一旦侵入寄主後，分泌果膠分解酵素及纖維分解酵素，造成組織快速崩解。本菌可以內生在果梗與枝條內，當果實採下成熟後感染果實造成病徵，另外田間枯枝上殘存之分生孢子，亦可於田間靠風雨傳播。

四、防治關鍵時機

本病爲採收後病害，病原菌可於果梗內以內生菌樣態存在，於果實成熟後方由果梗進一步侵染至果實，或由傷口侵入。

防治方法：

1. 採收時應使用採果剪，並保留適當長度之果梗（果梗長度應以不傷害鄰果爲限），以避免蒂腐病入侵果蒂，延緩病害發生。
2. 減少果實與枝條等的摩擦，及注意採收時勿造成果實之傷口，以避免病原菌的感染。
3. 注意田間衛生，清除乾枯的枝條。
4. 勿於下雨時進行採收及於雨季進行果樹修剪。
5. 適當的果樹肥培管理及水分管理，維持健康樹勢。

圖 6-18-2　(A) *Lasiodiplodia theobromae* 培養形態；(B) 於木麻黃上產孢及 (C) 孢子形態。
Fig. 6-18-2.　(A) Morphology of *Lasiodiplodia theobromae* colony; (B) conidia production on leaf of Polynesian ironwood (*Casuarina equisetifolia*) and (C) conidia morphology.

五、參考文獻

1. Hartill, W. F. T., and Everett, K. R. 2002. Inoculum sources and infection pathways of pathogens causing stem-end rots of 'Hass' avocado (*Persea americana*). N. Z. J. Crop and Hortic. Sci. 30: 249-260.
2. Galsurker, O., Diskin, S., Maurer, Feygenberg, O., and Alkan, N. 2018. Fruit stem-end rot. Hortic. 4: 50. https://doi.org/10.3390/horticulturae4040050
3. Ni, H. F., Chuang, M. F., Hsu, S. L., and Lai, S. Y., and Yang, H. R. 2011. Survey of *Botryosphaeria* spp. causal agents of postharvest disease of avocado in Taiwan. J. Taiwan Agric. Res. 60: 157-166.

（作者：倪蕙芳）

六、同屬病原菌引起之植物病害

a. 百香果果腐病（Fruit rot of passion fruit）（圖 6-18-3）
病原菌：*Lasiodiplodia theobromae* (Pat.) Griffon & Maubl.

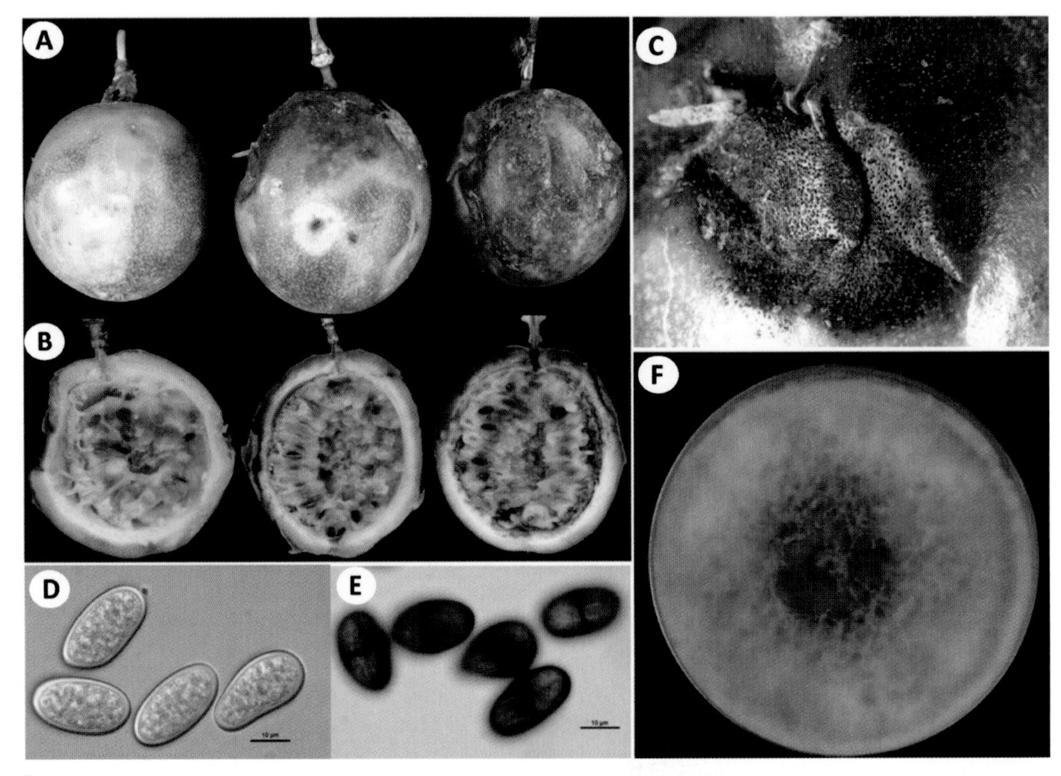

圖 6-18-3　由 *Lasiodiplodia theobromae* 引起之百香果果腐病。(A) 罹病果實上黃色至綠黑色塊斑，病斑邊緣淡黃褐色，造成大面積的壞疽、腐爛、凹陷狀；(B) 罹病果實內部果肉黑化，嚴重時有灰色菌絲產生；(C) 罹病果實表皮上產生點狀之黑色柄子殼（pycnidia）構造；(D-F) 病原菌之分生孢子及菌落形態。標尺 = 10 μm。（黃巧雯、黃晉興提供圖版）

Fig. 6-18-3. Fruit rot symptoms of passion fruit caused by *Lasiodiplodia theobromae.* (A) Black spot with yellow halo and necrosis; (B) blackened flesh inside the infected fruit with an abundance of grey mycelia; (C) dark pycnidia on infected fruit suface; (D-F) colony and conidial morphology of *L. theobromae*. Bar = 10 μm.

XIX. 桃褐腐病（Brown Rot of Peach）

一、病原菌學名

Monilinia fructicola (G. Winter) Honey

二、病徵

本病原菌主要感染核果類植物，包括桃、李、梅、櫻桃、杏桃及其他核果等；同時也可感染蘋果、梨等。桃的病徵：本菌爲害花穗、嫩枝及果實，造成枯萎及果腐（圖 6-19-1）。花穗上枯萎後會產生灰褐色孢子粉，病原菌可由花序進一步入侵枝條。果實的病徵最爲明顯，初期水浸狀，溫溼度若適合可快速形成褐化擴展及產孢，幼果感染後形成木乃伊化，停留於樹上，待環境適合會大量產孢（圖 6-19-1）。

三、病原菌特性與病害環

本病原菌 *Monilinia fructicola* (G. Winter) Honey 爲核盤菌科（Sclerotinaceae）之 *Monilinia* 屬眞菌，其無性世代爲 *Monilia*。典型病徵爲造成果實褐腐及木乃伊化，春天時可自落地果實長出有性世代之子囊盤，或自感染過冬的枝條及木乃伊化之果實長出無性世代的大分生孢子。孢子主要藉風傳播，感染春天新抽的花穗及嫩枝，造成褐化壞疽及大量產生分生孢子，此分生孢子爲灰褐毛粉狀，受風、蟲媒介傳播繼而感染幼果，落果期後的幼果受感染通常不會產生病斑，但遇傷口如蟲咬等也會造成褐腐及產孢，等果實轉入成熟期對褐腐病菌的感病性隨成熟度而大爲增加，在臺灣桃果實常等成熟度較高才採收，容易因溫溼度適合，在樹上就發病產孢，在國外因爲貯藏及長途運輸，通常於成熟前 2 週採收，因此病害人都發生於貯藏期，於包裝盒內發病時容易由接觸感染鄰近果實，進口水果也常見由蒂頭開始發病產生大量孢子。

四、診斷要領

M. fructicola 田間的有性世代在臺灣尚未發現，診斷主要以病徵及分生孢子產孢特性及培養特性爲主。此菌可在 PDA 及 V-8 agar 平板上產孢，但以 V-8 agar 平

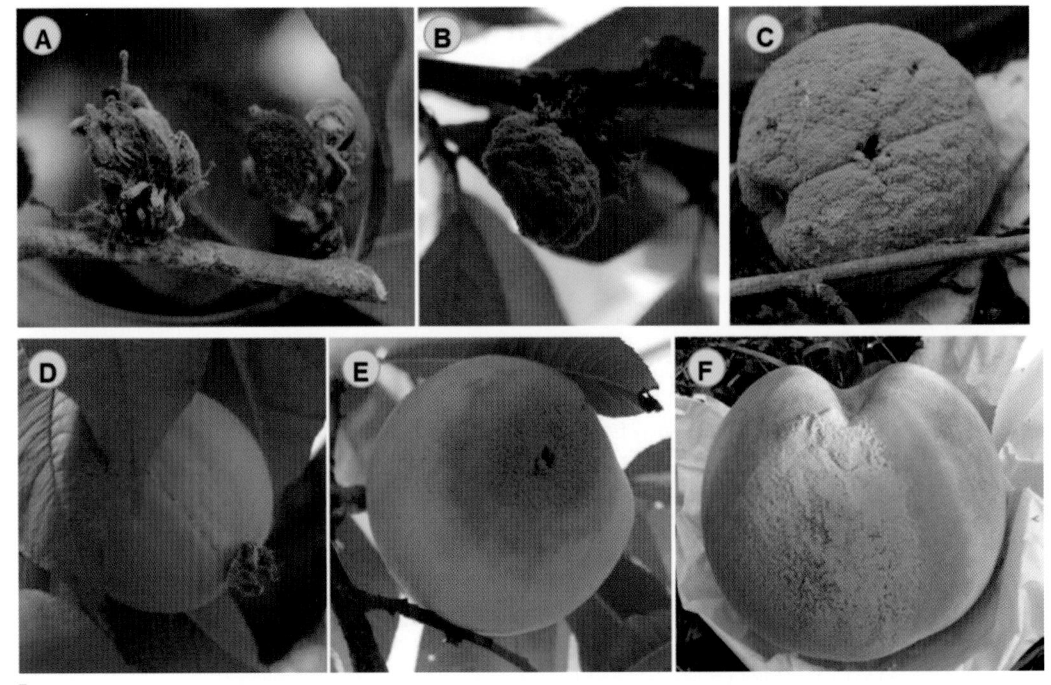

圖 6-19-1 桃褐腐病病徵。(A) 桃花穗及幼果受嚴重感染；(B) 受感染的幼果呈現木乃伊化並於高溼度下大量產孢；(C) 落於地上之果實完全被感染及表面大量產孢；(D) 因花穗感染嚴重使得果實末端殘留之苞片亦帶大量孢子，進而從剛轉熟之果實末端侵入感染 (E)；(F) 套袋之水蜜桃亦發現可於袋內之果實產生褐腐病斑及大量孢子。（圖 E 由謝岱庚提供）

Fig. 6-19-1. Symptoms of peach brown rot. (A) Peach blossom and young fruit are severely infected. (B) Mummified young fruit forms abundant conidia under high humidity. (C) A fallen peach fruit is completely infected and the pathogen is sporulating on the surface. (D) Severely infected flower leads to massive amount of spores on the remnant of calyx, which then infected the maturing fruit from the stylar end (E). (F) A bagged peach is infected and developed brown rot lesion and abundant conidia.

板上產孢較佳，培養初期就可於表面產生大分生孢子，爲梨形鏈生，孢子大小會隨培養條件或田間產孢直接觀察而有差異，長寬約介於 10-20 μm 之間；培養後期可觀察到瓶柄小孢子產生（圖 6-19-2）。在 PDA 上培養後期可產生子座（stroma）亦可爲分類之參考。在果園裡果實感染菌絲纏據後期會形成子座而木乃伊化，可耐不良環境。

五、防治關鍵時機

1. 剪除罹病花穗及枝條並燒毀。

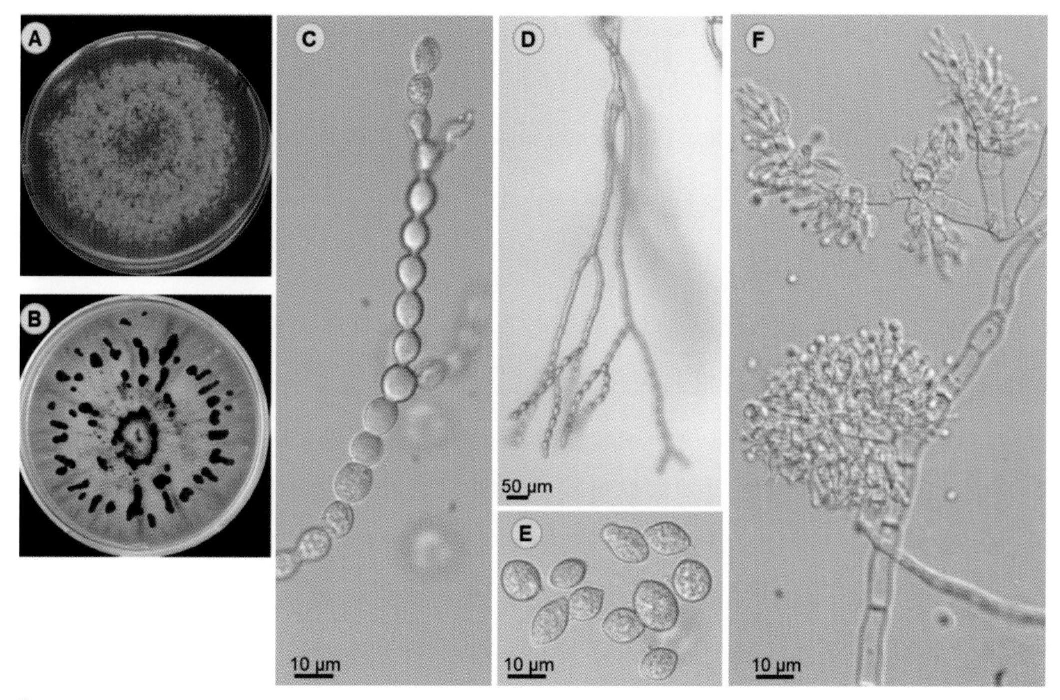

圖 6-19-2　(A、B) 桃褐腐病菌菌落形態；(C-E) 大分生孢子及小分生孢子形態；(C) 大孢子鏈生情形；(D) 大孢子鏈生於解剖顯微鏡下觀察之分枝情形；(E) 成熟脫落大分生孢子之梨形形狀；(F) 小分生孢子由瓶狀孢子柄產生。

Fig. 6-19-2. Culture characters (A, B) and morphology of macroconidia (C-E) and microconidia (F) of *Monilinia fructicola*. (A) Colony morphology and sporulation of *M. fructicola* cultured on V8 agar plate 6 days-post-inoculation. (B) Stroma formation of *M. fructicola* cultured on PDA plate 4 weeks post-inoculation. (C, D) Macroconidia are produced in chain. (E) Macroconidia. (F) Microconidia.

2. 移除落果及採果結束後之未採收果實，不可以掩埋處理。掩埋處理反而會成爲隔年的感染源，因地上部及地下受感染之果實經菌絲纏據最後會轉成子座，經木乃伊化後，可耐不良環境因而成爲隔年的感染源。
3. 藥劑防治以開花前與開花期間及採果前施藥爲主，國外有多種建議用藥，此菌容易產生抗藥性，因此用藥需謹愼，國內目前尙無建議藥劑。

六、參考文獻

1. Byrde, R.J.W., Willetts, H. J. 1977. The brown rot fungi of fruit: Their biology and control. Pergamon Press, New York.

2. Côté, M. J., Tardif, M. C. and Meldrum, A.J. 2004. Identification of *Monilinia fructigena, M. fructicola*, *M. laxa*, and *Monilia polystroma* on inoculated and naturally infected fruit using multiplex PCR. Plant Disease 88:1219-1225.

（作者：李敏惠）

七、同屬病原菌引起之植物病害

世界上紀錄可以引起桃褐腐病的主要有 4 種，但在臺灣田間的調查目前只有 *Monilinia fructicola*。世界性有紀錄感染桃之褐腐病菌主要包括 *M. fructicola*、*M. laxa*、*M. fructigena* 及 *M. polystroma*。以臺灣主要桃果實進口國而言，*M. fructicola* 爲美國、智利及日本當地果園常見桃褐腐病原，*M. laxa* 是智利果園常見的病原。*M. polystroma* 最早在日本蘋果發現，在義大利有感染桃之紀錄，中國也有此病原，但臺灣尚未發現。感染核果類植物（stone fruits）主要爲 *M. fructicola* 及 *M. laxa*，而感染蘋果及梨主要爲 *M. laxa* 及 *M. fructigena*，此兩者爲歐洲地區主要病原，此 4 種菌皆可造成褐腐病徵故統稱褐腐病菌。此 4 種菌生長形態略有差異，可利用專一性引子對進行 PCR 之分子鑑定以區分。另一較重要之 *Monilnia* 爲感染藍莓的 *M. vaccinii-corymbosi*，臺灣尚未發現。

XX. 梨輪紋病（Pear Ring Rot）

一、病原菌學名

有性世代：*Botryosphaeria dothidea* (Moug.) Ces. & de Not.

無性世代：*Fusicoccum aesculi* Corda

二、病徵

本病爲害果實、葉片及枝條。果實受害初期，果皮出現淡褐色疣狀突起之小斑點，隨後病斑逐漸擴大，呈暗褐色輪紋狀，受害處果肉軟化腐敗，並有汁液流出（圖 6-20-1A、B）。枝條的新病斑於每年 9 月間開始發生，呈不規則圓形或橢圓形，褐色至灰色，其上有瘤狀突起，故又稱疣皮病。疣狀物隨枝條之年齡而增加，並有龜裂，粗糙的現象（圖 6-20-2）。裂縫間生有許多小黑點，即爲本菌的柄子殼或子囊殼。葉上的病斑呈圓形，多發生在葉的邊緣，初爲黑褐色，有輪紋，後期擴大轉爲灰色，並密生小黑點，是本病菌的柄子殼。

三、病原菌特性與病害環

1. 病原菌特性

本病原菌主要爲害薔薇科果樹，包括梨、蘋果、桃、梅。其子囊殼球形，上端有乳頭狀孔口，大小 170-250 μm。子囊孢子作雙行排列，單孢長橢圓形，無色，大小 19.7-32×5-9.4 μm。柄子殼黑色或暗褐色，球形，離生，大小 150-250 μm，其內壁著生分子孢子梗，偶有分支，大小 7.5-17.5×2-2.5 μm。分生孢子單生，紡錘形或近似棍棒狀，無色，表面平滑，大小 11.5-25×2.5-5.0 μm。

2. 病害環

梨樹枝條上的柄子殼與子囊殼，及落果之柄孢子均可充作感染源。子囊孢子於雨後釋放，成爲相當重要之接種源。柄子殼形成後，7 日內可產生分生孢子，當溫度在 26℃左右，分生孢子即可發芽侵入寄主。本菌須有傷口及水分即可侵入果實、葉片或新枝條。故果蠅、蟬等昆蟲造成果實與枝條傷口，均有助於病害的感染。

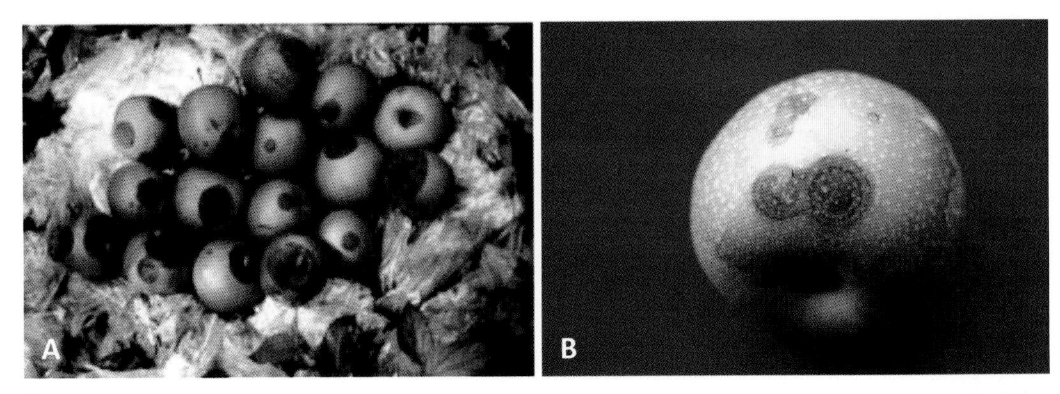

圖 6-20-1　(A) 在田間梨輪紋病的典型病徵；(B) 在梨果上的輪紋狀病徵。（黃振文提供圖版）
Fig. 6-20-1.　(A) Typical symptoms of pear ring rot caused by *Botryosphaeria dothidea* in the filed. (B) The lesion showing ring rot on fruit.

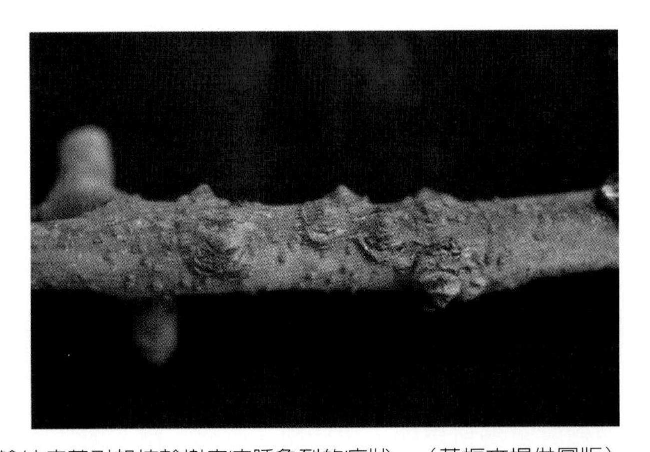

圖 6-20-2　梨輪紋病菌引起枝幹樹皮疣腫龜裂的症狀。（黃振文提供圖版）
Fig. 6-20-2.　Wart symptom of the ring rot on pear stem caused by *Botryosphaeria dothidea*.

四、診斷要領

梨果實受害時，果肉軟化腐敗，並有汁液流出。枝條被害時，其上有瘤狀突起，並有龜裂，粗糙的現象；若以刀片切開受害處的皮孔，可發現組織有褐變的現象。

五、防治關鍵時機

1. 剪除被害枝條，並燒毀之；蒐集園中落果深埋或燒毀之。
2. 在幼果期開始套袋，可有效阻止病菌的感染。

3. 化學防治方法可參考植物保護手冊或於植物保護資訊系統（https://otserv2.tactri.gov.tw/ppm/）查詢相關用藥資訊，例如罹病果園於果實套袋前每 10 天噴布 50% 貝芬同可溼性粉劑 750-1,000 倍液 1 次，連續 2-3 次，於採收前 6 天停止用藥。
4. 施用發酵完全之有機肥，強壯梨樹的生長勢與抗病性。

六、參考文獻

1. 柯勇、孫守恭。1995。梨輪紋病原菌之生理特性及田間族群動態。植保會刊 37:281-293。
2. 柯勇、孫守恭、郭孟祥、張朝芬。1996。臺灣橫山梨輪紋病之防治。植保會刊 38:1-11。
3. 黃振文、蔡東纂、曾國欽、詹富智 2001。梨樹病害圖鑑。漢大印刷股份有限公司編印。57 頁。
4. 蔡雲鵬。1979。梨輪紋病之防治。果農合作 374: 6-7。
5. 蔡雲鵬。1979。梨輪紋病與東方果實蠅爲害之區別。果農合作 375: 7-10。
6. Ko, Y., Sun, S. K., Hsu, H. K., and Yeh, C. Y.1993. Pear Botryosphaeria canker in Taiwan. Plant Prot. Bull. 35: 211-224.

（資料來源：孫守恭。2000。臺灣果樹病害。世維出版社授權。）

XXI. 桃流膠病（Peach Gummosis）

一、病原菌學名

有性世代：*Botryosphaeria dothidea* (Moug.) Ces. & De Not.

無性世代：*Fusicoccum aesculi* Corda

二、病徵

桃流膠病大多發生於桃樹主幹、主枝及側枝上，最初病徵在枝幹上出現疣狀突起，每一小疣狀下之皮層組織呈褐色壞疽。中後期病部呈暗褐色黏稠之膠液，嚴重罹病枝條布滿膠液，雨天尤甚。主幹及主枝上之疣繼續擴大並裂開，雨天續有膠質泌出，樹皮粗糙故曰流膠病（圖 6-21-1A）。病害之後期，在樹皮上之皮孔內形成黑色炭質子座，其內部有柄子殼及子囊殼，受害多年之桃樹會造成樹勢衰弱，嚴重時會引起側枝或整枝枯死。

圖 6-21-1　(A) 桃流膠病菌為害桃枝幹之病徵；(B) 除去表皮上疣狀突起，在枝幹皮層組織可見褐色壞疽病斑，內有黃褐色膠液。（黃振文提供圖版）

Fig. 6-21-1.　(A) Peach trunk gummosis caused by *Botryosphaeria dothidea*. (B) Bark partially removed to show discoloration in the phloem and xylem tissue.

三、病原菌特性與病害環

1. 病原菌特性

本病原菌之柄子殼出現於枝幹上或已死亡之枝條上。子座黑色炭質，突破樹皮而露出，呈紡錘形，外觀頗似皮孔，內有數個柄子殼，柄子殼球形，頂端有乳頭狀突起開口，頸部周圍細胞呈黑色，下部細胞組織淡色或無色，柄子殼內壁細胞無色，柄子殼大小 150-250 μm（直徑）。壁殼有數層細胞，內層爲薄壁細胞，無色透明。柄孢子（分生孢子）梗由內壁細胞伸長而成，全裂形無色，頂端產生柄孢子。柄孢子透明無色，紡錘形，略不規則，無隔膜，大小 17-25×5-7 μm。另有臘腸狀小分生孢子（又名精子）透明無色，大小 2-3×1 μm，小分生孢子不發芽。

僞子囊殼（Pseudothecia）在枝條皮層內子座中，與柄子殼混生。分散或集合，黑色有口孔，口孔下頸部組織顏色較深。其內之子囊間生於側絲間，棍棒狀，大小約 100-110×16-20 μm，雙層細胞壁（bitunicate），內有 8 個子囊孢子。子囊孢子無色，卵圓形，單胞，大小 17-23×7-10 μm。

2. 病害環

本病原菌在桃樹枝條上或已死之枝幹上以菌絲、柄子殼及僞子囊殼越冬。若果園附近栽植梨、李、葡萄等寄主植物也可能提供病原菌存活和越冬的場所。子囊孢子及柄孢子在桃樹生長季節內皆會產孢，但其產生與釋放則與溫度及雨量有密切關係。子囊孢子依賴風傳播，分生孢子（柄孢子）依賴雨水或露水傳播。溫暖多雨的天氣有利本病害發生，但高溫時病害發展則會受到抑制。病原菌可經由皮孔侵入感染健康枝條，而傷口則有助於病原菌快速侵入感染及纏據。本病原菌爲多犯性病原菌，普遍存在於溫暖及熱帶地區，雖寄主廣泛，卻是一種弱寄生菌，較易侵害衰弱植株，若一般果園管理粗放，樹勢生長衰弱的桃樹發病較爲嚴重。

四、診斷要領

罹病枝條初期在表皮會有疣狀突起，中後期則會布滿黏膠，以刀片削開受害皮孔內側呈褐變症狀（圖 6-21-1B）。

五、防治關鍵時機

1. 田間衛生：冬季應做好清園工作，修剪枝條或病死枝幹應收集燒毀，並做好樹幹害蟲之防治，以減少傷口，降低發病。
2. 栽培管理：桃樹生產期後，應注意增加堆肥之施用及良好的排灌，以增加樹勢生長旺盛，提高抗病能力。
3. 傷口塗藥保護：病原菌大多由修剪的傷口、昆蟲造成的傷口及其他傷口侵入，因此欲保護樹枝，則應盡量減少傷口。傷口或刮除病部後的傷口可用 1% 硫酸銅消毒傷口後再塗波爾多液，待乾後再塗樹脂或柏油促使傷口癒合，以減少病菌感染的機會。

六、參考文獻

1. Britton, K. O., and Hendrix, F. F. 1989. Infection of peach buds by *Botryosphaeria abtusa*. Plant Dis. 73(1): 65-68.
2. Chen, X. Z. 1985.Studies on the gummosis of peach (*Prunus persica*) caused by *Botryosphaeria dothidea*. ACTA Phytopathologia Sinica 15(1): 53-57.(RPP 64: 3132, 1985)
3. Ko. Y., and Sun, S. K. 1992. Peach gummosis caused by *Botryosphaeria dothidea* in Taiwan. Plant Pathol. Bull. 1(2):70-78.
4. Weaver, D. J. 1974. A gummosis disease of peach trees caused by *Botryosphaeria dothidea*. Phytopathol. 64:1429-1432.

（來源：孫守恭。2000。臺灣果樹病害。世維出版社授權。）

XXII. 番石榴立枯病（Guava Wilt）

一、病原菌學名

Nalanthamala psidii (Sawada & Kuros.) Schroers & M.J. Wingf.

二、病徵

番石榴植株罹患立枯病初期可見樹冠局部葉片黃化、失水與枝條乾枯等症狀（圖 6-22-1）。當病害快速發展時，會造成葉片與果實乾枯並懸掛於枝條上；當病

圖 6-22-1　番石榴立枯病田間病徵。(A) 罹病植株由部分樹冠開始出現葉片黃化、枯萎與落葉等衰弱症狀；(B) 病害嚴重時，植株完全落葉、乾枯；(C) 部分枝條或枝幹上可以看到表皮褐化凹陷病徵，有時樹皮會有橘紅色突起，樹皮下的白色至淡粉紅色黴狀物即為病原菌。

Fig. 6-22-1. Guava wilt symptoms in the field. (A) Discoloration and withering of the leaves from a part of the canopy of a diseased plant. (B) Severely diseased plants are drying, eventually, the plant defoliates completely. (C) Brown, sunken patches with orange, convex lesions on the bark of severely infected branches. The white to pinkish, powdery structure underneath the orange cortex is the sporodochia of the pathogen.

害發展速度較慢時，整棵植株會逐漸落葉、萎凋，最終均導致植株死亡。罹病枝條或主幹表皮常可見深褐色至黑色略微凹陷症狀，與健康表皮組織分界明顯。若削開罹病樹皮至木質部，可看到樹皮與木質部組織褐化的症狀。罹病枝幹表皮有時會有橘紅色突起病徵，撥開橘紅色表皮可以看到淡粉紅色的病兆，爲本病原菌的分生孢子褥（sporodochia）。

三、病原菌特性與病害環

1. 病原菌特性

本病原菌可產生兩型的分生孢子，產孢方式分別與 *Penicillium* 及 *Acremonium* 屬眞菌相似（圖 6-22-2）。在罹病枝幹上，有時可看到樹皮呈橘紅色突起，剝去橘紅色表皮可看到淡粉紅色的分生孢子褥，在光學顯微鏡下觀察，其產孢方式及孢子形態類似 *Penicillium* 屬眞菌；另一型分生孢子，則較常在人工培養基上觀察到。

2. 病害環

過去研究雖然指出本病原菌可藉由番石榴枝條修剪傷口處侵入感染，但洪爭坊

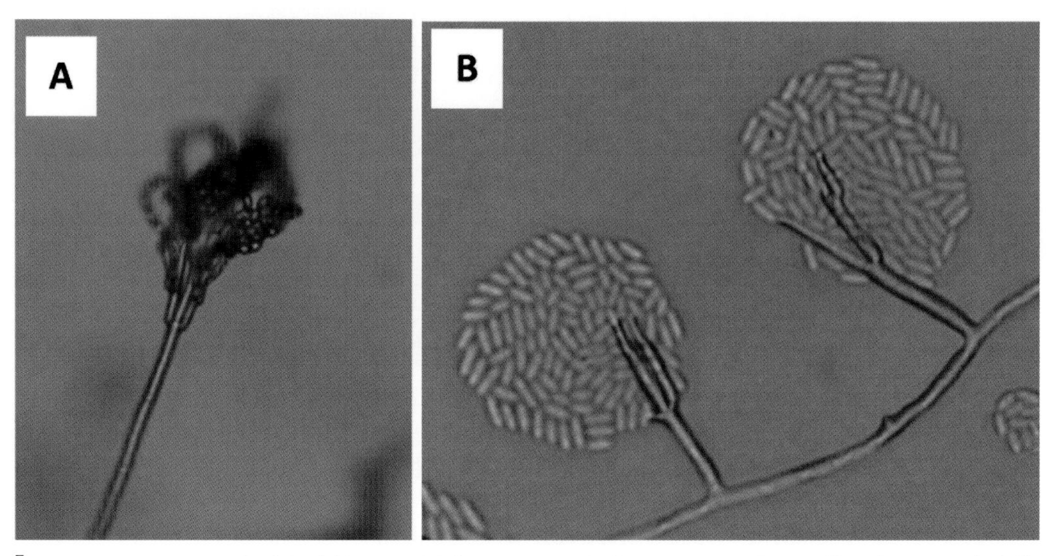

圖 6-22-2　番石榴立枯病菌的兩型分生孢子。(A) 類似 *Penicillium* 屬的帚狀分生孢子柄與串生的分生孢子；(B) 類似 *Acremonium* 屬的分生孢子柄及長橢圓形的分生孢子。

Fig. 6-22-2. Two types of conidiophores and conidia of *Nalanthamala psidii*. (A) Penicillate conidiophores bearing chains of ovoidal conidia. (B) *Acremonium*-like conidiophores bearing ellipsoidal conidia.

等（2015）曾比較立枯病罹病植株枝條修剪傷口處與根系的病原菌分離比率，結果發現根系受病原菌侵染的比率顯著高於枝條修剪傷口處，即便番石榴植株地上部仍無病徵，根系已可偵測到立枯病菌感染，顯示根系傷口以及根系的接觸應該是立枯病菌在田間的主要侵入感染與傳播途徑。農友若在罹病死亡的番石榴殘體旁補植幼苗，常可見到補植的幼苗受到立枯病爲害，挖開土壤有時也可以看到幼苗根系與罹病殘體或殘根接觸，因此罹病植株在空間分布上常常有相鄰的現象。死亡植株的殘體若不移除，則會成爲田間的二次感染源來源，且有持續傳播該病害的可能性（圖6-22-3）。

四、防治關鍵時機

番石榴立枯病菌主要由根系傷口或根系接觸等方式侵入感染，或可藉由修剪傷口入侵植株，因此在發現罹病植株後，應盡速移除病株與地下部殘體，避免病原菌殘存。此外，罹病植株所在之處應進行土壤消毒，以避免新植幼苗受到感染。

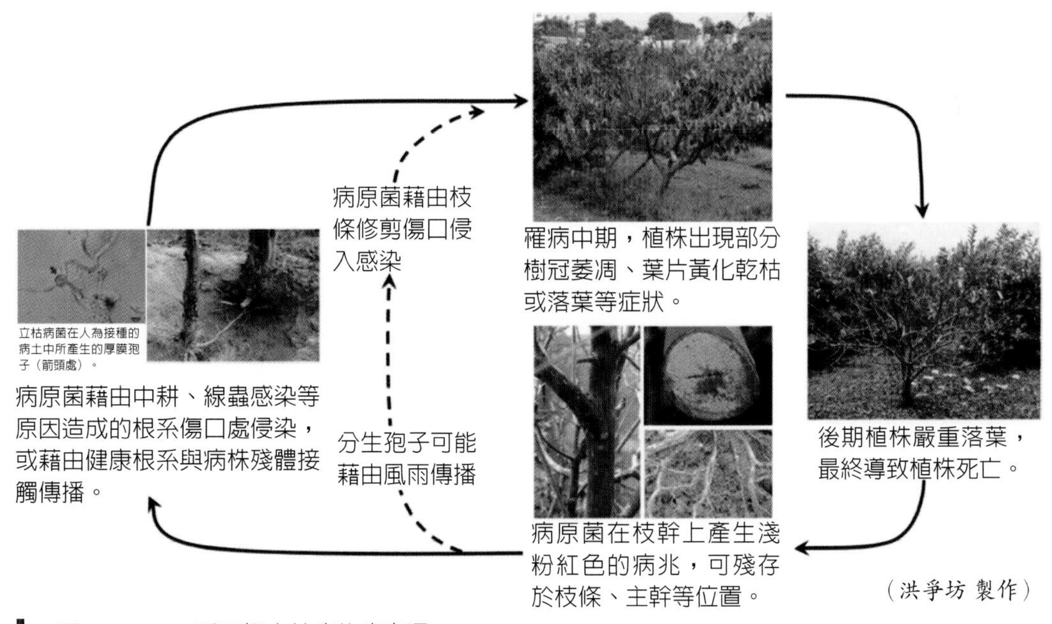

圖 6-22-3　番石榴立枯病的病害環。
Fig. 6-22-3.　Disease cycle of guava wilt disease.

五、參考文獻

1. 孫守恭。1996。番石榴立枯病。臺灣果樹病害（再版），337-339 頁。世維出版社，臺中，427 頁。
2. 林正忠。2005。番石榴立枯病。植物保護圖鑑系列 15－番石榴保護，51-57 頁。行政院農委會動植物防疫檢疫局，臺北，205 頁。
3. Hong, C. F., Hsieh, H. Y., Chen, K. S., and Huang, H. C. 2015. Importance of root infection in guava wilt caused by *Nalanthamala psidii.* Plant Pathol. 64:450-455.
4. Schroers H-J, Geldenhuis M.M., Wingfield M.J. et al. 2005. Classification of the guava wilt fungus *Myxosporium psidii*, the palm pathogen *Gliocladium vermoesenii* and the persimmon wilt fungus *Acremoniumdiospyri* in *Nalanthamala*. Mycologia 97, 375-95.

（作者：洪爭坊）

XXIII. 香蕉巴拿馬病（Panama Disease of Banana）又名鐮孢菌萎凋病、黃葉病（Yellows）

一、病原菌學名

Fusarium oxysporum f. sp. *cubense* (E. F. Sm.) Snyder & Hansen

二、病徵

本病的病徵可分爲外部病徵及內部病徵，分別敘述如下：

1. 外部病徵：罹病株下部老葉首先黃化，通常自 10 月病徵開始出現，至翌年 3 月病害達到高峰。與假莖相連之葉柄常呈現軟化腐敗，但葉片尚可短時間維持綠色。新生尚未展開之心葉上有壞疽斑點，假莖基部或中間部位偶有縱裂現象（割裂），後期植株葉黃化萎凋枯死，但假莖維持直立，最後倒伏死亡。
2. 內部病徵：外層葉鞘（假莖）之維管束有變色斑塊，呈深褐色，嚴重罹病時，假莖內部維管束大部分變深褐色，果軸內部亦有變色，但果實上無病徵。葉鞘（假莖）內部有斷續變色斑點。假莖內維管束呈現嚴重變色，維管束內亦充滿病原菌之小孢子。

三、病原菌特性與病害環

1. 病原菌特性

本病原菌有大分生孢子、小分生孢子及厚膜孢子。孢叢自氣孔生出，亦可在裂痕處形成，呈乳酪紅色或橘紅色。有黏性，在顯微鏡下觀察爲分支或不分支之瓶狀小梗，其上生有小分生孢子及大分生孢子。小分生孢子無色透明，卵圓形或長橢圓形，有時腎臟形，不分隔，大小 5-7×2.5-3 μm，常呈假頭狀（false heads）聚集。大分生孢子鐮刀形，壁薄，兩端尖細，基部細胞成小柄形，1-5 個隔膜，通常 3 個隔膜，無色，大小 22-23×4-5 μm。厚膜孢子圓形，壁厚，黃色或黑綠色，在菌絲尖端或中間形成，亦可自大分生孢子形成，直徑約爲 8-9 μm，在培養基上 7-10 日即形成厚膜孢子。在培養基亦可見藍黑色的小菌核。

2. 病害環

罹病香蕉於後期會在腐爛組織中形成休眠的厚膜孢子，病株倒伏後，菌絲及大分生孢子落於土中也會變成厚膜孢子，厚膜孢子在香蕉組織內或土中可以長久存活。據孫岩章之調查，香蕉黃葉病菌亦在香附子，莎草、擬青天白地、飄佛草及蓮霧等非寄主之根部寄宿存活。厚膜孢子在土中不發芽，除非遇到寄主植物或非寄主植物之根的分泌物，可促使厚膜孢子發芽，若非寄主植物，發芽後又會形成厚膜孢子存活。若為寄主植物，發芽之孢子即由細小之根侵入。通常香蕉均有若干防禦組織，阻止病原菌之入侵，只有少數菌體能順利侵入，經根及莖之導管至假莖及果軸，引起系統性萎凋。病株後期，病原菌在導管內產生大量孢子及厚膜孢子，病株倒伏病菌又回到土中，以厚膜孢子形態存活，如此循環不已。香蕉黃葉病之傳播，可經由人、車輛、工具、機械、流水、飛塵、土壤、病株之殘餘物傳至他處，但主要傳染源為帶菌之根莖或已被感染而未表現病徵之吸芽。

四、診斷要領

罹病株下部老葉首先黃化，與假莖相連之葉柄常呈現軟化腐敗，外層葉鞘（假莖）之維管束有變色斑塊，呈深褐色，但葉片在短時間維持綠色。新生尚未展開之心葉上有壞疽斑點，假莖基部或中間部位偶有縱裂現象（割裂），後期全株葉黃化萎凋枯死，但假莖維持直立，最後倒伏死亡。

五、防治關鍵時機

香蕉巴拿馬病為土壤傳播性病害，是極難防治之病害，唯一方法是抗病品種。本病可藉由種苗、灌溉水及耕作工具等媒介傳播。有效防治措施包括：

1. 以殺草劑注射病株，枯乾後移除焚毀。
2. 病園經輪作水稻 2 年以上，種植健康蕉苗。
3. 利用蕈狀芽孢桿菌（BM 菌）在接種健康組織培養苗後移至田間定植時再澆灌 BM 菌 1 次，隨後每月施用 1 次，連續 3 至 4 次。
4. 疫區種植耐病品種「臺蕉 1 號」。

六、參考文獻

1. 孫岩章。1977。臺灣香蕉黃葉病菌在土中的存活。臺灣大學病蟲害學系碩士論文。

圖 6-23-1　(A) 田間香蕉黃葉病的病徵；(B) 香蕉幼苗接種病原菌後，葉片呈現黃化的症狀；(C) 根冠維管束有褐化的現象。（黃振文提供圖片）

Fig. 6-23-1.　(A) Symptoms of banana yellows caused by *Fusarium oxysporum* f. sp. *cubense* in the field. (B) Banana seedlings were artificially inoculated with the pathogen for 4 weeks. The leaves of banana seedling (left) showed yellowing, and (C) vascular tissue in the root crown became dark brown discoloration.

2. 莊再楊。1973。臺灣香蕉黃葉病菌之生理與生態之研究。臺灣大學植物病蟲害學系碩士論文。

3. 蔡雲鵬、蘇鴻基、黃平和。1972。臺灣香蕉萎凋病之發病概況，緊急措施及田間防治試驗。果農合作 301:5-10。

4. Stover, R. H.1960. Studies on Fusarium wilt of banana.II. Pathogenicity and distribution of *Fusarium oxysporum* f. sp. *cubense* race 1 and 2. Can. J. Bot. 38(1):50-61.

5. Hwang, S. C., and Ko, W. H. 1987. Using plantlets for screening for resisitance to *Fusarium oxysporum* f. sp. *cubense* race 4 affecting Cavendish banans. Plant Prot. Bull. 39:425-426.

（資料來源：孫守恭。2000。臺灣果樹病害。世維出版社授權。）

XXIV. 西瓜蔓割病（Fusarium Wilt of Watermelon）

一、病原菌學名

Fusarium oxysporum f. sp. *niveum* (E. F. Sm.) Snyder & Hansen

二、病徵

本病菌經由種子或土壤爲害西瓜生長各齡期的植株。在西瓜幼苗遭受病原菌爲害時，可使其地基部發生褐變而夭折；到了成株或生育期，白天（尤其中午）有從下位葉的一側先萎凋，亦有整株全面萎凋者，但至晚間又可再復原，時日一久，終致整株萎凋死亡（圖 6-24-1）。若將病株莖基部縱切或橫切，內部維管束有明顯的褐變現象。西瓜蔓部偶有割裂，流出棕褐色膠脂，並出現粉紅色黴狀物（孢子叢）；曾有人發現本菌尚可使西瓜子葉變黃，植株矮化。

三、病原菌特性與病害環

1. 病原菌特性

蔓割病的病原菌爲 *Fusarium oxysporum* f. sp. *niveum*，在培養基上的菌落爲粉紅紫色，其孢子有 3 型：大分生孢子爲新月形，無色，3-5 個隔膜，大小爲 32-

圖 6-24-1　西瓜蔓割病在田間發生的情形。
Fig. 6-24-1. Fusarium wilt of watermelon caused by *Fusarium oxysporum* f. sp. *niveum* in the field.

42×3-4.9 μm；小分生孢子紡錘形至長橢圓形，無色，單胞，大小爲 6-10×3.2-4.0 μm；厚膜孢子圓球形，色深壁厚，直徑 8-12 μm（圖 6-24-2）。在土中主要以厚膜孢子存活。本菌生長適溫爲 24-28℃，生長的最低溫度爲 4℃，生長的最高溫度爲 38℃，其致死溫度在溼熱 55℃可耐 40 分鐘，在乾熱 110℃或 120℃分別可耐 20 分鐘或 10 分鐘。

2. 病害環

本病原菌在寄主上繁殖，最後落入土中增加病原菌密度，亦可在雜草（如土香）根部棲息。在無寄主情況下，蔓割病菌可在土中存活 7-8 年或更長的時間，但病菌密度年年降低，4-5 年後再種西瓜，爲害率可降至極小程度。由病田採收的果實，內部種子可以分離到病原菌，所以本病菌尚可由種子傳播。厚膜孢子在土中不易發芽，但若遇到西瓜的根分泌物，即發芽侵入根內，於根內繁殖並向上蔓延至西瓜蔓部維管束，產生大量小孢子並分泌有毒物質，破壞維管束，使西瓜萎凋死亡。西瓜死亡後，植體內菌絲及孢子多轉成厚膜孢子，最後落入土中。土中有些厚膜孢子若遇雜草（如土香）生長中的根系也可發芽，但因不是它的寄主植物，發芽後的厚膜孢子又會轉變成厚膜孢子，如此循環不已。

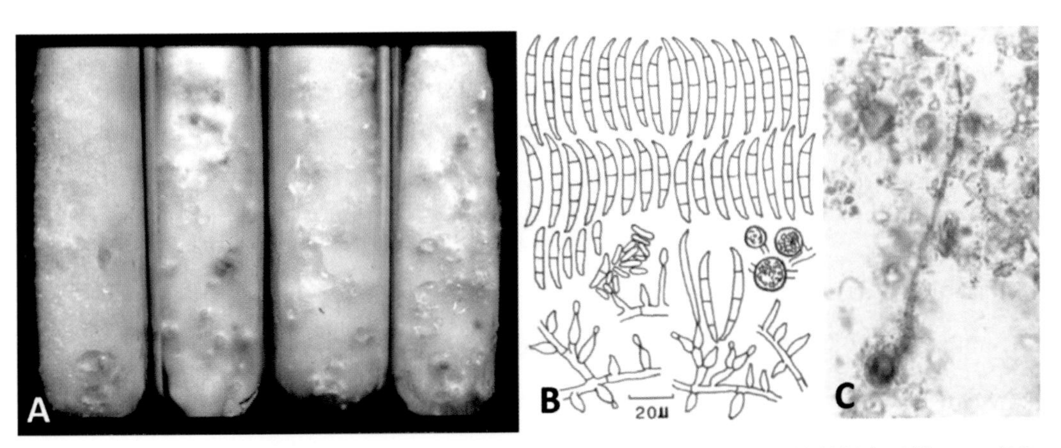

圖 6-24-2　西瓜萎凋病菌的菌落與孢子之形態。(A) 培養在 PDA 斜面培養基之形態；(B) 分生孢子與厚膜孢子之形態；(C) 厚膜孢子在土中發芽的情形。

Fig. 6-24-2. Morphologies of *Fusarium oxysporum* f. sp. *niveum*, the causal agent of Fusarium wilt of watermelon. (A) Colonies on PDA slants. (B) Conidia and (C) chlamydospore germination of *Fusarium oxysporum* f. sp. *niveum* in soil.

四、診斷要領

病原菌可使西瓜幼苗的基部發生褐變而夭折；到了成株或生育期，受害植株白天（尤其中午）會從下位葉的一側先萎凋，亦有整株全面萎凋者，但至晚間又可復原，時日一久，最終萎凋死亡。將病株莖基部縱切或橫切，內部維管束會有褐變現象。西瓜蔓部偶有割裂，流出棕褐色膠脂，並出現粉紅色黴狀物（孢子叢）。

五、防治關鍵時機

防治土傳性鐮孢菌作物病害的基本原則就是預防重於治療，即：

1. 採用不帶菌種子或種苗。
2. 應用免賴得稀釋 1,000 倍或撲克拉錳稀釋 2,500 倍消毒種子 3 小時。
3. 應用 S-H 土壤添加物預先處理定植西瓜苗前的植穴土壤。

六、參考文獻

1. 黃振文。1978。西瓜蔓割病菌的生物學及其防治試驗。國立中興大學植病所碩士論文。111PP。
2. Barnes, G. L. 1972. Differential pathogenicity of *Fusarium oxysporum* f. sp. *niveum* to certain wilt-resistance watermelon cultivars. Plant Dis. Rep. 56:1022-1026.
3. Hopkins, D. L., Lobinske, R. J., and Larkin, R. P. 1992. Selection for *Fusarium oxysporum* f. sp. *niveum* race 2 in monocultures of watermelon cultivars resistant to Fusarium wilt. Phytopathol. 82:290-293.
4. Sun, S. K., and Huang, J. W. 1985. Formulated soil amendment for controlling Fusarium wilt and other soilborne disease. Plant Dis. 69:917-920.
5. Smith, S. N. 2007. An overview of ecological and habitat aspects in the genus Fusarium with special emphasis on the soil-borne pathogenic forms. Plant Pathol. Bull. 16:97-120.

（作者：黃振文）

七、同屬病原菌造成的病害

a. 甜瓜萎凋病（Fusarium wilt of melon）（圖 6-24-3）

病原菌：*Fusarium oxysporum* (Schl.) f. sp. *melonis* Snyd. & Hans.（圖 6-24-4）

b. 苦瓜萎凋病（Fusarium wilt of bitter gourd）（圖 6-24-5）

病原菌：*Fusarium oxysporum* (Schl.) f. sp. *momordicae* Sun & Huang

c. 草莓萎凋病（*Fusarium* wilt of strawberry）（圖 6-24-6）

病原菌：*Fusarium oxysporum* (Schl.) f. sp. *fragariae* Winks & Williams（圖 6-24-7）

d. 豌豆萎凋病（Fusarium wilt of garden pea）（圖 6-24-8）

病原菌：*Fusarium oxysporum* (Schl.) f. sp. *pisi* Snyder & Hansen

e. 長豇豆萎凋病（Fusarium wilt of long cowpea）（圖 6-24-9）

病原菌：*Fusarium oxysporum* (Schl.) f. sp. *tracheiphilum* (E. F. Sm) Synder & Hansen

f. 番茄萎凋病（Fusarium wilt of tomato）（圖 6-24-10）

病原菌：*Fusarium oxysporum* (Schl.) f. sp. *lycopersici* Snyder & Hansen

g. 唐菖蒲腐敗病（Fusarium basal rot of gladiolus）（圖 6-24-11）

病原菌：*Fusarium oxysporum* (Schl.) f. sp. *gladioli* (Massey) Snyder & Hansen

h. 蝴蝶蘭黃葉病（Yellow leaf of Phalaenopsis orchid）（圖 6-24-12）

病原菌：*Fusarium solani* f. sp. *phalaenopsidis* W. C. Chung, L. W. Chen, J. H. Huang, H. C. Huang & W. Hsin Chung

i. 百合萎凋病（Fusarium wilt of lily）（圖 6-24-13）

病原菌：*Fusarium oxysporum* (Schl.) f. sp. *lilii* Imle

圖 6-24-3　(A) 甜瓜萎凋病在田間的病徵；(B) 病原菌造成甜瓜莖部壞死枯萎；(C) 病原菌產生大量菌絲與孢子纏聚在植株維管束內。（圖 C 為洪爭坊提供）

Fig. 6-24-3.　(A) Symptoms of Fusarium wilt of melon in the field. (B) The pathogen causes melon vine necrosis and blight. (C) Mycelia of the pathogen colonizes the vascular tissue.

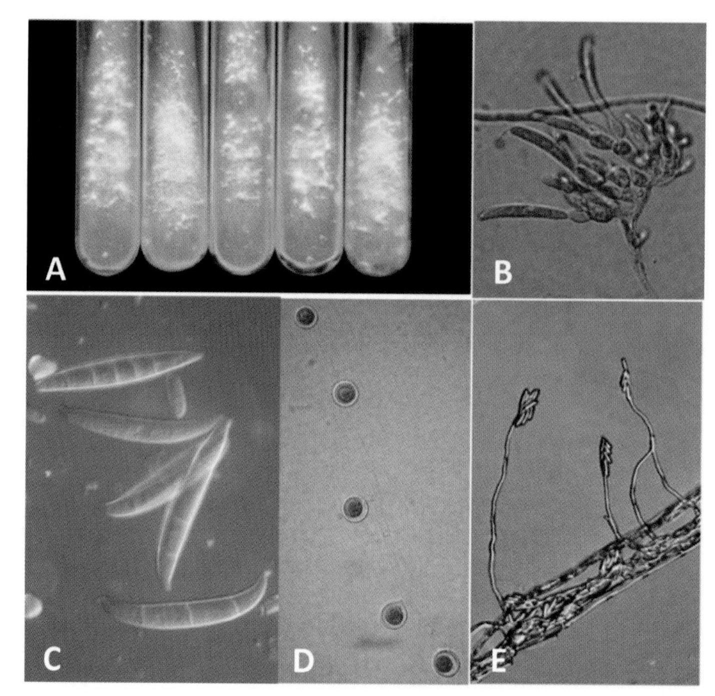

圖 6-24-4　甜瓜萎凋病菌之形態。(A) 培養在 PDA 斜面培養基的菌落形態；(B) 產孢結構；(C) 大分生孢子；(D) 厚膜孢子；(E) 小分生孢子。（黃美茹提供圖版）

Fig. 6-24-4. Morphologies of *Fusarium oxysporum* f. sp. *melonis*, the causal agent of melon wilt. (A) Colonies on PDA slants; (B) structure of sporulation; (C) macroconidia; (D) chlamydospores; (E) microconidia produced in false heads.

圖 6-24-5　苦瓜萎凋病在田間的病徵。

Fig. 6-24-5. Symptoms of Fusarium wilt of bitter gourd caused by *Fusarium oxysporum* f. sp. *momordicae* in the field.

圖 6-24-6　草莓萎凋病的病徵。(A) 造成田間缺株；(B) 受害植株會產生大小葉；(C) 整株會萎凋死亡。（陳冠霖提供圖版）

Fig. 6-24-6.　Symptoms of Fusarium wilt of strawberry caused by *Fusarium oxysporum* f. sp. *fragariae* in the field.

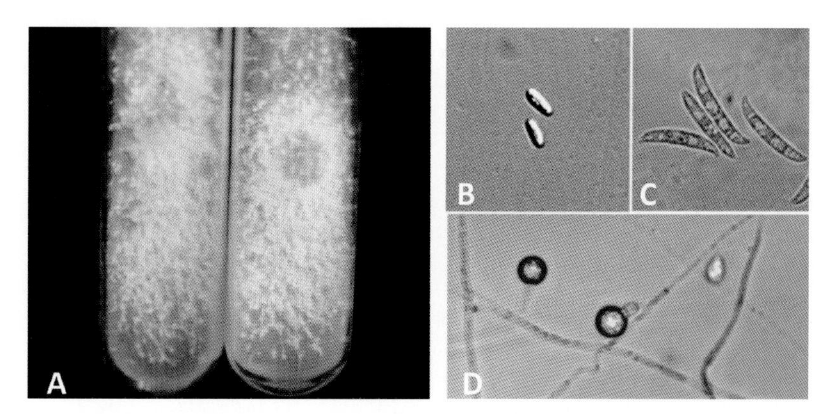

圖 6-24-7　草莓萎凋病菌之形態。(A) 培養在 PDA 斜面培養基的菌落形態；(B) 小分生孢子；(C) 大分生孢子；(D) 厚膜孢子。（陳冠霖提供圖版）

Fig. 6-24-7.　Morphologies of *Fusarium oxysporum* f. sp. *fragariae*, the causal agent of strawberry wilt. (A) Colonies on PDA slants; (B) microconidia; (C) macroconida; (D) chlamydospores.

圖 6-24-8　豌豆萎凋病之病徵。

Fig. 6-24-8. Symptoms of Fusarium wilt of garden pea caused by *Fusarium oxysporum* f. sp. *pisi* in the field.

圖 6-24-9　長豇豆萎凋病之病徵。

Fig. 6-24-9. Symptoms of Fusarium wilt of long cowpea caused by *Fusarium oxysporum* f. sp. *tracheiphilum* (E. F. Sm) Synder & Hansen.

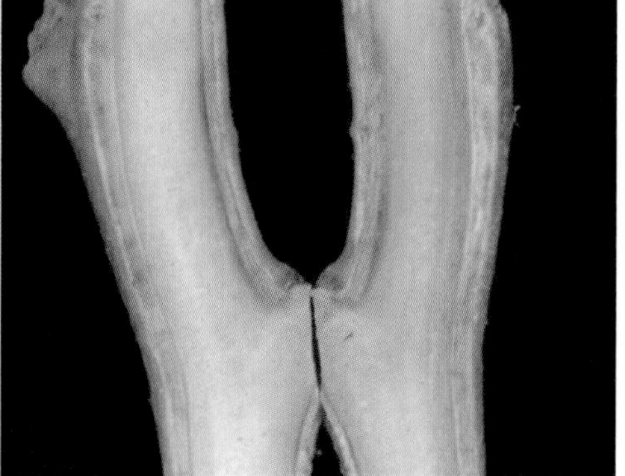

圖 6-24-10　番茄萎凋病之病徵。
Fig. 6-24-10. Symptoms of Fusarium wilt of tomato caused by *Fusarium oxysporum* f. sp. *lycopersici*.

圖 6-24-11　唐菖蒲腐敗病之病徵。
Fig. 6-24-11. Symptoms of Fusarium basal rot of gladiolus caused by *Fusarium oxysporum* f. sp. *gladioli*.

圖 6-24-12　蝴蝶蘭黃葉病之病徵。
Fig. 6-24-12　Symptoms of yellow leaf of Phalaenopsis orchid caused by *Fusarium solani* f. sp. *phalaenopsidis*.

圖 6-24-13　百合萎凋病之病徵。
Fig. 6-24-13.　Symptoms of lily wilt caused by *Fusarium oxysporum* f. sp. *lilii*.

XXV. 蘿蔔黃葉病（Radish Yellows）

一、病原菌學名

Fusarium oxysporum f. sp. *raphani* Kendrick & Snyder

二、病徵

受害之蘿蔔，在苗期植株由下位葉往上部黃化，葉片倒捲，根部褐變；成株期植株矮化枯黃，葉片易脫落，塊根之維管束組織木栓化，色深質地轉硬且脆韌，嚴重時整株捲縮枯死（圖 6-25-1）。

三、病原菌特性與病害環

1. 病原菌特性

本病由鐮孢菌 *Fusarium oxysporum* f. sp. *raphani* 所引起。本菌具有大小兩種分生孢子及厚膜孢子。在馬鈴薯培養基上，菌落呈深紫色，有暗褐色的菌核。小孢子產量較多，爲單孢，長筒形至紡錘形，大小爲 6.2-15.0×2.5-5.0 μm。大孢子呈鐮刀形，具有 1-4 個隔膜，其中以 3 個隔膜的孢子最爲普遍，大小爲 12.2-33.2×3.1-5.4 μm。本菌生長最適溫度爲 24℃，最適酸鹼度爲 pH 5.2-5.6，水分潛勢則以 –5 至 –10 bar 生長最佳。

2. 病害環

本菌可存活在土深 30 cm 以內的範圍，以土表至 10 cm 深處，菌量密度最高。土壤溫度與溼度是影響本病發生的主要因子，溫度在 20-28℃最利本病的發生，若土溫低於 20℃或高於 28℃以上，病害的發生率顯著下降。土壤含水量 16% 時，病害發生最多，土壤過溼或過乾，均不利於發病。本菌在不同土壤質地中，以在酸性（pH 5.1-5.6）砂質壤土最易誘使植株發病。本菌除可爲害常栽種的蘿蔔品種（例如矸仔、棧仔、大梅花等多種裂葉及板葉品種）外，尚可輕度爲害高峰甘藍、小白菜、青江白菜、黃金白菜、花椰菜、芥菜及四川榨菜等多種十字花科蔬菜。偶而棲居於野莧、馬齒莧、細柄黍、鴨舌黃、藜及紫花藿香薊等數種雜草根部，但不表現病徵。

圖 6-25-1　(A) 蘿蔔黃葉病在田間的病徵；(B) 罹病植株之維管束褐化現象。
Fig. 6-25-1.　(A) Radish yellows caused by *Fusarium oxysporum* f. sp. *raphani* in the field. (B) Vascular discoloration in diseased radish root tuber.

四、診斷要領

受害植株，會由下位葉往上黃化，葉片倒捲，剖開塊根維管束有褐變的現象。

五、防治關鍵時機

防治本病害的基本原則爲「預防重於治療」，採用不帶菌健康種子或種苗再配合有效的栽培防治法，即可達到病害防治之經濟效益。

防治方法如下：

1. 選取健康不帶菌的種子或種苗作爲新栽培區的種源。
2. 利用免賴得或撲克拉錳等殺菌劑消毒種子。
3. 選擇抗病品種栽種。
4. 取距離土表 90 cm 深的土壤或含豐富有機質的土壤充當育苗的土壤，或配合有效的土壤添加劑「S-H 混和物」以調製具有抑菌的育苗土。
5. 清除或燒毀田間受害之病株，並與其他非寄主植物輪作。

六、參考文獻

1. 劉俊合。1998。蘿蔔黃葉病之防治試驗。國立中興大學植病系碩士論文。70pp。
2. 黃振文、孫守恭、莊慶芳。1986。蘿蔔黃葉病綜合防治之研究。植保會刊 28:81-90。

3. 羅朝村。1983。蘿蔔黃葉病菌之生理生態及防治試驗。中興大學植病所碩士論文。

4. Kendrick, J. B., and Snyder, W. C. 1936. A vascular fusarium disease of radish. Phytophthol. 26:98.

（作者：黃振文）

XXVI. 甘藍黃葉病（Cabbage Yellows）

一、病原菌學名

Fusarium oxysporum f. sp. *conglutinans* (Wollenw.) Snyder and Hansen

二、病徵

每年 5-10 月間夏季栽培的甘藍植株於中午炎熱時，常呈現全株失水萎凋症狀，入夜後雖可恢復正常，唯後期植株出現下位葉黃化、半側萎凋、枯死的現象。罹病的植株根部縱切後，發現維管束有褐化、壞疽的病徵（圖 6-26-1）。

三、病原菌特性與病害環

本病原菌有 3 種孢子形態，包括大、小分生孢子及厚膜孢子（圖 6-26-2）；大分生孢子呈鐮刀形，無色，2-4 個隔膜，大小 7.9-33.3×1.0-6.4 μm（平均 20.6×3.7 μm）；小分生孢子爲橢圓或臘腸形，無色，大小 6.1-13.9×1.4-6.4 μm（平均 10.0×3.9 μm）；厚膜孢子近圓形，無色，大小 4.7-13.5×4.6-14.3 μm（平均 9.1×9.45 μm）。其大小分生孢子，皆著生於分生孢子梗的瓶狀枝，鐮刀形大分生孢子，以三隔膜者居多，小孢子則是單胞，呈假頭狀排列在分生孢子梗上；厚膜孢子則於菌絲間生或頂生，或由大小孢子轉化而成，厚膜孢子能夠在土中存活，因此黃葉病防治不易。

四、診斷要領

受害植株會出現下位葉黃化、半側萎凋，葉片生長不良及結球不良，切開根、莖部，維管束有褐變的現象。受害苗期植株則會矮化與枯死。

五、防治關鍵時機

本病的防治策略有：

1. 抗病育種：爲目前最好的防治方法。
2. 施用化學藥劑或生物防治：可參考植物保護資訊系統（https://otserv2.tactri.gov.tw/PPM/），如施用液化澱粉芽孢桿菌、蕈狀芽孢桿菌時，於發病初期，每株莖基部或根圈灌注 200 ml 稀釋液，必要時隔 7 天施藥 1 次，共 5 次。

3. 物理防治：利用塑膠布覆蓋栽培田區，配合太陽能的物理防治方法，可有效降低甘藍黃葉病的罹病度。
4. 調整土壤 pH 值：添加有機、無機的資材可以影響土壤中微生物的活性，如添加 S-H 添加物均勻混拌入栽培田中，可以有效降低黃葉病發病率。

六、參考文獻

1. 莊茗凱。2012。調製栽培介質防治甘藍黃葉病。國立中興大學植物病理學系碩士論文。119pp。

圖 6-26-1　甘藍黃葉病與病原菌在甘藍植株維管束中的情形。(A) 甘藍黃葉病於田間出現罹病株萎凋死亡而造成缺株之情形；(B) 罹患黃葉病的甘藍植株，可看見維管束褐化現象；(C) 病原菌菌絲存在維管束內；(D) 小孢子在維管束內阻塞。

Fig. 6-26-1. Cabbage yellows and *Fusarium oxysporum* f. sp *conglutinans* in the vascular system of diseased cabbage plant under light microscope. (A) Fusarium wilt of cabbage occurred in the field. (B) Vascular discoloration in diseased cabbage plant. (C) Mycelial growth in vascular tissue. (D) Microconidia in vascular tissue.

2. 黃振文。1991。利用土壤添加物防治作物之土壤傳播性病害。植保會刊 33:113-123。
3. 莊茗凱、李思儀、黃振文。2012。臺灣甘藍黃葉病菌的鑑定及其對十字花科蔬菜的致病性。植物病理學會刊。21: 29-38。
4. Ramirez-Villapudua J. 1987. Control of cabbage yellows (*Fusarium oxysporum* f. sp. *conglutinans*) by solar heating of field soils amended with dry cabbage residues. Plant Dis. 71: 217-221.

（作者：莊茗凱、黃振文）

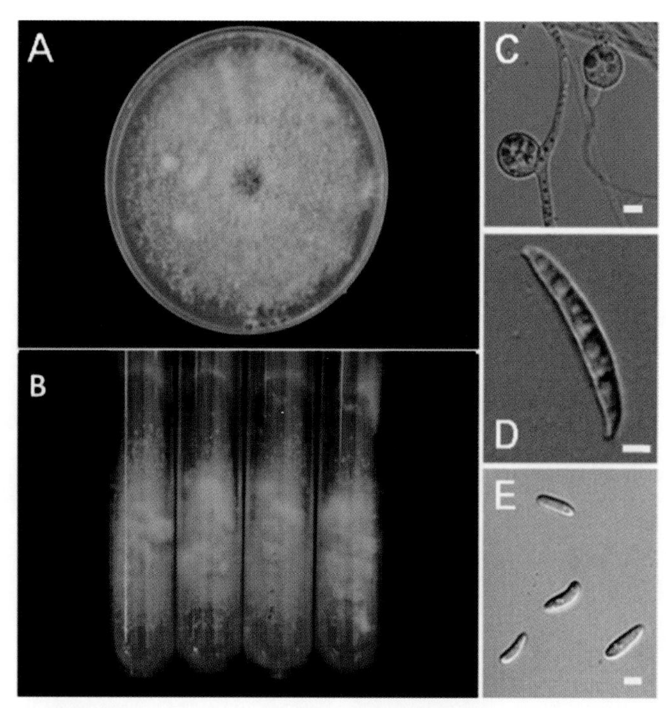

圖 6-26-2　甘藍黃葉病菌之形態。(A) 培養在 PDA 平板培養基上的菌落形態；(B) 培養在 PDA 斜面培養基之形態；(C) 厚膜孢子；(D) 大分生孢子；(E) 小分生孢子。

Fig. 6-26-2.　Morphologies of *Fusarium oxysporum* f. sp. *conglutinans,* the causal agent of cabbage yellows. (A) Colony on a PDA plate. (B) Colonies on PDA slants. (C) Chlamydospores. (D) Macroconidium. (E) Microconidia.

七、同屬病原菌引起之植物病害

a. 萵苣萎凋病（Fusarium wilt of lettuce）（圖 6-26-3）

病原菌：*Fusarium oxysporum* f. sp. *lactucae* Matuo & Motohashi

b. 茼蒿萎凋病（Fusarium wilt of garland chrysanthemum）（圖 6-26-4）

病原菌：*Fusarium oxysporum* f. sp. *callistephi* (Beach) W.C. Snyder & H.N. Hansen

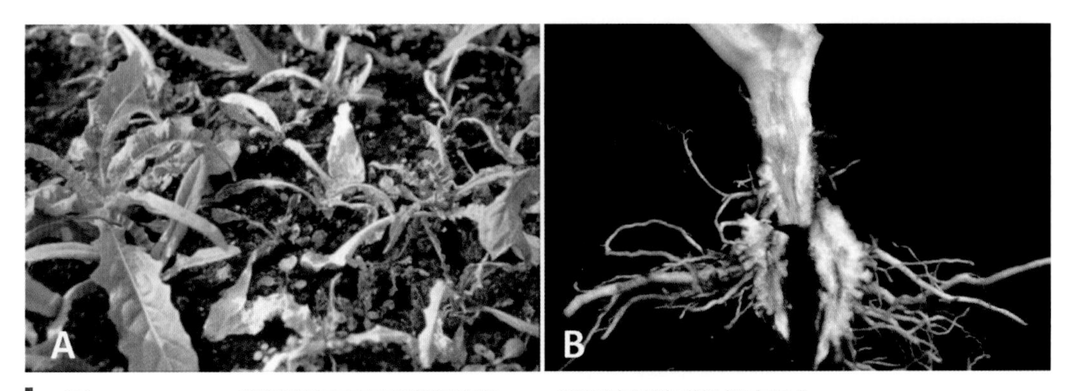

圖 6-26-3　(A) 萵苣萎凋病在田間的病徵；(B) 萎凋病菌造成維管束褐化。
Fig. 6-26-3.　(A) Symptoms of lettuce Fusarium wilt in the field. (B) Discoloration of the vascular tissue infected by *Fusarium oxysporum* f. sp. *lactucae*.

圖 6-26-4　(A) 茼蒿萎凋病在田間的病徵；(B) 萎凋病菌造成維管束褐化。
Fig. 6-26-4.　(A) Symptoms of garland chrysanthmum Fusarium wilt in the field. (B) Discoloration of the vascular tissue infected by *Fusarium oxysporum* f. sp. *callistephi*.

XXVII. 水稻徒長病（Rice Bakanae Disease）

一、病原菌學名

有性世代：*Gibberella fujikuroi* (Sawada) S. Ito

無性世代：*Fusarium fujikuroi* Nirenberg

二、病徵

徒長病影響水稻植株生長及整體外觀，罹病植株常出現單一或複合性病徵，包括株高徒長、植株纖細瘦弱、葉片顏色變淡、葉片與莖的夾角變大、提前抽穗、稻穀不稔等（圖 6-27-1），嚴重時會造成植株枯萎死亡，亦有受感染植株出現矮化或無病徵之情形。病徵表現受到病原菌 *F. fujikuroi* 產生之二次代謝物影響，其中吉貝素（gibberellins）會造成徒長病徵，而伏馬菌素（fumonisins）及鐮孢菌酸（fusaric acid）則與矮化病徵相關。本病害較易於水稻秧苗期及分蘗盛期觀察到，秧苗期發

圖 6-27-1　水稻徒長病病徵。左：健康植株；右：受 *F. fujikuroi* 感染之植株。

Fig. 6-27-1. Symptoms of bakanae disease of rice. Left: healthy plants; right: *F. fujikuroi*-infected plants.

病之植株大多於移植後死亡。分蘗盛期時，一叢水稻中通常僅 1 到數枝分蘗出現病徵（圖 6-27-2），部分發病之成株會於莖節上產生不定根（圖 6-27-3A），於植株莖基部出現粉狀白粉紅色菌絲層（圖 6-27-3B），菌絲層中著生大量分生孢子，菌絲層於後期轉變爲淡灰色，在環境溼度大時，能觀察到散生之藍黑色子囊殼。

三、病原菌特性與病害環

1. 病原菌特性

a. 無性世代

F. fujikuroi 在馬鈴薯葡萄糖瓊脂上會產生白色至淡粉紅色氣生菌絲，菌落底部呈現橘黃、黃褐色或紫色。具大分生孢子及小分生孢子，尙未有厚膜孢子被觀察到。大分生孢子無色、形狀細長且兩端狹窄呈鐮刀狀，頂細胞彎曲，基細胞不明顯，隔膜數 3-5 個，長爲 33.0-76.7 μm，寬爲 5.0-13.5 μm。小分生孢子無色，形狀呈紡錘形、卵形或球形，單細胞，長爲 4.8-20 μm；寬爲 2.6-7.5 μm，念珠狀著生於多瓶狀枝（polyphialide）或單瓶狀枝（monophialide）之分生孢子梗上。

b. 有性世代

藍黑色子囊殼通常著生於水稻莖基部外側（圖 6-27-5A），呈卵形或球形，大小爲 214.0-420.0×156.0-312.0 μm。子囊爲透明圓筒狀，大小爲 60.0-120.0×7.5-

圖 6-27-2　稻徒長病田間發生情形。
Fig. 6-27-2.　Rice bakanae disease occurred in the field.

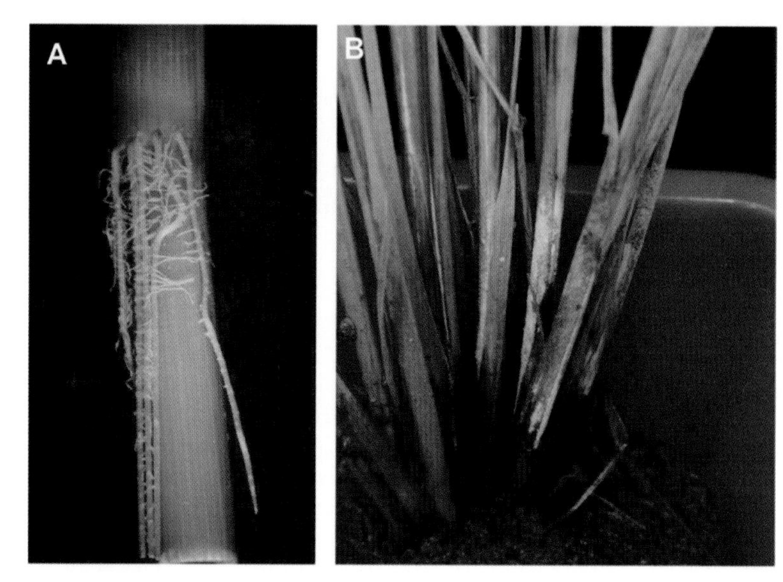

圖 6-27-3　水稻徒長病發病後期之病徵與病兆。(A) 於水稻莖節長出不定根；(B) 水稻莖基部形成粉狀白粉紅色菌絲層。

Fig. 6-27-3.　The symptom and sign of rice bakanae disease during late stage of pathogenesis. (A) Adventitious roots emerged from the node; (B) powdery whitish pink mycelium formed on rice basal stems.

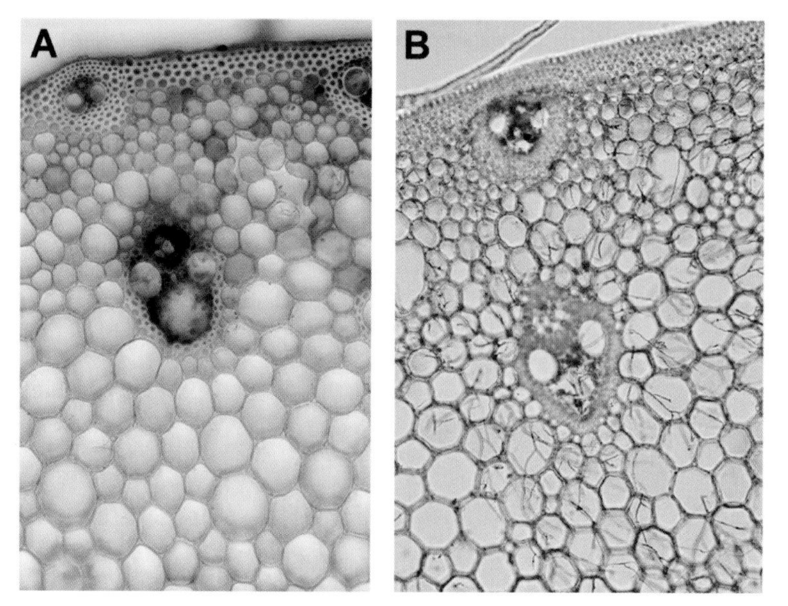

圖 6-27-4　徒長病菌纏據水稻莖部。(A) 菌絲聚集於維管束；(B) 菌絲自維管束拓展至鄰近薄壁組織。

Fig. 6-27-4.　*F. fujikuroi* colonized in the rice stem. (A) Hyphae aggregated in vascular vessels; (B) hyphal expansion from vascular bundles to surrounding parenchyma.

13.5 μm。子囊中之 8 個子囊孢子呈單列或雙列並排（圖 6-27-5B），子囊孢子具 1-3 個隔膜，大小爲 7.0-24.0×3.2-12.0 μm。

2. 病害環

受汙染的稻種發芽後，*F. fujikuroi* 的菌絲能直接侵入秧苗之莖基部與根部表皮層，初期纏聚於胚、莖基部及根基部組織，接著藉由細胞間及細胞內菌絲侵染至維管束。菌絲及小分生孢子能透過維管束在植株內拓展，並阻塞維管束，亦曾觀察到菌絲由維管束延伸生長至鄰近薄壁細胞（圖 6-27-4）。*F. fujikuroi* 於成株地上部之節、節間以及不定根中，呈現不均勻分布。病害發展後期，*F. fujikuroi* 在植株莖部外側組織產生分生孢子，或與其他菌株配對後產生子囊殼，分生孢子及子囊孢子能藉由風或雨水噴濺感染鄰近健康植株的穗，造成穀粒汙染，另一方面，孢子也能隨雨水與罹病稻稈進入土壤中成爲感染源。

四、防治關鍵時機

1. 稻種消毒階段爲本病害防治關鍵期，可使用得克利、撲克拉、披扶座、免賴地、多得淨等藥劑或枯草桿菌 WG6-14 進行稻種消毒。藥劑須按推薦濃度使用，

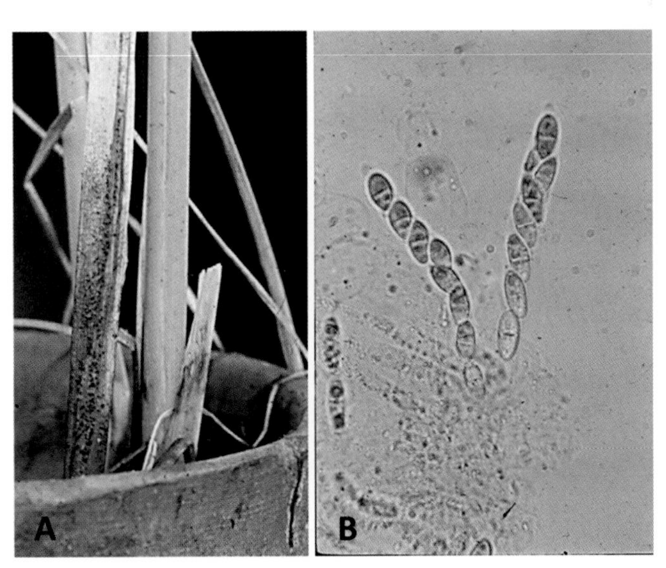

圖 6-27-5　(A) 藍色子囊殼著生於水稻莖基部外側；(B) 水稻徒長病菌的有性世代子囊與子囊孢子。（黃振文提供圖版）

Fig. 6-27-5.　(A) Blueish-dark perithecia of *Gibberella fujikuroi* formed around rice basal stems. (B) Asci and ascospores of *G. fujikuroi*.

並將稻種完全浸泡至藥劑中混拌均勻，消毒時間須充足且水溫不宜低於 15℃。

2. 於秧苗期或本田期發現病株可予以拔除，以降低田間感染源。
3. 使用健康稻種，例如來自水稻良種繁殖三級制度之優良稻種，勿長期自行留種。

五、參考文獻

1. 孫守恭。1975。稻苗徒長病之病害環。行政院國家科學委員會研究彙刊 8: 245-256。
2. 張義璋。2007。水稻徒長病。植物保護圖鑑系列 8—水稻保護，258-264 頁。行政院農委會動植物防疫檢疫局，臺北，448 頁。
3. 許晴情。2013。水稻徒長病菌：開發鑑別性培養基、建立病害評估平臺及探討土壤接種源之角色。國立中興大學植物病理學系碩士論文。
4. Chen, C. Y., Chen, S. Y., Liu, C. W., et al. 2020. Invasion and colonization pattern of *Fusarium fujikuroi* in rice. Phytopathol. 110(12): 1934-1945.
5. Kuhlman, E. G. 1982. Varieties of *Gibberella fujikuroi* with anamorphs in *Fusarium* section Liseola. Mycologia 74: 759-768.

（作者：陳思聿、陳杰宜、鍾嘉綾）

XXVIII. 小麥赤黴病（Head Blight of Wheat）

一、病原菌學名

Fusarium asiaticum O'Donnell, T. Aoki, Kistler & Geiser

二、病徵

本病原菌可感染小麥花穗及幼苗。

花穗病徵：病原菌由開花的小穗入侵，受感染的小穗之內稃及外穎組織之葉綠素快速退去而呈現淡褐色至紅褐色，與上下健康的小穗形成明顯的顏色對比（圖6-28-1A-C），病害進一步向相鄰的小穗延伸，褐化區域逐漸擴大，最後導致整穗褐化。於高溼環境下，罹病小穗與穗軸相接的基部或外穎內側，可能產生病原菌的橘色分生孢子堆，爲肉眼可見之病兆之一（圖6-28-1C），後期罹病組織上可能分布藍黑色細粒狀的子囊殼，爲肉眼可見之病兆之二。花期即受感染的小穗將無法發育出種子，進入結穗期才受感染的小穗，可能發育出外觀顏色淡化且萎縮的種子，種子受影響的程度不一，亦可能無明顯的外觀變化。

幼苗病徵：病原菌於前期作入侵種子後造成不同程度的感染，受到嚴重感染的種子將無法發芽，播種後不久種子上長出菌絲。輕微感染的種子發芽後形成麥苗，惟麥苗子葉基部出現褐化並逐漸向上延伸（圖6-28-1D），病害亦向內影響葉鞘及嫩莖，導致麥苗枯萎。

三、病原菌特性與病害環

本病害可由 *Fusarium graminearum* 複合種及其他多種 *Fusarium* 病原菌引起，在臺灣主要病原菌爲 *F. graminearum* 複合種中的 *F. asiaticum*，另外還包含 *F. graminearum* sensu stricto 及 *F. meridionale*。除了小麥，病原菌亦可感染其他禾本科的作物及雜草，例如玉米、水稻、燕麥及狗尾草等（圖6-28-1E）。病原菌感染植株後會分泌 deoxynivalenol 及 nivalenol 的眞菌毒素（mycotoxin），汙染發育中的麥粒，降低收穫後的食物安全品質。病原菌於馬鈴薯葡萄糖培養基（PDA）上生長時，產生大量白色氣生菌絲（圖6-28-1F），後期中央氣生菌絲轉爲黃褐

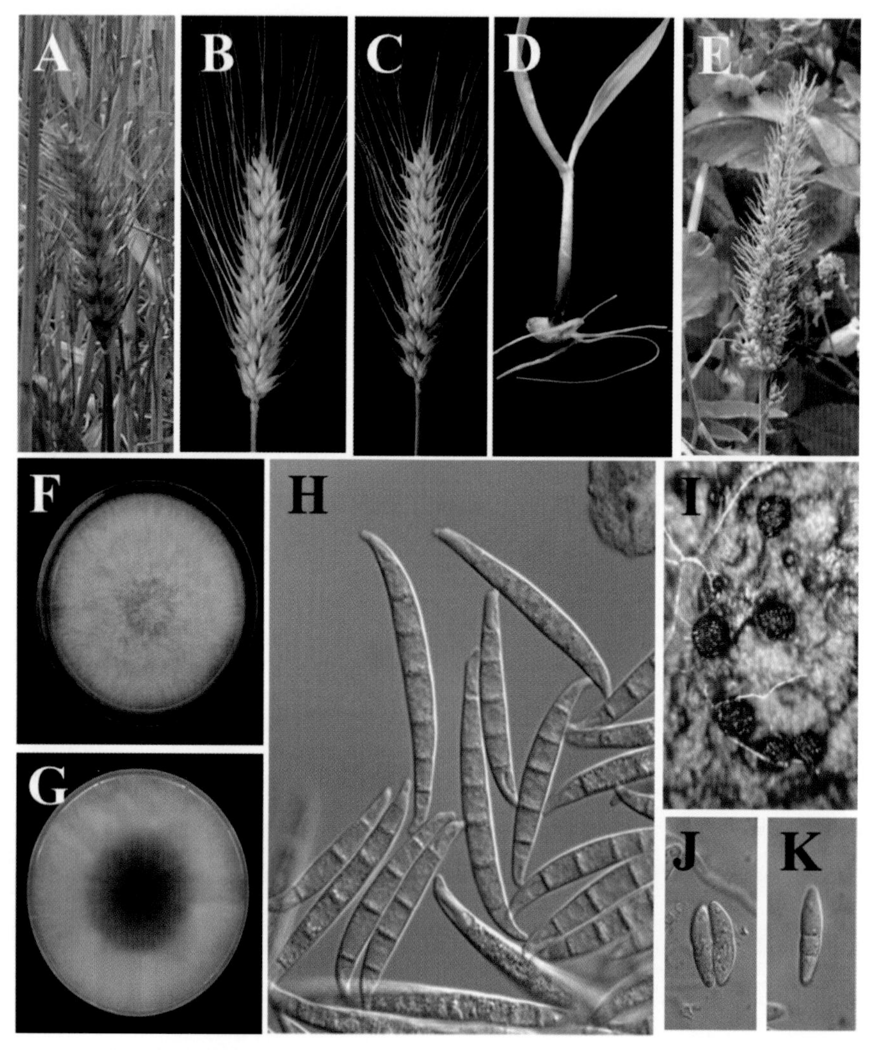

圖 6-28-1　小麥赤黴病菌及其引起的病徵。(A-C) 感染小麥穗部的病徵；(D) 感染小麥幼苗的病徵；(E) 感染狗尾草穗部的病徵；(F) 病原菌於 PDA 上的菌落正面；(G) 病原菌於 PDA 上的菌落背面；(H) 病原菌之大分生孢子；(I) 病原菌之藍黑色子囊殼；(J、K) 病原菌之子囊孢子。

Fig. 6-28-1.　Pathogen morphology and disease symptoms of wheat head blight. Symptoms of (A-C) Head blight and (D) seedling blight of wheat. Symptoms of (E) head blight of green foxtail. The (F) upper side and the (G) reverse side of a colony of the pathogen on PDA. (H) Macroconidia. (I) Perithecia are dark blue in color. (J, K) Ascospores.

色，菌落背面逐漸自中央累積紅褐色至黃褐色的色素（圖 6-28-1G）。本菌爲同絲型（homothallic）眞菌，有性世代產生藍黑色子囊殼（圖 6-28-1I），內部具多個子囊，每一個子囊具 8 個子囊孢子，子囊孢子爲無色紡錘形，初期爲單隔膜，成熟後具 3 個隔膜（圖 6-28-1J、K）。無性世代不具小分生孢子，大分生孢子（macroconidia）具 4-6 個隔膜，分隔明顯，形狀呈紡錘鐮刀形且具足細胞（圖 6-28-1H）。

病害主要經由帶菌種子進行長距離的傳播並作爲最初感染源，病原菌可直接於帶菌種子上產孢或進一步於感染的幼苗上產孢，產生的二次感染源分布於田間的植株殘體，待小麥進入抽穗、開花期，如遇陰雨溫暖的氣候，植株殘體上形成大量的分生孢子及子囊孢子，經風雨傳播到花器，感染花藥等幼嫩組織，病原菌入侵麥穗初期纏據於單一小穗，並造成病徵，之後由小穗基部進入穗軸，經由穗軸進入對向的小穗，並往相鄰的上下小穗纏據，病原菌於小穗內入侵種子，形成不同程度的爲害，並休眠於種子中，收穫後成爲下一期作的最初感染源。

四、診斷要領

病原菌於開花期感染花穗，於麥穗開花期至麥穗成熟轉色前爲診斷的關鍵期，可見罹病的小穗爲淡褐色與健康的綠色小穗呈明顯的對比。

五、防治關鍵時機

1. 小麥抽穗後的開花時期爲穗部病害感染的主要時期，尤以抽穗後期及開花前期爲防治的關鍵時機。
2. 本病害之帶菌種子爲重要的田間感染源之一，應選擇無病害發生的田區進行採種，以健康不帶病原菌的種子種植。

六、參考文獻

1. 中華民國植物病理學會。2019。臺灣植物病害名彙。第五版。320 頁。臺中市，臺灣。
2. Schmale III, D.G. and G.C. Bergstrom. 2003. Fusarium head blight in wheat. Plant Health Instr. DOI:10.1094/PHI-I-2003-0612-01.

3. Wang, C. L., and Cheng, Y. H. 2017. Identification and trichothecene genotypes of *Fusarium graminearum* species complex from wheat in Taiwan. Bot. Stud. 58.

（作者：王智立、鄭翊宏）

XXIX. 萊豆苗莖枯病
（Seedling Stem Blight of Lima Bean）

一、病原菌學名

有性世代：*Botryosphaeria rhodina* (Berk. & M.A. Curtis) Arx

無性世代：*Lasiodiplodia theobromae* (Pat.) Griff. & Maubl.

二、病徵

萊豆苗莖枯病首次於臺南縣麻豆區發現，植株在播種後 12-18 天表現出病徵，病原菌由子葉入侵，初期由子葉基部（下胚軸）出現黑褐色水浸狀斑（圖 6-29-1A），待子葉脫落，隨著病勢發展，病斑由子葉脫落處沿著莖部向上下蔓延擴大，終至幼苗莖部壞死及乾枯（圖 6-29-1B、C），罹病莖部出現許多黑色小點（圖 6-29-1D），爲病原菌之柄子殼，於田間罹病部位柄子殼內之孢子多爲單室無色之孢子（圖 6-29-1E、F），經純化培養可產生雙室暗色孢子（圖 6-29-1G）。

三、病原菌特性與病害環

1. 病原菌特性

病原菌培養於 PDA 上，菌落初期爲白色，有許多氣生菌絲（aerial mycelium），而後轉爲暗灰色，柄子殼（pycnidia）單生或聚生，埋生，成熟後突出植物表皮組織，具開口，分生孢子爲全出芽型（holoblastic），未成熟柄孢子（pycnidiospores）無色單室，橢圓形至長方形，大小 21-28×12-15 μm；成熟柄孢子厚壁深褐色雙室，橢圓形，基部呈楔形（truncate），孢子壁上有條狀直紋（striate），大小 20-28×11-14 μm。

子囊果聚生，厚壁，爲深棕色至黑色，直徑爲 250-400 μm。子囊爲雙壁（asci bitunicate），棍棒狀，長約 90-120 μm，內具有 8 個子囊孢子，子囊孢子不規則雙列、透明、無隔膜，大小 27-38×9-15 μm。

圖 6-29-1　*Lasiodiplodia theobromae* 引起的萊豆苗莖枯病。(A) 病徵初期由下胚軸出現黑褐色水浸狀斑；(B) 病徵後期莖基部乾枯壞死；(C) 幼苗受害後於田間造成立枯病徵；(D) 罹病莖部出現黑色小點；(E) 病原菌之柄子殼，內含有單室無色之孢子（標尺 = 50 µm）；(F) 單室無色之孢子（標尺 = 20 µm）；(G) 暗色雙室孢子（標尺 = 20 µm）。

Fig. 6-29-1.　Seedling stem blight of lima bean caused by *Lasiodiplodia theobromae*. (A) Dark-brown water-soaking lesion appear at the hypocotyl of the seedling in the early stage of the disease. (B) Dry and necrotic symptom on the lower stem in the late stage of the disease. (C) Stem blight symptom of the infected seedling in the field. (D) Black spots appear on the diseased stem. (E) Pycnidia of the pathogen produce aseptate, hyaline conidia. Bar = 50 µm (F) Hyaline, aseptate conidia. Bar = 20 µm (G) Dark, uniseptate conidia. Bar = 20 µm.

2. 病害環

L. theobromae 的寄主近 500 種，大多感染果樹與林木，至於感染蔬菜作物之種類較少，目前僅發現感染萊豆。臺灣栽培的萊豆品種，以大粒萊豆白仁種爲主，此品種最爲感病，以往栽培的大粒萊豆花仁種及小粒萊豆，較具抗性，目前尚未發現感染其他豆類蔬菜。本病感染源可能來自其他寄主，研究發現由不同寄主分離 *L. theobromae* 之菌株，對萊豆具有病原性。本菌可單獨或伴隨其他病原菌侵害多種作物，也由於侵入的寄主及部位之不同，使受害病徵稍有差異，其中以蒂腐（stem-end rot）、果腐（fruit rot）、梢枯（dieback）及潰瘍（canker）等病害最爲常見。病原菌也可感染種子、幼苗或由種子帶菌，也可以柄子殼在植株殘體上存活。柄孢子（pycnidiospore）是 *L. theobromae* 爲害萊豆的感染源，子葉是病原菌侵入萊豆唯一途徑，子葉脫落後，病原菌無法入侵寄主，病原菌亦可經由風、土壤、昆蟲及雨水噴濺及種子傳播。病原菌屬於高溫菌，臺灣中南部夏秋的季節，病害容易發生，隨著溫度降低病害會減緩或抑制病勢的發展。目前萊豆田間尚未發現有性世代，文獻記載番石榴莖潰瘍病曾普遍發生於高雄市及臺南市番石榴主要產區，於高雄地區罹病田曾採集到本菌的有性世代。

四、防治關鍵時機

在幼苗出土後及子葉脫落前施用推薦藥劑是本病害的防治關鍵期。

五、參考文獻

1. 王智立、謝鴻業。2006。由 *Botryosphaeria rhodina* 引起的番石榴莖潰瘍病及其病原性測定。植物病理學會刊 15：219-230。
2. 郭章信。1998。*Botryodiplodia theobromae* 引起的萊豆苗莖枯病。植保會刊 40：315-327。
3. 郭章信、劉啓東。2000。萊豆苗莖枯病之化學藥劑防治。植物保護學會刊 42：43-53。
4. Punithalingam, E. 1976. *Botryodiplodia theobromae*. CMI Description of Pathogenic Fungi and Bacteria. Commonwealth Mycological Institute, 52 (519), 3 p.

（作者：郭章信）

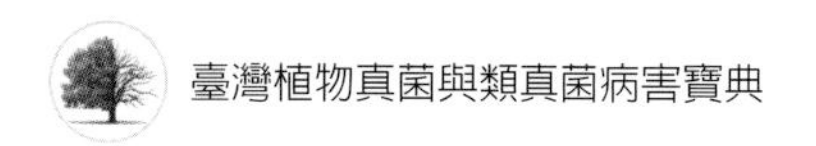

六、同屬病原菌引起之植物病害

a. 芒果蒂腐病（Stem-end rot of mango）

b. 番石榴莖潰瘍病（Stem canker of guava）（圖 6-29-2）

有性世代：*Botryosphaeria rhodina* (Berk. & M.A. Curtis) Arx

無性世代：*Lasiodiplodia theobromae* (Pat.) Griff. & Maubl.

圖 6-29-2　番石榴莖潰瘍病的病徵。受害枝條出現樹皮縱裂 (A) 以及髓部組織褐化 (B) 等症狀。（洪爭坊提供圖版）

Fig. 6-29-2. Early symptoms of stem canker on guava plant. Cracking of the bark (A) and browning of the pith tissue (B) could be observed on diseased twigs.

XXX. 甘藍黑腳病
（Black Leg of Cabbage, Crucifers Canker, Dry Rot）

一、病原菌學名

有性世代：*Leptosphaeria maculans* (Desm.) Ces. & De Not.

無性世代：*Phoma lingam* (Tode) Desm.

二、病徵

病原菌主要爲害甘藍（*Brassica oleracea*）、油菜（*Brassica napus*）、蕪菁甘藍（*B. napobrassica*）與部分十字花科作物。受害甘藍最初的症狀是幼苗的莖、子葉或第一片眞葉上，出現圓形至橢圓形灰白色病斑，隨著病害的發展，罹病處開始出現散生的小黑點，爲病原菌的柄子殼（pycnidia）（圖 6-30-1A、B）。重症幼苗很快死亡，狀似猝倒病（damping-off）；輕症幼苗移植到本田後，病斑沿莖基部上下蔓延，呈現長條狀紫黑色病斑，嚴重時皮層（cortex）乾枯腐朽（圖 6-30-1C），露出木質部，至後期罹病部產生許多小黑點（圖 6-30-1D）。在田間，受害的成株，葉片和其他地上部的病斑，通常有紫色的邊緣（圖 6-30-1C）。莖、根和球莖受到感染，引起壞死、環割狀潰瘍（圖 6-30-1D）和橫向割裂；爲害嚴重時全株枯萎，檢查罹病植株根部，可見鬚根大部分根朽腐敗，莖基部和根的皮層嚴重腐朽露出黑色的木質部，受害稍輕微者，罹病部位產生淺凹陷的灰褐色病斑，其上出現散生柄子殼（圖 6-30-2C）。

三、病原菌特性與病害環

1. 病原菌特性

病原菌在莖和葉上產生柄子殼，球形至扁球形，黃棕色至棕黑色，埋生，成熟後突出植物表皮組織，具開口（圖 6-30-2A）。柄子殼分爲兩種形態，第 I 型（sclerotioid form），埋生，逐漸隆起突破寄主表皮，聚生，形狀多變且凸起，但是很快變得凹陷，有時凹陷變形無固定形狀，具狹窄小孔，200-500 μm，柄子殼壁

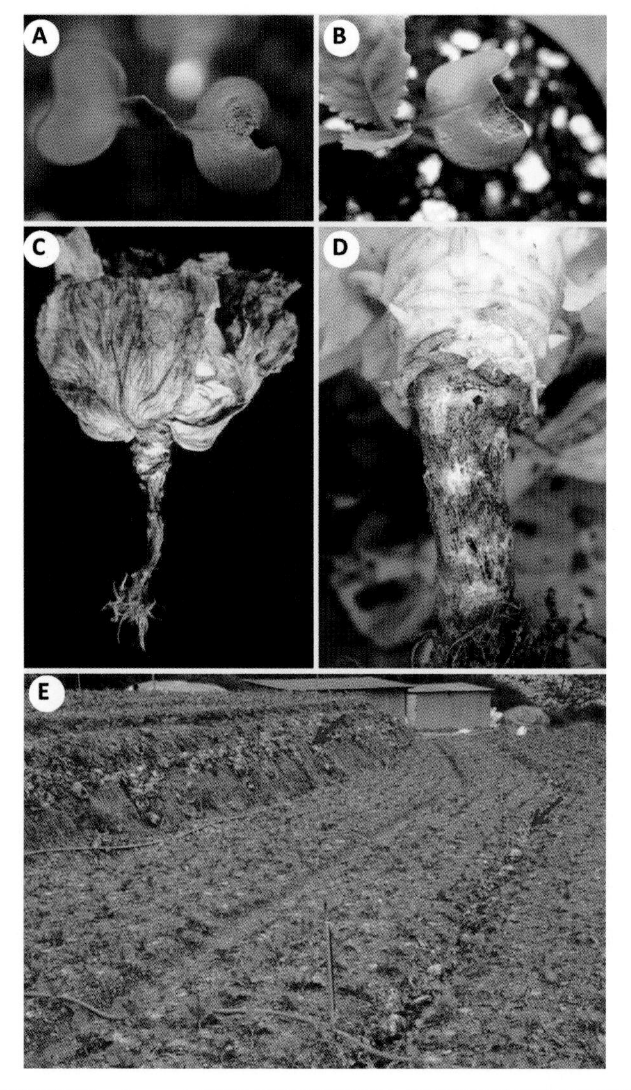

圖 6-30-1　甘藍黑腳病。(A、B) 受害甘藍幼苗子葉上出現圓形至橢圓形灰白色病斑，隨著病害的發展，開始出現散生的小黑點，為病原菌的柄子殼；(C) 罹病植株葉片出現紫脈現象，根部乾枯腐朽；(D) 罹病莖基部出現環割狀潰瘍，組織出現小黑點；(E) 罹病甘藍園田間發生狀況；農民將罹病殘株棄置於田埂（箭頭）或畦邊（箭頭），成為下一季作物的感染源。

Fig. 6-30-1.　Blackleg disease of cabbage. (A, B) Round to oval greyish-white lesions appear on the cotyledons of the diseased cabbage seedlings. Pycnidial development of the pathogen appears as scattered small black spots on the lesions. (C) Purple-vein symptom appears on the leaves of the diseased plant; the roots are dry and decayed. (D) Girdling canker appears at the base of the diseased stem, and small black spots appear on the tissue. (E) Residues of diseased cabbages in the field. Farmers discard the diseased plants on the ridges (arrows) or borders (arrows), which will become the source of inoculum for the next crop.

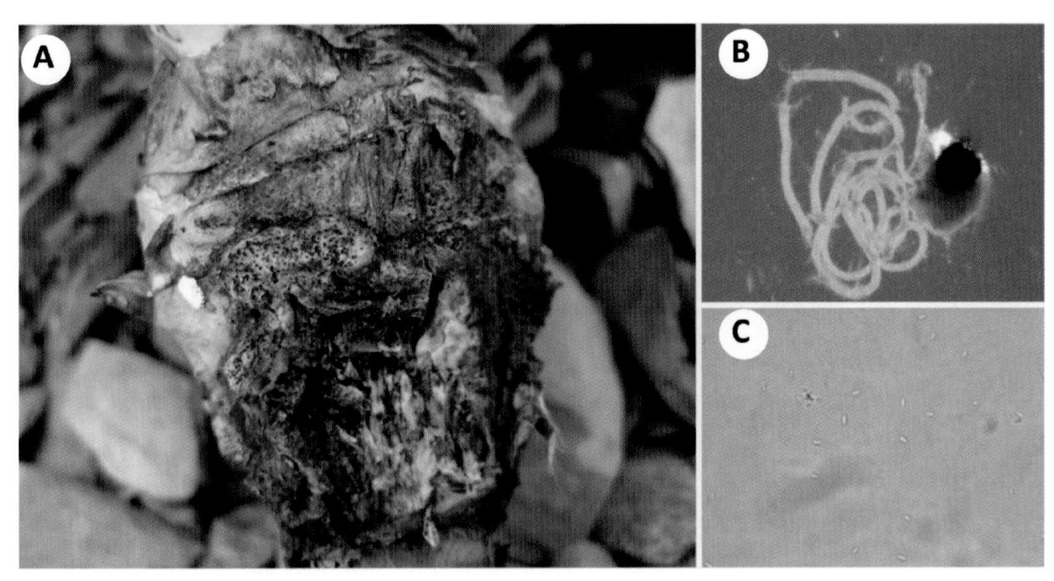

圖 6-30-2　病原菌 (A) 於罹病莖基部出現黑色小點，為病原菌之柄子殼；(B) 將柄子殼放置於水滴中，流出含分生孢子之菌泥（ooze）；(C) 分生孢子。

Fig. 6-30-2. Morphology of the pathogen. (A) Pycnidia of the pathogen appear as scattered small black spots on the base of the diseased stem. (B) Conidia ooze out from the pycnidia in water mount. (C) Conidia.

是由多層厚壁細胞組成的厚壁組織（sclerenchymatous）。第II型爲球狀，黑色，直徑 200-600 μm，柄子殼壁由幾層細胞組成，僅最外層是厚壁細胞。分生孢子無色透明，短圓柱形（圖 6-30-2B、C），大多數平直，部分孢子彎曲狀，單細胞，具油滴，分生孢子兩端各有 1 個油滴，大小 3-5×1.5-2 μm。

子囊果（ascocarp）爲假囊殼（pseudothecia），會在莖和葉片上產生，初期埋生，逐漸隆起突破寄主表皮，球形，黑色，直徑 300-500 μm，具凸出的小孔。子囊圓柱形到棍棒狀，無柄或短柄，8 個孢子，大小 80-125×15-22 μm；子囊雙囊壁（bitunicate）。子囊孢子雙行排列（biseriate），圓柱形到橢圓形，末端鈍圓形，黃棕色，在中央隔膜處略微收縮或不收縮，具油滴，35-70×5-84 μm。擬側絲（pseudoparaphyses）呈絲狀，具隔膜，無色透明。

2. 病害環

病原菌會在田間罹病的莖殘體存活（圖 6-30-1E），而後可以產生假囊殼釋放子囊孢子，或產生柄子殼釋放分生孢子，子囊孢子經由風傳播，而分生孢子則經由雨水噴濺傳播。此外，當病原菌在作物生長季節感染作物的種莢時，經由採種過程，受感染的種子，因病原菌在種皮下形成休眠菌絲，而傳播本病害，播種帶菌種子，病原菌可直接侵染幼苗子葉及幼莖。本病害爲複循環病害（polycyclic），一般而言，子囊孢子的致病力高於分生孢子；病害環始於子囊孢子在春天從假囊殼中釋放出來，發芽後經由氣孔或傷口入侵寄主，感染後不久，葉片上會形成灰色病斑和黑色柄子殼。在作物生長季節，柄子殼產生的分生孢子被雨水噴濺傳播或昆蟲傳播，成爲第二次感染源。分生孢子入侵後，經由系統性感染植物體，以細胞間生（intercellular）纏據植物組織，進而到達維管束，再沿著葉和莖之間的葉梗（stalk）向下感染，病原菌會擴散到木質部細胞內部及組織細胞之間蔓延，最後侵入和破壞莖部皮層組織，導致植株基部黑腳病的形成。病原菌喜好高溼度條件，育苗期澆水多溼度大，病害尤其嚴重，假囊殼的成熟也受氣溫和溼度的影響。病原菌在溫帶冷涼氣候地區嚴重造成爲害，於熱帶及亞熱帶地區則僅在高海拔地區才會有本病害的發生。在澳大利亞、加拿大和歐洲，子囊孢子是植物感染的主要原因；在臺灣，本病害僅出現於高冷蔬菜地區，但是尚未有發現假囊殼的記載；於冬季裡作之平地甘藍栽培區則未有本病害的報導，推測因爲病原菌無法在平地越夏存活。

四、防治關鍵時機

病原菌可經由種子帶菌，適當的種子消毒，愼選健康種子，可降低病害的發生。植株於幼苗出土後，子葉及葉片感染率過高，應選用適當藥劑防治，以降低後續黑腳病的罹病率。選用抗病或耐病品種，注意田間罹病植株殘體的管理，以及適當的輪作，是澳洲、加拿大及歐洲常用的病害管理策略。

五、參考文獻

1. CABI, 2021. Invasive Species Compendium. *Leptosphaeria maculans* (stem canker). Surrey, UK: Centre for Agriculture and Bioscience International. https://www.cabi.org/isc/datasheet/31468
2. Hammond, Kim E, Lewis, BG, Musa, TM. 1985. A Systemic Pathway in the Infection of Oilseed Rape Plants by *Leptosphaeria maculans*. Plant Pathol. 34 (4): 557-565.

3. Index Fungorum. 2021. http://www.indexfungorum.org/names /Names.asp. Accessed 8 Aug, 2021.
4. Kaczmarek, J, J dryczka, M. 2011. Characterization of two coexisting pathogen populations of *Leptosphaeria* spp., the cause of stem canker of brassicas. Acta Agrobot. 64 (2): 3-14.
5. Punithalingam, E., Holliday, P. 1972. *Leptosphaeria maculans*. CMI Description of Pathogenic Fungi and Bacteria. C. M. I. 34 (331), 2 pp
6. Sprague, SJ, Watt, M, Kirkegaard, JA, Howlett, BJ. 2007. Pathways of infection of *Brassica napus* roots by *Leptosphaeria maculans*. New Phytol. 176: 211-222.
7. West, JS, Kharbanda, PD, Barbetti, MJ, Fitt, BDL. 2001. Epidemiology and management of *Leptosphaeria maculans* (phoma stem canker) on oilseed rape in Australia, Canada and Europe. Plant Pathol. 50:10-27.

（作者：郭章信）

六、同屬病原菌引起之植物病害

a. 山葵葉黑斑病（Phoma leaf spot of wasabi）

有性世代：*Leptosphaeria biglobosa* Shoemaker & H. Brun

無性世代：*Phoma wasabiae* Yokogi

XXXI. 甘藷基腐病（Foot Rot of Sweet Potato）

一、病原菌學名

有性世代：*Diaporthe destruens* (Harter) Hirooka, Minosh. & Rossman

無性世代：*Phomopsis destruens* (Harter) Boerema, Loer. & Hamers

二、病徵

主要爲害甘藷藤蔓、莖基部位，受害植株地上部生長勢衰落、葉片變小、變紅、黃化枯萎，靠近基部藤蔓逐漸地轉變成黑褐色乾腐，病斑部產生大小不一之黑褐色凸起物，嚴重時整株乾枯死亡（圖 6-31-1A、B、C），且乾枯部位緊鄰塊根生長處，因此導致罹病植株幾乎完全無法生產塊根（圖 6-31-1D）。因發病部位從莖基部分別向上及向下蔓延，亦會造成塊根受害部位表面產生水浸狀淡褐色溼腐病斑，病藷塊縱剖面內部組織褐化腐爛具溼臭味（圖 6-31-1E），嚴重影響甘藷品質。

三、病原菌特性與病害環

1. 病原菌特性

本病原菌以 PDA 培養時，該菌菌絲生長緩慢，於 25℃下培養 20 天後，培養基呈現淡褐色，菌落稍有皺摺、邊緣不平整（圖 6-31-2A）。本菌在罹病藤蔓表面上，會產生黑色大小不一、圓形凸起物，爲具頸狀之子座式柄子殼（stromata-pycnidia），柄子殼半埋生（semi-immersed）於植物組織內，爲多腔式（convoluted），大小約 71.24±12.2×53.03±9.45 μm。本菌會產生兩型分生孢子，其中一型爲單孢、透明無色、圓筒狀或卵形、兩端具有圓形油滴之甲型分生孢子（*α*-conidia）（圖 6-31-2B），大小約 6.64±0.39×3.23±0.22 μm，於罹病組織或人工培養過程中皆會產生；另一型則爲次紡錘型，具多個油滴、一端突尖或圓鈍，另端稍呈截頭狀，一邊略彎之丙型分生孢子（*γ*-conidia）（圖 6-31-2C），大小約 8.22±0.73×2.27±0.23 μm，僅偶爾於罹病組織上發現。本病原菌絲生長最適溫度爲 20℃，分生孢子最適發芽溫度爲 25-30℃，本病害於 15-30℃均會發生。

圖 6-31-1　甘藷基腐病之病徵。(A、B) 莖基部藤蔓出現褐化乾枯現象；(C) 甘藷病株藤蔓上產生黑色之子座式柄子殼；(D) 病原向下擴展導致塊根腐爛情形；(E) 罹病藷塊縱剖面顯示組織褐化腐爛具溼臭味。

Fig. 6-31-1. Symptoms of foot-rot on sweet potato. Infected stem foot exhibiting browning and dying symptoms (A, B) and rot extending to diseased tuber (D). (C) Black stromatic pycnidia erumpent on infected stem. (E) Cross section of diseased tuber with tissue browning and rotting symptoms.

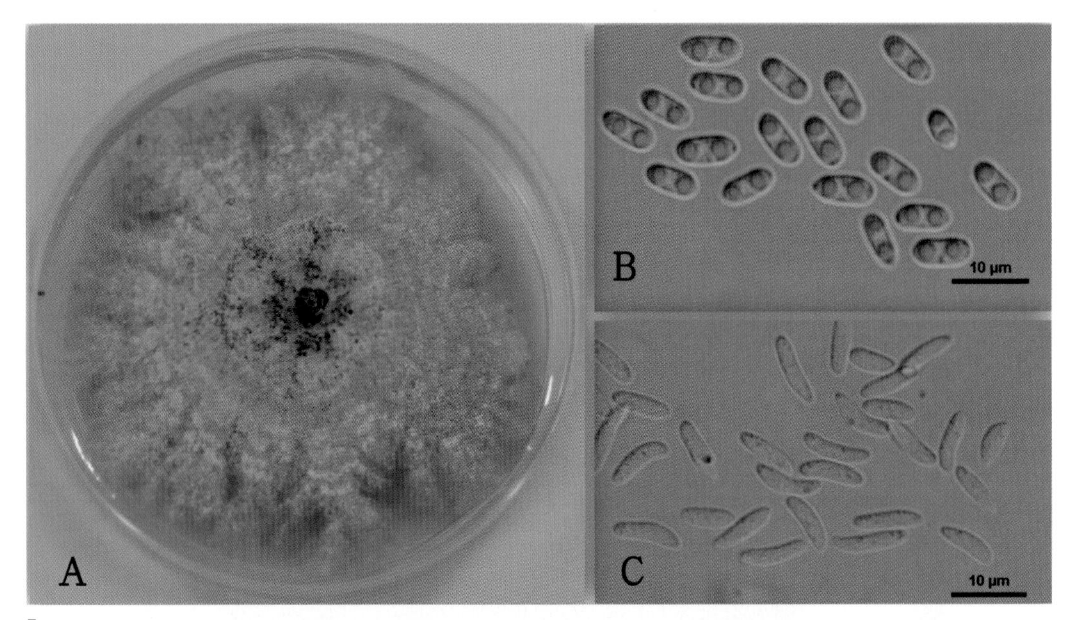

圖 6-31-2　甘藷基腐病菌之菌落與分生孢子形態。(A) 甘藷基腐病菌於 PDA 培養基上於 25℃ 培養 20 天後的菌落形態；(B) 單胞、透明無色、圓筒狀或卵形、兩端有圓形油滴之甲型分生孢子（α-conidia）；(C) 單胞次紡錘形，遠端凸尖或略為鈍圓，而基端略呈截頭狀，並且一邊略彎之丙型分生孢子（γ-conidia）。標尺 = 10 μm。

Fig. 6-31-2. Colony and conidial morphology of *Phomopsis destruens*. (A) Colony morphology of *P. destruens* cultured on PDA at 25°C for 20 days; (B) α-conidia one-celled, hyaline, oblong or oval, with 2 guttules; (C) γ-conidia clavate to subcylindrical, one end actue or obtuse, the base somewhat truncate, and one side slightly curved. Bar = 10 μm.

2. 病害環

本菌未發現有性世代，其菌體可在土壤中之植物殘體如藤蔓、藷塊等組織內越冬，成爲下一期作感染源。主要藉扦插之種苗傳播，當被感染之扦插苗栽植於田間時，遇到適當溫度 15-30℃ 及潮溼環境下，病組織上產生分生孢子，並發芽、侵入感染受傷之植物組織、嫩芽或根。另外，甘藷在貯藏時，病原菌分生孢子可殘存於藷塊表面，當藷塊進行貯藏時，基腐病菌孢子發芽後侵入感染有傷口之健康藷塊，造成藷塊出現褐化軟腐現象。基腐病菌對旋花科（Convolvulaceae）植物如月光花（*Ipomoea alba*）、白星薯（*Ipomoea lacunosa*）、紫花牽牛（*Ipomoea purpurea*）等均具有病原性。

四、診斷要領

觀察病徵，在藤蔓表面產生大小不一、黑色、突起狀顆粒，爲病原菌柄子殼，在溫暖潮溼環境下，可觀察到透明乳白色之分生孢子堆自柄子殼上泌出，並挑取該些分生孢子於顯微鏡下觀察孢子形態。

五、防治關鍵時機

種苗及田間罹病殘體爲本病害之主要感染源，使用健康種苗及清除罹病殘體可有助於本病害之防治。

1. 栽植健康種苗：本病害主要感染源爲罹病種苗，因此清潔種苗來源爲防治本病害之重要策略。
2. 清除罹病殘體：田間栽培時期及採收前若發現發病植株應整株含地下部進行清除，並移出田間，以減少田間感染源。
3. 發病區建議於種植前進行淹水 2 週以上或與水稻及非寄主作物輪作，以降低田間感染源密度。
4. 罹病初期，於植株地基部澆灌菲克利或腐絕進行化學防治。

六、參考文獻

1. Clark, C. A., D. M. Ferrin, T. P. Smith, and G. J. Holmes. 2013. Compendium of Sweetpotato Diseases, Pests, and Disorders. 2nd ed. APS Press, The American Phytopathological Society. St. Paul, MN. 160 pp.
2. Huang, C. W., Chuang, M. F., Tzean, S. S., Yang, H. R. and Ni, H. F. 2012. Occurrence of Foot Rot Disease of Sweet Potato Caused by *Phomopsis destruens* in Taiwan. Plant Pathol. Bull. 21: 47-52.
3. Huang, C. W., H. R. Yang, C. Y. Lin, S. L. Hsu, S. Y. Lai, and H. F. Ni. 2016. The study of physiological characteristics and control of *Phomopsis destruens* causing foot rot of sweet potato. J. Taiwan Agric. Res. 65(1):45-53.
4. Huang, C. W., H. R. Yang, C. Y. Lin, S. L. Hsu, W. C. Ko, and H. F. Ni. 2017. Screening of fungicides for foot rot of sweet potato caused by *Phomopsis destruens*. J. Taiwan Agric. Res. 66(1):66-73.

（作者：黃巧雯、倪蕙芳、楊宏仁）

七、同屬病原菌引起之植物病害

a. 蘆筍莖枯病（Stem blight of asparagus）（圖 6-31-3）

無性世代：*Phomopsis asparagi* (Sacc.) Grove

圖 6-31-3　蘆筍莖枯病的病徵。（黃振文提供圖版）
Fig. 6-31-3. Symptoms of stem blight of asparagus caused by *Phomosis asparagi* in the field.

XXXII. 落花生冠腐病
（Aspergillus Crown Rot of Peanut）

一、病原菌學名

Aspergillus niger Van Tiegh

二、病徵

落花生幼苗和年輕的植株很容易受到冠腐病菌（*A. niger*）的感染。年輕的植株被感染後通常會導致很高的死亡率，造成田間嚴重缺株的現象（圖 6-32-1）。隨著植株的成熟，對病菌變得不那麼敏感，死亡率也會下降。種子腐爛和出土前猝倒是常見的病徵，但最明顯的病徵是幼苗突然枯萎死亡。在枯萎植株的冠部和根中，維管組織會出現深褐色的變色。被感染植物的下胚軸也可能腫脹。在發芽後不久後幼苗的感染通常發生在子葉或下胚軸上。本病害的病程擴展迅速，被感染的植株通常在種植後 30 天內死亡。有些罹病植株則可能存活更長的時間，並在生長季節的後期陸續發生單一分枝或整個植株死亡的情形（圖 6-32-2、圖 6-32-3）。田間較老植株感染本病的主要病徵是受害植株枯死，莖部出現壞疽與褐變，該莖節容易在地基處折斷，不易將罹病植株連根拔起。罹病的子葉、下胚軸和根常被菌絲體、分生孢子柄和黑色分生孢子所覆蓋（圖 6-32-4）。

三、病原菌特性與病害環

1. 病原菌特性

落花生冠腐病是由 *Aspergillus niger* Tiegh 所引起，*A. niger* 在 25℃的條件下生長良好，並可產生大量黑色的分生孢子頭（conidial heads），其直徑可達 700-800 μm。分生孢子柄（conidiophores）的大小為 1.5-3.0 μm×15-20 μm。分生孢子（conidia）球形（globose），直徑 4.0-5.0 μm。有些菌株可以產生菌核。

2. 病害環

A. niger 廣泛分布在世界地各土壤中，土壤類型與冠腐病的發生率並沒有很高

圖 6-32-1　田間落花生冠腐病的發病情形。
Fig. 6-32-1.　The occurrence of peanut crown rot in the field.

圖 6-32-2　田間落花生冠腐病之成株病徵。
Fig. 6-32-2.　The wilt symptom of peanut crown rot on adult plant in the field.

圖 6-32-3　花生冠腐病菌引起莖基部壞死（箭頭）與植株枯萎的症狀。（黃振文提供圖版）

Fig. 6-32-3. The basal stem rot (arrow) and whole plant wilting symptoms of Aspergillus crown rot of peanut caused by *Aspergillus niger*.

圖 6-32-4　落花生冠腐病菌於發芽種子根部的產孢情形。

Fig. 6-32-4. Sporulation of peanut crown rot fungus on roots of germinated seeds.

的相關性，但是本病害通常在有機質含量低的土壤中比較容易發生。本病害是種子傳播的病害，若使用被 *A. niger* 汙染或感染的種子來播種，則其幼苗通常有很高比率已經被感染。然而，來自土壤及植株殘體的病原菌也有可能成爲初次感染源，*A. niger* 在連續種植花生的田地中比在種植非寄主作物的田地中更普遍存在。不良的環境似乎是促進本病害發展的重要因素之一。種植季節初期的乾旱和高溫等逆境與冠腐病的爆發有關性。其他不利條件，例如土壤水分和溫度的劇烈波動、種子品質不良、不當使用除草劑對花生幼苗造成的藥害、昆蟲在根和冠部攝食造成的傷口以及其他延遲幼苗出土的因素，均與本病害的發生有關。

四、防治關鍵時機

1. 採收後需盡速乾燥落花生之果莢，剝殼後的落花生種仁應盡快播種，以減少本病菌侵入種子之機會。此外，應將有明顯病斑的落花生種仁（俗稱土底豆）挑除，以減少種子傳播本病的機會。
2. 播種前，落花生種子若能表面消毒或與殺菌劑（34.5% 貝芬菲克利可溼性粉劑、40% 腐絕可溼性粉劑、50% 依普同可溼性粉劑）混拌，亦可提高發芽率並減少本病害的發生，使用方法詳如植物保護資訊系統（https://otserv2.tactri.gov.tw/ppm/）。
3. 播種時深度不宜過深，田間水分要適當，不要太乾，採取適當灌水，使種子盡快發芽出土，即可減少幼苗猝倒的情形發生。

五、參考文獻

1. 林益昇。1982。影響落花生冠腐病發病之因子及其防治研究。中華農業研究 31: 144-154。
2. 張詠梅。2002。落花生冠腐病抗病性檢定之研究。國立高雄師範大學生物科學研究所碩士論文。40 頁。
3. Ashworth, L. J., Jr., Langley, B. C., Mian, M. A. W., and Wrenn, C. J. 1964. Epidemiology of a seedling disease of Spanish peanut caused by *Aspergillus niger.* Phytopathology 54:1161-1166.
4. Hsi, D. C. H. 1966. Observations on an outbreak of Aspergillus crownrot of Valencia

peanuts in New Mexico. Plant Dis. Rep. 50:175-177.

5. Wadsworth, D. F., and Melouk, H. A. 1984. Aspergillus crown rot. Pages 33-34 in: Compendium of Peanut Diseases. APS Press, The Amer. Phytopathol. Soc., St. Paul, Minn., U.S.A.

（作者：林宗俊）

六、同屬病原菌引起之植物病害

a. 分蔥、洋蔥（圖 6-32-5）、蔥韮、韮菜、韮蔥、蒜頭（圖 6-32-6）、大蒜、伯利恆之星（圖 6-32-7）黑麴病（Black mold）

病原菌：*Aspergillus niger* Van Tiegh（圖 6-32-8a）

b. 大豆、長葉大豆苗枯病（Aspergillus seedling blight）

病原菌：*Aspergillus flavus* Link（圖 6-32-8b）

c. 王咲葛藤（大還魂）塊根炭黴病（Aspergillus tuberous root rot）

病原菌：*Aspergillus carbonarius* (Bain.) Thom.

圖 6-32-5　洋蔥黑麴病的病徵。
Fig. 6-32-5.　Symptom of black mold on onion.

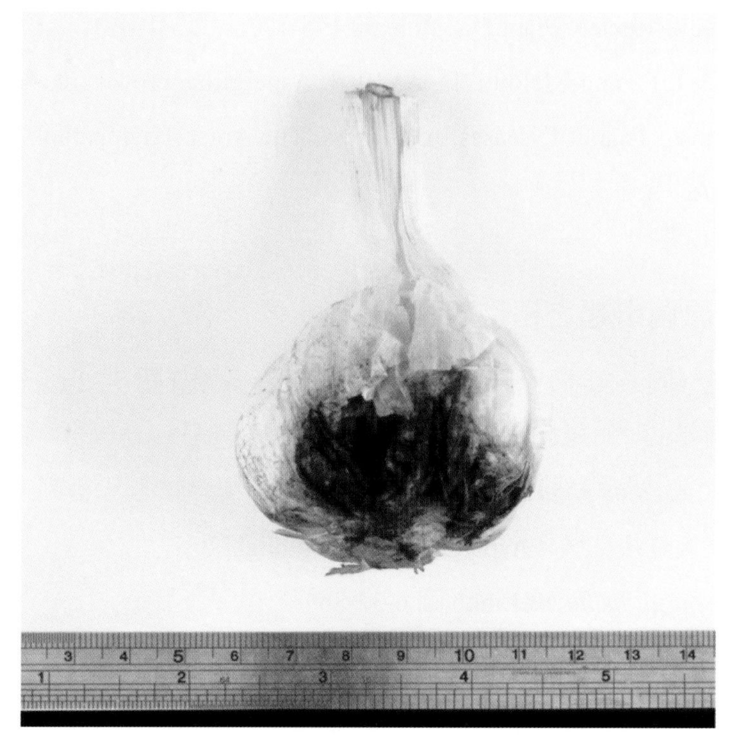

圖 6-32-6　蒜頭黑麴病的病徵。
Fig. 6-32-6.　Symptom of black mold on garlic.

圖 6-32-7　南非伯利恆之星黑麴病的病徵。（蘇俊峰提供圖版）
Fig. 6-32-7.　Symptoms of black mold on South African Star of Bethlehem.

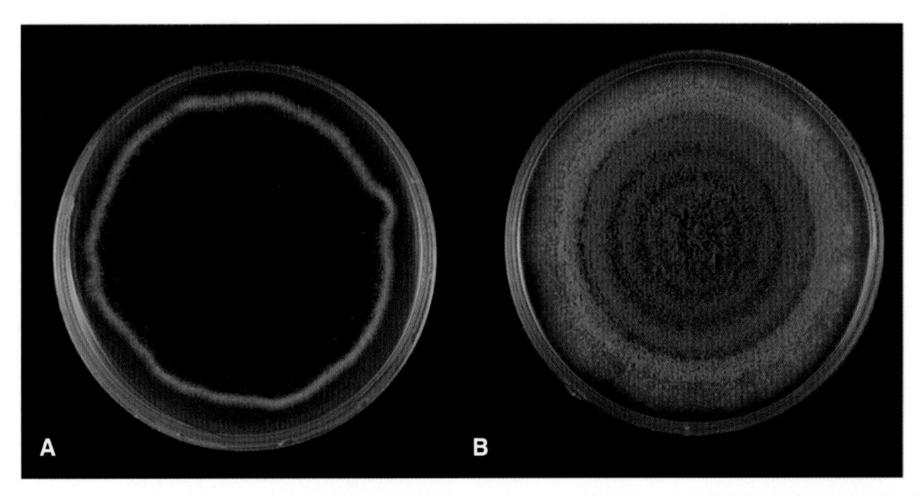

圖 6-32-8　*Aspergillus niger* (A) 與 *Aspergillus flavus* (B) 培養於馬鈴薯葡萄糖瓊脂培養基的菌落形態。

Fig. 6-32-8.　Colony morphologies of *Aspergillus niger* (A) and *Aspergillus flavus* (B) cultured on potato dextrose agar.

XXXIII. 大豆紅冠腐病（Red Crown Rot of Soybean）

一、病原菌學名

有性世代：*Calonectria ilicicola* Boedijn & Reitsma

無性世代：*Cylindrocladium parasiticum* Crous, M.J. Wingf. & Alfenas

二、病徵

本病原菌可爲害幼苗期至成株期的大豆，受病原菌感染之植株通常於結莢開始期（R3）與結莢盛期（R4）時，葉片之葉脈間出現黃化與壞疽（圖 6-33-1B），葉柄枯萎導致提前落葉；莖基部呈褐化病徵（圖 6-33-1C），並在褐化表面產生深紅色的子囊殼爲其病兆（圖 6-33-1E）；根部逐漸壞死腐爛影響水分與養分輸導，最終使植株死亡。

三、病原菌特性與病害環

此病原菌的病害環尚未完全明瞭。在田間病原菌能以分生孢子、子囊孢子及微菌核藉由灌溉水、雨水進行傳播。其產生之微菌核能在土壤內殘存，藉此渡過不良環境，並作爲次年之感染源。

分生孢子爲透明圓柱狀，兩端成圓形、筆直，有 1-3 個隔膜；子囊殼橙色至深紅色，形狀球形至橢圓形，子囊透明棒狀，內含 8 個子囊孢子，無色透明端部圓形，呈彎曲鐮刀狀，有 1-2 個隔膜。

四、診斷要領

當病原菌自地下部入侵後，大豆植株於莖基部首先褐化，而後產生大面積紅色病斑，但易與植株木栓化情形混淆；此階段葉片之葉脈間開始黃化並出現褐色斑點，而後逐漸擴大，須注意容易與殺草劑造成之病徵混淆；而當病害發展快速時，葉片易產生疑似大豆猝死症後群（sudden death syndrome）病徵；之後地上部相較於正常植株，有逐漸褪綠之情況並呈現萎凋狀，拔起植株可觀察到根部有發育不完全之現象，此階段於莖基部也可觀察到紅棕色子囊殼產生。

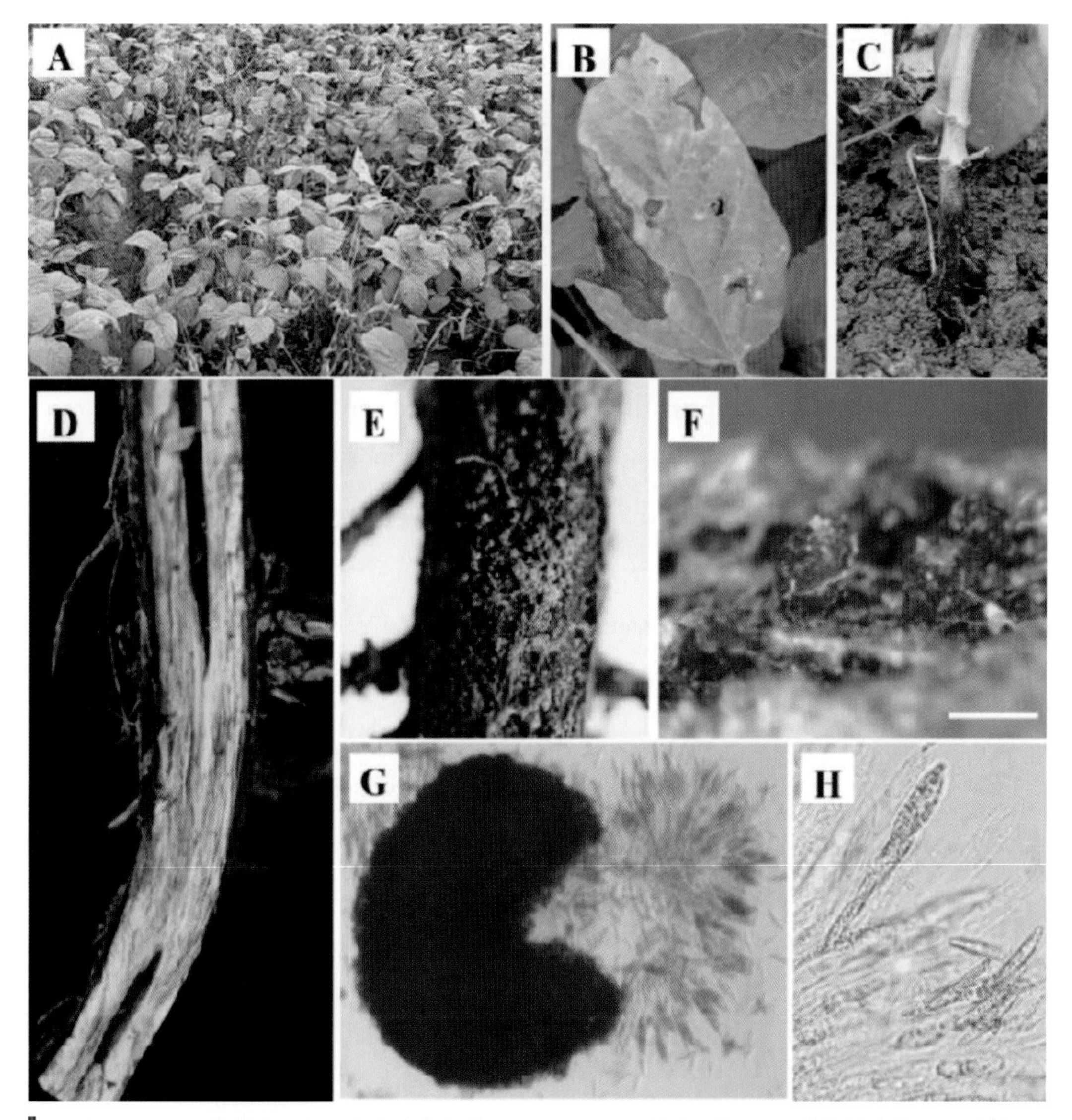

圖 6-33-1　臺灣大豆紅冠腐之病徵與病原。(A) 田間植株萎凋狀；(B) 葉片壞疽狀；(C) 莖基部之紅褐色病斑；(D) 根髓部呈變色萎縮狀；(E) 子囊殼著生於莖基部上；(F) 於解剖顯微鏡下觀察到的子囊殼；(G) 於光學顯微鏡下觀察到子囊殼釋放子囊情形；(H) 病原菌之子囊，內含 8 個子囊孢子。

Fig. 6-33-1. Symptoms of red crown rot on soybean in Taiwan. (A) Wilting symptoms in fields. (B) Necrosis on soybean leaves. (C) Reddish brown lesion on the basal stem and the crown region. (D) Root discoloration and decline. (E) Perithecia-like structure on basal stem. (F) Close look of perithecia-like structures. (G) Asci released from a perithecium. (H) Asci with 8 ascospores.

五、防治關鍵時機

目前尚無用於大豆紅冠腐病之防治推薦藥劑，但可透過種植抗性品系、植前土壤消毒或耕作防治（如延遲播種），避開病菌適合發展之環境及輪作等方式，降低大豆紅冠腐病之發生機率。

六、參考文獻

1. Haralson, J. C. 2009. Pathogens associated with blueberry cutting failure in south Georgia nurseries and their control. M. S. thesis. University of Georgia, Athens.
2. Kuruppu, P. U., R. W. Schneider, and J. S. Russin. 2004. Factors affecting soybean root colonization by *Calonectria ilicicola* and development of red crown rot following delayed planting. Plant Dis. 88(6), 613-619.
3. Liu, H. H., Y. M. Shen, H. X. Chang, M. N. Tseng, and Y. H. Lin. 2020. First report of soybean red crown rot caused by *Calonectria ilicicola* in Taiwan. Plant Dis. 104(3), 979.
4. Male, M. F., Y. P. Tan, L. L Vawdrey, and R. G. Shivas. 2012. Recovery, pathogenicity and molecular sequencing of *Calonectria ilicicola* which causes collar rot on *Carica papaya* in Australia. Australas. Plant Dis. Notes, 7(1), 137-138.
5. Polizzi, G., A. Vitale, D. Aiello, V. Guarnaccia, P. Crous, and L. Lombard. 2011. First report of *Calonectria ilicicola* causing a new disease on Laurus (*Laurus nobilis*) in Europe. J. Phytopathol. 160(1), 41-44.

（作者：林盈宏）

XXXIV. 蔬菜與花卉作物菌核病（Sclerotinia Rot of Vegetables and Ornamental Crops）

一、病原菌學名

Sclerotinia sclerotiorum (Lib.) de Bary

二、病徵

蔬菜與花卉作物菌核病是由菌核病菌 *Sclerotinia sclerotiorum* 為害引起，發病初期，植株地際部組織呈水浸狀腐爛，其他被害部亦呈軟爛，故又名軟腐病。有時被害部有白色菌絲。一般菌核病多由地際部往上蔓延，使整株萎凋死亡（圖 6-34-1A），被害植物之表面或內部均可產生黑色鼠糞狀菌核或不規則黑色菌核（圖 6-34-1B）。花卉作物受菌核病菌為害，亦有類似的病徵，嚴重時可造成大面積死亡（圖6-34-2）。

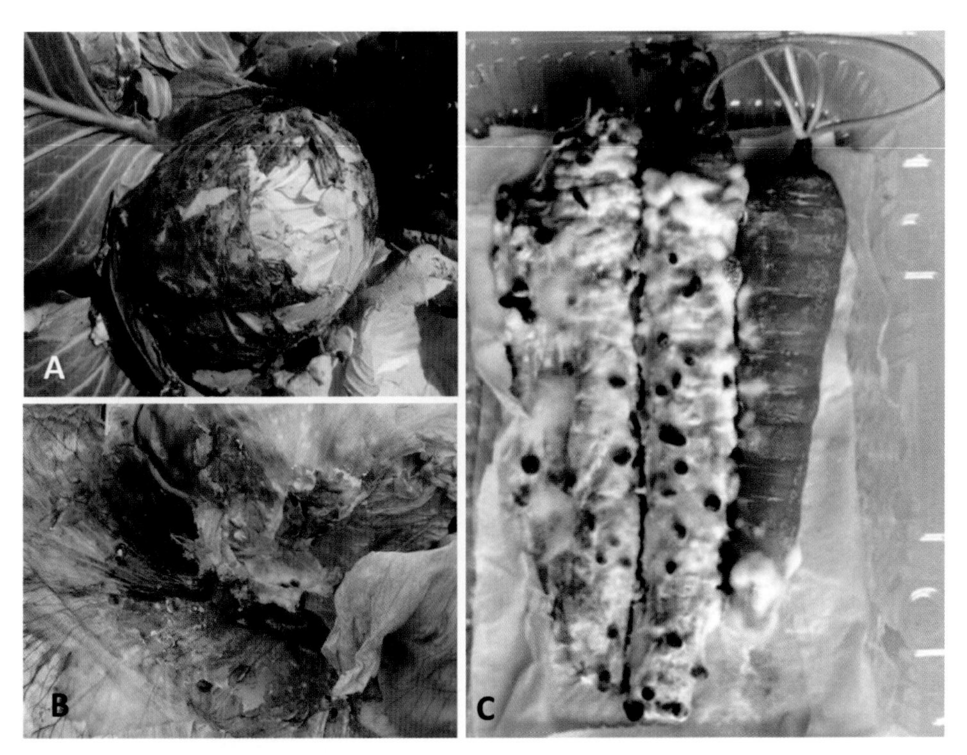

圖 6-34-1　(A) 甘藍、(B) 萵苣與 (C) 胡蘿蔔菌核病的病徵。
Fig. 6-34-1.　Symptoms of sclerotinia rot on (A) cabbage, (B) lettuce, and (C) carrot caused by *Sclerotinia sclerotiorum.*

圖 6-34-2　菊花菌核病。(A、B) 病原菌為害菊花造成萎凋死亡；(C) 菌核以子實體方式發芽，自土壤中露出，產生杯狀的子囊盤；(D) 病原菌在田間產生的菌核及由菌核產生的子囊盤。

Fig. 6-34-2. Sclerotinia rot of chrysanthemum caused by *Sclerotinia sclerotiorum*. (A, B) Infected chrysanthemum plants showing wilt symptom and death. (C) Carpogenic germination of sclerotia with cup-shaped apothecium emerging on soil surface. (D) A sclerotium produced in the field showing carpogenic germination, with apothecia arising from the sclerotium.

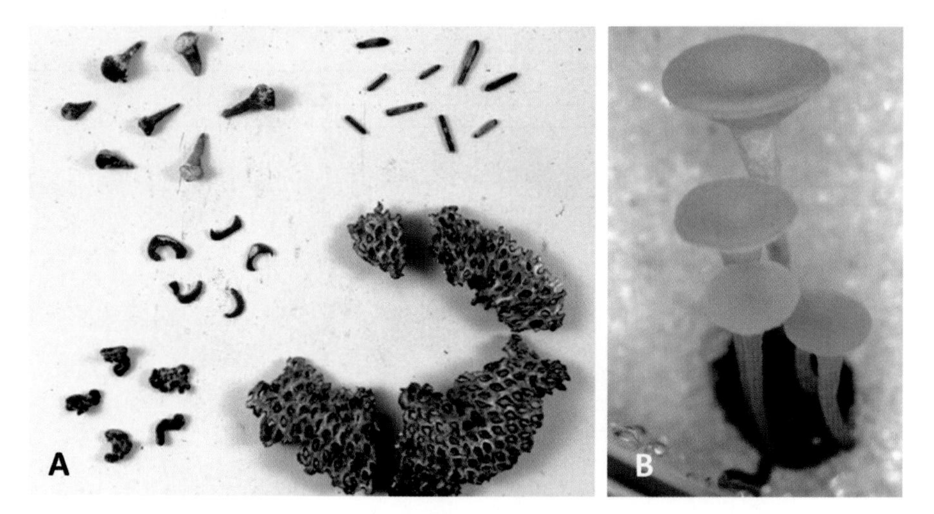

圖 6-34-3　向日葵菌核病。(A) 向日葵爛頭病的菌核，小自 2-3 mm，大至 9-10 cm；(B) 菌核以子實體方式發芽，產生數個盤狀的子囊盤。（黃鴻章提供圖版）

Fig. 6-34-3. Sunflower head rot caused by *Sclerotinia sclerotiorum*. (A) Sclerotia of various shapes produced by the pathogen, ranging from small (2-3 mm) to large (9-10 mm). (B) Carpogenic germination of a sclerotium, producing several disk-shaped apothecia.

三、病原菌特性與病害環

本病菌屬子囊菌，寄生範圍甚廣，一般蔬菜均可被害，多發生於冬春低溫陰雨之季。最明顯之特徵除軟腐、萎凋外，可以明顯見到菌核產生（圖 6-34-3A），菌核黑色，如鼠糞狀。大小爲 0.38-12×0.2-4.0 mm。在低溫（15-18℃）多溼下經過 3-4 週，菌核上會產生漏斗狀的子囊盤（圖 6-34-3B）。盤皿直徑約 3-4 mm，子囊盤中有無數棍棒狀子囊於子囊盤中形成一層子囊層，子囊大小約 91-128×6-9 μm，成熟後遇大氣溼度變化大或落雨或被觸及，其中的子囊孢子即直接猛力射至空中。子囊孢子單胞，橢圓形，大小約 9-14×3-6 μm，落在葉、果實或莖上，便會發芽侵入爲害並造成病害。子囊孢子爲植物菌核病害之主要感染源。

四、診斷要領

罹病植物組織會呈現腐爛病徵，組織內外並有黑色不規則狀之菌核產生。

五、防治關鍵時機

本病害之防治以土壤管理爲最根本之解決方法，於耕作前翻土整地，並於整地後淹水 14 天以上，可有效降低病害發生。化學防治可參考植物保護資訊系統（https://otserv2.tactri.gov.tw/PPM/），如大克爛、撲滅寧或貝芬同於發病初期於植株莖基部澆灌，必要時隔 10 天再施藥一次。

六、參考文獻

1. 黃鴻章、黃振文、謝廷芳。2017。永續農業之植物病害管理。臺中。五南圖書出版社。
2. Huang, H. C. 1983. Pathogenicity and survival of the tan-sclerotial strain of *Sclerotinia sclerotiorum*. Can. J. Plant Pathol. 5:245-247.
3. Huang, H. C. 1985. Factors affecting myceliogenic germination of sclerotia of *Sclerotinia sclerotiorum*. Phytopathol. 75:433-437.
4. Huang, H. C., and Kozub, G. C. 1989. A simple method for production of apothecia from sclerotia of *Sclerotinia sclerotiorum*. Plant Prot. Bull. 31:333-345.

（作者：黃振文）

XXXV. 洋香瓜黑點根腐病
（Root Rot/Vine Decline of Muskmelon）

一、病原菌學名

Monosporascus cannonballus Pollack & Uecker

二、病徵

田間種植早秋品種的洋香瓜，生育期約爲 12-13 星期，苗株移植本田後第 7 星期即可開花、結果，此時洋香瓜黑點根腐病並不會表現地上部病徵。待植株開花結果後，地上部才會出現生長停滯、葉片黃化與壞疽等病徵，但是瓜蔓與葉柄並無病徵。然而，到採收前 2 星期，整園出現急速性萎凋的病徵，萎凋率常高於 80%，致使果實暴露在太陽底下與無法持續發育成熟而喪失商品價値（圖 6-35-1A）。而洋香瓜黑點根腐病在地下部的初期病徵，則表現於植株移植至本田第 5 星期之後，此時地上部尚無病徵的洋香瓜植株，根系有 1-2 條的一級與二級側根，已出現典型黑點根腐病的紅色病斑（圖 6-35-2A）。之後，這些病斑會融合造成根腐，使一級與二級側根自主根上脫落。雖然洋香瓜植株或可新長出一級與二級側根，但通常表現根系缺少側根與根毛的症狀。在移植 9 星期之後，地上部已有萎凋病徵的洋香瓜植株主根上，可觀察到零星的褐色凹陷的壞疽斑（圖 6-35-2B）。到採收前 2 星期，主根上散生許多壞疽斑，並融合造成嚴重根腐（圖 6-35-2C）。待洋香瓜採收後，植株之根腐益趨嚴重，甚至在直徑較小的根上，有一些黑色、圓形、半埋生於根部皮層的子囊殼形成（圖 6-35-2D）。若是罹病根持續留在田間土壤環境中（土壤含水量爲 7-9%，土表下方 10 cm 溫度爲 25-26℃）1 個月，則根部會有大量的子囊殼產生，但下胚軸、莖部與葉片則否。

三、病原菌特性與病害環

洋香瓜受感染初期，地下部主根和側根會出現褐化小病斑，漸漸的擴展癒合成壞疽斑，壞疽斑散生，常出現於根分支處，最後產生根腐。將植株自土壤中拔起時，罹病根系大都脫落。當發生根腐的根部無法吸收足夠供應植株生長所需的

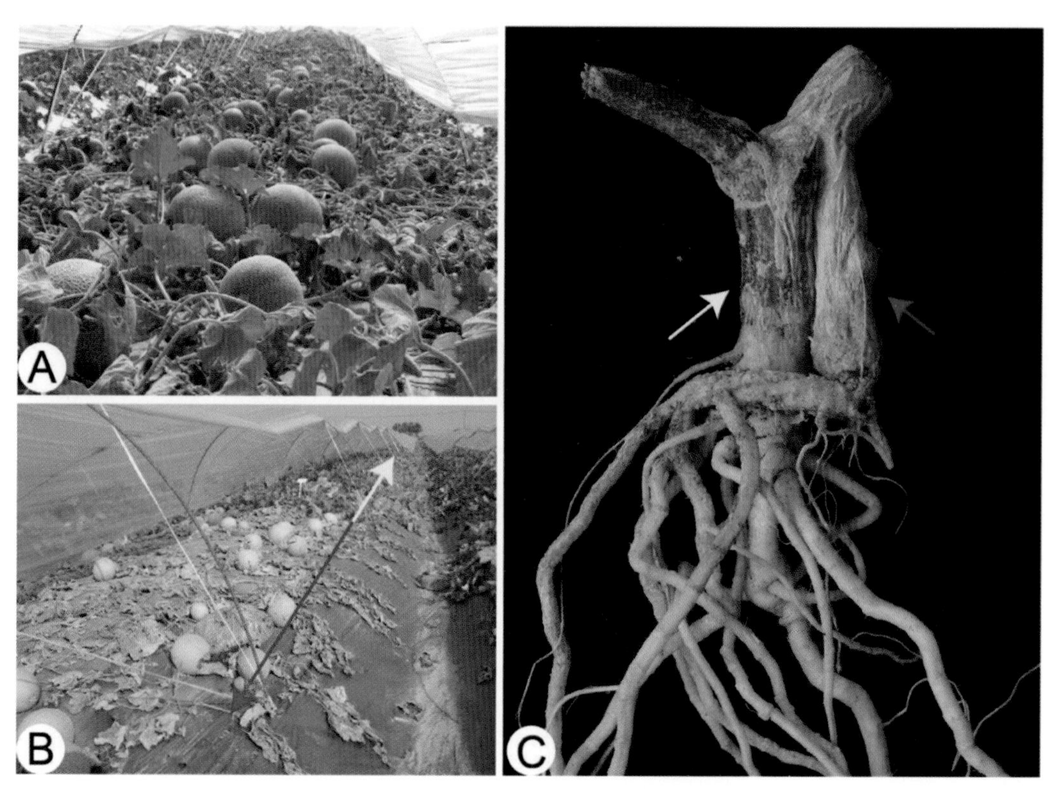

圖 6-35-1 (A) 洋香瓜到採收前 2 星期，整園出現急速性萎凋的病徵，萎凋率常高於 80%，致使果實暴露在太陽底下與無法持續發育成熟而喪失商品價值；(B) 利用舌狀根靠接法以南瓜當根砧嫁接洋香瓜，可於田間防治洋香瓜黑點根腐病（黃色箭頭部分為嫁接苗，紅色箭頭部分為實生苗）；(C) 舌狀根靠接嫁接株實生苗根部受到黑點根腐病菌感染嚴重（紅色箭頭），但是南瓜根砧根部則僅輕微受害（黃色箭頭）。

Fig. 6-35-1. (A) Two weeks before the harvest of muskmelons, the sudden wilt occurred, which caused by *Monosporascus cannonballus*. Its disease incidence had more than 80%, resulting in immature fruits and loss of market value. (B) The tongue root inarching muskmelons, using squash as rootstock (yellow arrow), exhibited tolerance to root rot/vine decline, but seedlings did not (red arrow). (C) Vigorous root system in tongue root inarching muskmelons supported by squash rootstock (yellow arrow). Comparing with the squash rootstock, muskmelon roots had been severely infected (red arrow).

水分時，特別是在果實肥大成熟期（約採收前 10-14 天），植株地上部葉片便產生突發性的急速萎凋（sudden wilt）與罹病株死亡，其所產生的果實因含糖量低而風味不佳，因而失去商品價值。植株死亡後，會在病根表皮上產生該病原菌的子囊殼，尚未發現其無性世代。本病害屬於單循環病害（monocyclic disease），罹病株在果實採收或植株死亡之後，罹病根部會產生大量的子囊殼。據估計一棵成熟且被

Monosporascus cannonballus 感染的洋香瓜，整個根系約可產生 4×10^5 顆子囊孢子（ascospores），假如這些子囊孢子平均分布於 0.03 m^3（1 $feet^3$）之土壤（土壤密度 1.36 g/cm^3）中，則每克土壤大約含有 10.4 顆子囊孢子，子囊孢子被認爲是本病原菌的存活構造與本病害的初次感染源。

四、診斷要領

洋香瓜黑點根腐病很難由地上部萎凋病徵進行診斷，主要診斷依據爲地下部病徵。洋香瓜黑點根腐病的根腐屬乾腐，在感染初期根部會出現紅色病斑（圖 6-35-2A），嚴重時轉爲褐色凹陷的壞疽斑（圖 6-35-2B）與根腐（圖 6-35-2C）。若植株根部出現黑色、圓形、半埋生於根部皮層的子囊殼（圖 6-35-2D），則可確診爲洋香瓜黑扁根腐病。成熟的子囊殼內有許多子囊，每一子囊內僅含有一個圓形的子囊孢子，子囊孢子 6 層壁，成熟的子囊孢子黑色。

五、防治關鍵時機

1. 利用舌狀根靠接法以南瓜當根砧嫁接洋香瓜，可於田間防治洋香瓜黑點根腐病。雖然嫁接株根部亦會受到黑點根腐病菌的感染，但是嫁接之後，使原本應該產生急速萎凋的洋香瓜植株，變成僅產生可恢復的暫時性萎凋，仍可採收到洋香瓜（圖 6-35-1B、C）。
2. 採取單株結單果的栽培管理方式，以疏果減少地上部萎凋出現的比率。
3. 植前利用土壤蒸氣消毒，使表土深度 0-5 cm 溫度達 70℃以上，表土深度 5-10 cm 溫度達 50℃以上，作用時間 2 小時。
4. 尋找新植地種植洋香瓜。

六、參考文獻

1. Martyn, R. D., and Miller, M. E. 1996. Monosporascus root rot and vine decline: An emerging disease of melons worldwide. Plant Dis. 80: 716-725.
2. Pivonia, S., Cohen, R., Kafkafi, U., Ben Ze’ev, I. S., and Katan, J. 1997. Sudden wilt of melons in southern Israel: Fungal agents and relationship with plant development. Plant Dis. 81: 1264-1268.

圖 6-35-2　洋香瓜黑點根腐病地下部病徵。(A) 植株移植至本田第 5 星期之後，洋香瓜根系有 1-2 條的一級與二級側根出現典型的黑點根腐病紅色病斑；(B) 之後，病斑會融合造成根腐，使一級與二級側根自主根上脫落；(C) 到採收前 2 星期，主根上散生許多壞疽斑，並融合造成嚴重根腐；(D) 待洋香瓜採收後，植株根腐的根上，出現黑色、圓形、半埋生於根部皮層的子囊殼。

Fig. 6-35-2. The underground symptoms of root rot/vine decline of muskmelon. (A) In the early stages of infection, red lesions appeared on the roots. (B) In severe cases, necrotic spots appeared on the roots. (C) Two weeks before harvest, many necrotic spots coalesced, resulting in severe root rot. (D) Perithecia formed on the root surface after harvest.

3. Pollack, F. G., and Uecker, F. A. 1974. *Monosporascus cannonballus* an unusual ascomycete in cantaloupe roots. Mycology 66: 346-349.
4. Stanghellini, M. E., Kim, D. H., and Rasmussen, S. L. 1996. Ascospores of *Monosporascus cannonballus*: Germination and distribution in cultivated and desert soils in Arizona. Phytopathol. 86: 509-514.
5. Stanghellini, M. E., Waugh, M. M., Radewald, K. C., Kim, D. H., Ferrin, D. M., and

Turini, T. 2004b. Crop residue destruction strategies that enhance rather than inhibit reproduction of *Monosporascus cannonballus*. Plant Pathol. 53: 50-53.

6. Waugh, M. M., Kim, D. H., Ferrin, D. M., and Stanghellini, M. E. 2003. Reproductive potential of *Monosporascus cannonballus*. Plant Dis. 87:45-50.

（作者：蘇俊峰）

XXXVI. 小葉欖仁潰瘍病（Canker of *Terminalia mantaly*）

一、病原菌學名

Aurifilum marmelostoma Begoude, Gryzenh. & Jol. Roux

二、病徵

本病原菌爲害小葉欖仁樹幹與枝條，使得樹皮形成潰瘍（圖 6-36-1）、表層翹

圖 6-36-1　小葉欖仁基部受 *Aurifilum marmelostoma* 感染出現之潰瘍病徵。
Fig. 6-36-1. Symptom of the canker disease caused by *Aurifilum marmelostoma* at base of the main trunk of *Terminalia mantaly*.

起而容易剝離（圖 6-36-2），潰瘍處與臨近不受病原影響的樹皮交界明顯，樹型較大的小葉欖仁遭受嚴重感染時可由基部往上延伸達 5 公尺。罹病表層可產生橘色粉狀物，以放大鏡仔細檢查可發現點狀的病原菌構造，橘色的子囊座內埋生 1-7 個子囊殼（perithecia），直徑約在 1 mm 以內，子囊內含 8 個子囊孢子，透明，長橢圓形至紡錘形，中間具一隔膜，大小約 11.2×4.2 μm；分生孢子透明、單細胞、圓柱形、大小約 4.7×2.0 μm，分離培養產生橘色菌落（圖 6-36-3）。

三、病原菌特性與病害環

造成小葉欖仁潰瘍病的病菌鑑定為 *Aurifilum marmelostoma*，小葉欖仁潰瘍病菌的最適生長溫度為 25-30℃，可長期存在寄主植物的枝幹上，在臺灣的寄主植物

圖 6-36-2　潰瘍病為害小葉欖仁莖幹，使樹皮潰瘍翹起而容易剝離。

Fig. 6-36-2.　The canker disease damaged the trunk of *Terminalia mantaly*, the cracked bark became sloughed off and flared out.

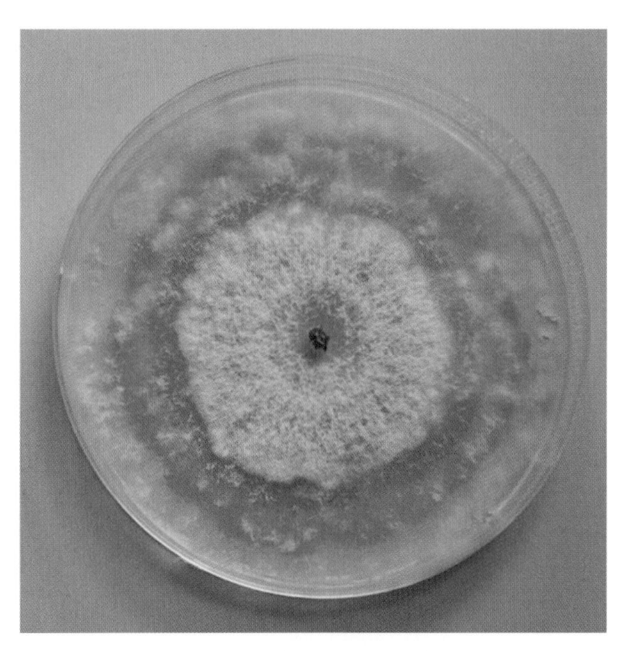

圖 6-36-3　培養 *Aurifilum marmelostoma* 生成之橘色菌落。
Fig. 6-36-3.　Orange colony of the *Aurifilum marmelostoma* culture.

爲小葉欖仁（*Terminalia mantaly*），人爲將病菌接種在欖仁樹（*T. catappa*）亦可造成潰瘍病徵，此外在國外也記錄象牙海岸欖仁樹（*T. ivorensis*）爲其寄主，因此欖仁屬（*Terminalia*）的校園植物、景觀樹木、行道樹應注意潰瘍病菌的感染，有些無明顯潰瘍病徵的植株在靠近地面處也能發現該病原菌的構造。雖然此病菌可造成小葉欖仁樹幹潰瘍與表皮剝離，不過長期觀察罹病小葉欖仁大型植株，樹木仍可維持正常生長；人爲接種此病菌在溫室內的健康小葉欖仁與欖仁樹盆苗，在接種後雖產生潰瘍病病徵，但盆苗在接種後 4 年尚不致於死亡（圖 6-36-4），由此可知雖然本病會影響樹木的景觀，但不會急速讓樹木衰弱死亡。

本病菌僅發現於臺灣及非洲的喀麥隆，未於世界其他地方發現。然而近年在中國大陸也發現 *Aurifilum* 屬的眞菌感染欖仁屬的植物並造成枝條潰瘍症狀，因此欖仁屬的植物有可能會遭受類似的病原感染於樹幹與枝條。

四、防治關鍵時機

目前國內外並無小葉欖仁潰瘍病之防治資料，依經驗建議以移除感染源、清除

圖 6-36-4　小葉欖仁盆苗在人為接種病菌 4 年後潰瘍症狀侷限，植株並未死亡。
Fig. 6-36-4.　A potted *Terminalia mantaly* seedling inoculated with the pathogen 4 years post inoculation. The plant had limited cankered symptoms and did not die.

罹病植株與罹病部位爲主要防治策略，雖然在實驗室內測試如撲克拉、得克利等殺菌劑能夠有效抑制小葉欖仁潰瘍病菌之菌絲生長，但在溫室盆苗莖幹接種病菌後，在表面塗布殺菌劑無法完全抑制潰瘍病徵之進展，因此防治小葉欖仁潰瘍病應搭配避免感染源侵入寄主植物、移除罹病部位等策略進行綜合管理。

五、參考文獻

1. Begoude, A. D. B., Gryzenhout, M., Wingfield, M. J., and Roux, J. 2010. *Aurifilum*, a new fungal genus in the Cryphonectriaceae from *Terminalia* species in Cameroon. Antonie van Leeuwenhoek 98:263-278.
2. Shen, Y. M., Liu, H. L., Huang, T. C., and Pai, K. F. 2016. First report of *Aurifilum marmelostoma* causing cankers on *Terminalia mantaly* in Taiwan. J. Gen. Plant Pathol. 82:216-219.
3. Wang W., Li, G. Q., Liu, Q. L., and Chen, S. F. 2020. *Cryphonectriaceae* on *Myrtales* in China: phylogeny, host range, and pathogenicity. Persoonia 45:101-131.

（作者：沈原民）

XXXVII. 廣葉杉萎凋病（Chinese Fir Wilt）

一、病原菌學名

有性世代：*Ophiostoma quercus* (Georgev.) Nannf.

無性世代：*Pesotum* sp.；*Sporothrix* sp.

二、病徵

西元 2002 年夏天，臺灣中部多處林地的廣葉杉相繼出現萎凋枯死的現象（圖 6-37-1A）。在罹病的杉木樹幹布滿許多小蠹蟲科甲蟲的孔洞。削開樹皮後，可發現小蠹蟲取食的孔道，並有母小蠹蟲在孔道側的小室產卵，孵化的幼蟲繼續向孔道兩側取食，形成魚骨狀之孔道，該小蠹蟲取食的孔道形態頗似荷蘭榆樹立枯病之病媒小蠹蟲的取食孔道（圖 6-37-1B、C）。幼蟲在孔道末端蛹化後，蛻變為成蟲，隨後由樹皮的羽化孔鑽出，在羽化孔處有大量樹脂流出的痕跡（圖 6-37-1E）。罹病杉木最初在杉木枝條基部葉片出現黃化的病徵，隨後葉片轉紅褐色，病勢逐漸向枝條末端擴展。病徵可同時發生在單一或許多枝條上，最後整株杉木呈現萎凋枯死的症狀。剝開罹病植株的樹皮，可以發現邊材表面有不規則的黑色或褐色線紋（圖 6-37-1D）。在樹幹的橫切面可以觀察到維管束出現連續或不連續的變色塊斑，呈深褐色；在心材部分亦出現不規則褐變的情形（圖 6-37-1F、G）。在小蠹蟲取食孔道可發現少量類似長喙殼菌之子囊殼及許多類似孢柄束（synnemata）之無性產孢構造，且由罹病植株、小蠹蟲蟲體及糞便皆可分離到該菌的兩種無性世代（圖 6-37-1H-J）。經林氏等人分離可疑相關菌類，並完成病原性測定後，將廣葉杉萎凋病的病原菌鑑定為 *Ophiostoma quercus* (Georgev.) Nannf.。吳氏等人利用 LLCFC 半選擇性培養基偵測本病原菌，發現 *O. quercus* 不論是在具有萎凋病徵的植株或已乾枯死亡的廣葉杉植株皆可以分離到。此外，本病原菌主要存在於廣葉杉植株的邊材、媒介昆蟲蟲體及其食痕蛹道等處所。

圖 6-37-1　(A) 廣葉杉萎凋病在臺灣林地發生；(B、C) 小囊蟲科昆蟲之取食孔道及羽化孔；(D) 邊材表面有不規則的黑色或褐色線紋；(E) 樹脂由甲蟲之羽化孔流出；(F) 樹幹的橫切面：維管束及心材出現褐變的情形；(G) 樹幹的縱剖面：沿維管束褐化；(H、I、J) 小囊蟲科甲蟲（*Crypturgus* spp.）成蟲及蛹。標尺 = 250 μm。

Fig. 6-37-1.　(A) Chinese fir wilt occurred in Taiwan. (B, C) The galleries and holes made by the bark beetles (*Crypturgus* sp.). (D) The sapwood of infected stem appeared discoloration or mottling, (E) resin extruded, and (F, G) discoloration of the diseased wood. (H, I, J) The adult bark beetle and pupae of *Crypturgus* sp.. Bar = 250 μm.

三、病原菌特性與病害環

1. 病原菌特性

本菌有兩種無性世代，其一是 *Pesotum* sp.，具孢柄束（synnemata），由分生孢子柄群聚成帚狀（penicillate），黑色直立，分生孢子柄之產孢點呈小鋸齒狀突起（denticulate），以全芽生方式（holoblastic）產孢，分生孢子橢圓形、單孢、無色透明，大小 1.7-2.1×3.5-6.1 μm，具黏性，於孢柄束頂端聚集呈頭狀；其二是 *Sporothrix* sp.，菌絲白色，分生孢子柄直立，單一或有分支，產孢點位於分生孢子柄之頂端或沿分生孢子柄呈螺旋狀分布（sympodial），有小鋸齒狀突起，以全芽生方式產孢，分生孢子鏈生，分生孢子橢圓形或不規則形、單孢、無色透明，大小 1.8-2.5×3.3-5.5 μm（圖 6-37-2）。

本菌屬於異絲型，其有性世代的主要特徵是子囊殼黑色，球形（110-130 μm），具有長喙（710-1,625 μm）及孔口菌絲（ostiolar hyphae），著生於植物組織表面；子囊孢子腎形或橢圓形，大小 2.1-2.8×4.3-5.3 μm。

2. 病害環

Ophiostoma quercus 爲了讓小蠹蟲幫其傳播，會在食痕隧道或蛹室生成直立成束的分生孢子束並於其頂端產生具有黏性之分生孢子，藉以沾黏於路過的小蠹蟲身上。沾滿孢子之小蠹蟲母蟲會飛到新的寄主植物，並鑽入其樹皮內，進而將此眞菌傳播至該植物，同時於樹皮與樹幹間鑿出母食痕並產卵，待幼蟲孵化出來後，會從母食痕往外鑿食出幼蟲坑道，每一個幼蟲坑道之末端皆具有蛹室，小蠹蟲就在蛹室內羽化爲成蟲後，一不小心黏附孢子或呑食本菌之孢子充飢，接著穿破樹皮、展翅高飛，去完成另一個生活史。*O. quercus* 爲弱病原之眞菌，和共生之小蠹蟲一樣，主要侵入樹勢衰弱、或是剛倒伏而尙未腐爛之木材，也是一種藍染眞菌（blue stain fungi），其深色菌絲會在寄主植物的邊材上造成藍、灰，甚至黑色之變化。雖說此弱病原菌通常不會造成植物之明顯病害，但乾旱、火災或是植物疾病導致樹木衰弱，而使樹木易遭受到其共生之小蠹蟲的侵襲。臺灣在 2002 年爆發之廣葉杉萎凋病，即推測與當年的乾旱、*O. quercus* 及其傳播媒介小蠹蟲有關。

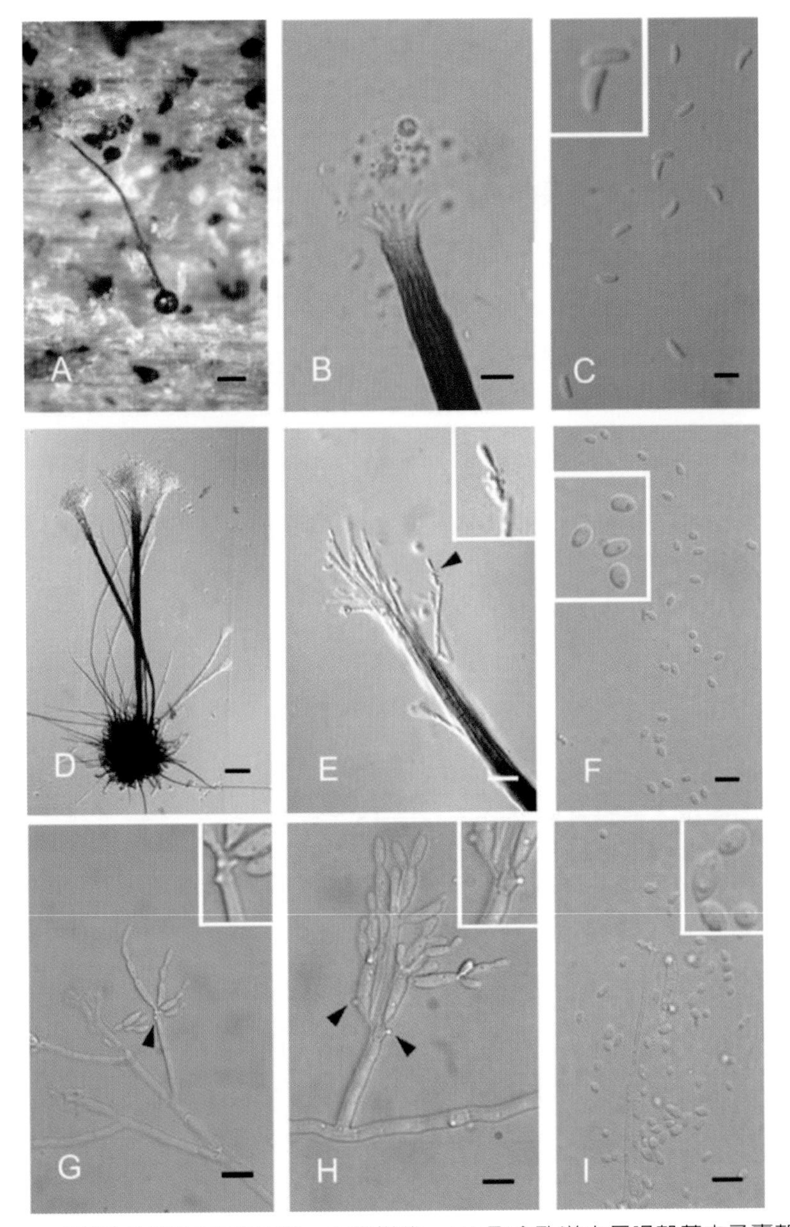

圖 6-37-2　廣葉杉萎凋病之病原菌。有性世代：(A) 取食孔道中長喙殼菌之子囊殼；(B) 子囊殼長喙之孔口菌絲；(C) 子囊孢子；無性世代：(D) *Pesotum* sp. 之孢柄束；(E) 分生孢子柄之產孢點呈小鋸齒狀突起；(F) *Pesotum* sp. 之分生孢子；(G、H) *Sporothrix* sp. 之產孢情形；(I) *Sporothrix* sp. 之分生孢子。標尺：A=140 μm；B=15 μm；C=5 μm；D=50 μm；E=10 μm；F=10 μm；G=10 μm；H=5 μm；I=10 μm。

Fig. 6-37-2. The causal agent of Chinese fir wilt. (A) Perithecium, (B) ostiolar hyphae, and (C) ascospores, of *Ophiostoma quercus*. (D) Synnemata, (E, F) conidiophores and conidia of *Pesotum* synanamorph. (G, H, I) Conidiophores and conidia of *Sporothrix* synanamorph. Arrows in E, G and H indicate apex of conidiogenous cells, showing prominent denticles. Bars: A=140 μm; B=15 μm; C=5 μm; D=50 μm; E=10 μm; F=10 μm; G=10 μm; H=5 μm; I=10 μm.

四、防治關鍵時機

1. 進口木材或儀器之包裝材潛藏著將外來眞菌引進臺灣之風險，李氏等人於進口木材中發現 4 種長喙殼菌類眞菌，其中 *Ophiostoma floccosum* 及 *O. pluriannulatum* 在臺灣森林中尚未被發現。建議上述木材於進口前可經 90℃窯乾處理或以貝芬替和免賴得浸泡處理的木材 1 小時。
2. 避免將因風災或疏、砍伐樹木的枝幹殘體留置在森林中，以避免提高小蠹蟲族群密度。
3. 在森林中乾旱是爆發小蠹蟲為害之主要因素，於乾燥季節可設立小蠹蟲誘捕器，監測其密度，誘捕劑之捕捉效果以70%酒精最好，共生眞菌之培養液次之。

五、參考文獻

1. 林宗俊、黃振文、謝文瑞。2003。臺灣廣葉杉萎凋病相關長喙殼菌之鑑定。植物病理學會刊 12：33-42。
2. 吳宜晏、林宗俊、姜保眞、廖天賜、黃振文。2011。廣葉杉萎凋病菌的偵測培養基研發與應用。農林學報 60(3): 243-262。
3. 黃尹則、李涵筠、施欣慧、林俞廷、陳啓予。2014。臺灣之長喙殼菌類眞菌。2014 眞菌資源及永續利用研討會專刊 pp. 116-131。
4. 陳啓予、李奇峰。2011。小蠹蟲及其共生眞菌與植物病害之關係。農作物害蟲及其媒介病害整合防治技術研討會。農業試驗所特刊 152: 165-174。
5. 李涵筠、高孝偉、陳啓予。2008。進口木材及本土林木中長喙殼菌類眞菌之多樣性。中華民國眞菌學會九十七年度年會。

（作者：林宗俊）

CHAPTER 7

擔子菌類引起的植物病害

I. 梨赤星病與龍柏銹病（Pear Rust and Dragon Juniper Rust）
II. 梢楠銹病（Taiwan Incense-cedar Rust）
III. 玉米南方型銹病（Southern Corn Rust）
IV. 葡萄銹病（Grape Rust）
V. 咖啡銹病（Coffee Rust）
VI. 竹銹病（Bamboo Bust）
VII. 柑橘赤衣病（Citrus Pink Disease）
VIII. 茶髮狀病（Tea Horse-hair Blight）
IX. 茶餅病（Tea Blister Blight）
X. 蘋果銀葉病（Silver Leaf Disease of Apple）
XI. 茭白黑穗病（Wateroat Smut）
XII. 百合苗立枯病（Lily Seedling Blight）
XIII. 水稻紋枯病（Rice Sheath Blight）
XIV. 蔬菜白絹病（Southern Blight of Vegetable Crops）
XV. 洋桔梗白絹病（Eustoma Southern Blight）
XVI. 果樹與林木褐根病（Brown Root Rot of Fruit Crops and Forest Trees）
XVII. 檳榔基腐病（Basal Stem Rot of Betel-nut Palm）

擔子菌類爲害植物的病害有銹病、黑穗病、餅病、赤衣病、銀葉病、髮狀病、紋枯病、立枯病、白絹病、褐根病、基腐病、根腐病及根朽病等等，本文章主要介紹常見的代表性植物病害有梨赤星病、龍柏銹病、梢楠銹病、玉米銹病、咖啡銹病、竹銹病、柑橘赤衣病、茶髮狀病、茶餅病、蘋果銀葉病、茭白黑穗病、水稻紋枯病、百合苗立枯病、蔬菜白絹病、洋桔梗白絹病、樹木褐根病及檳榔基腐病等。此外也於各節之後附有諸病害類似病原菌屬所引起的病害或病原菌的圖版供讀者參考。

I. 梨赤星病與龍柏銹病
（Pear Rust and Dragon Juniper Rust）

一、病原菌學名

Gymnosporangium asiaticum Miyabe ex Yamada（Syn: *G. haraeanum* Syd. & P. Syd.）

二、病徵

本病原菌有梨及龍柏兩種寄主；偶有寄生於塔柏。

梨樹的病徵：本菌爲害梨葉片、葉柄、幼果及新梢。葉的病徵最爲明顯。初期在葉表面出現橙黃色圓形病斑，故名赤星病。隨後病斑中央出現黑色略突起小點，爲本菌之精子器。葉片隨病勢發展漸捲曲，病斑略有肥大，表面微凹陷，於背面長出 0.4-1 cm 的淡黃褐色毛狀物，爲春孢子器，內含大量春孢子（圖 7-1-1），最後病斑變黑，全葉枯死。果實及嫩梢被害時，亦有毛狀春孢子器出現，但橙色病斑不明顯。

龍柏的病徵：鱗狀葉及小枝條受病原菌侵染，初期無病徵，直到次年 1-2 月間鱗狀葉始有赤褐色突起錐狀物生出，大者高約 5 mm，基部徑約 1-2 mm，頂端尖形。遇雨錐狀物破裂，膨脹成一團膠質黏狀物，呈赤褐色，此錐狀物乃本菌之冬孢子堆。嚴重時，整棵龍柏於雨後出現甚多冬孢子堆，如開花狀，並釋放出大量擔孢子，被害後期受害枝葉轉爲淺褐色，持續發生 4-5 年後，罹病枝葉呈枯萎狀，嚴重罹病植株生長勢逐漸變得更衰弱（圖 7-1-2）。

三、病原菌特性與病害環

本病原菌 *Gymnosporangium asiaticum* Miyabe ex Yamada（Syn: *G. haraeanum* Syd. & P. Syd.）是一種異主寄生（heteroecism）的擔子菌，可爲害梨與龍柏兩種寄主，其冬孢子堆產生在龍柏葉上，冬孢子遇水產生擔孢子（圖 7-1-3）藉由風雨傳播至梨樹，在梨葉表形成精子器，在精子器表面會分泌甜味蜜露，引誘昆蟲協助受精作用；大約 25 日後，於梨葉背產生春孢子器，春孢子器內之春孢子則藉風傳播至鄰近龍柏進行侵染，唯不會立即產生病徵，直至翌年 1-2 月冬孢子堆才開始形成。

四、診斷要領

春初梨嫩葉初長成時，受感染之梨葉背出現橙黃色突起病斑，並著生有毛狀物（圖 7-1-1）；冬末春初雨後，龍柏樹上出現許多赤褐色錐狀物，遇雨時錐狀物破裂並膨脹成一團膠質黏狀物（圖 7-1-2），此爲本病原菌之冬孢子堆。

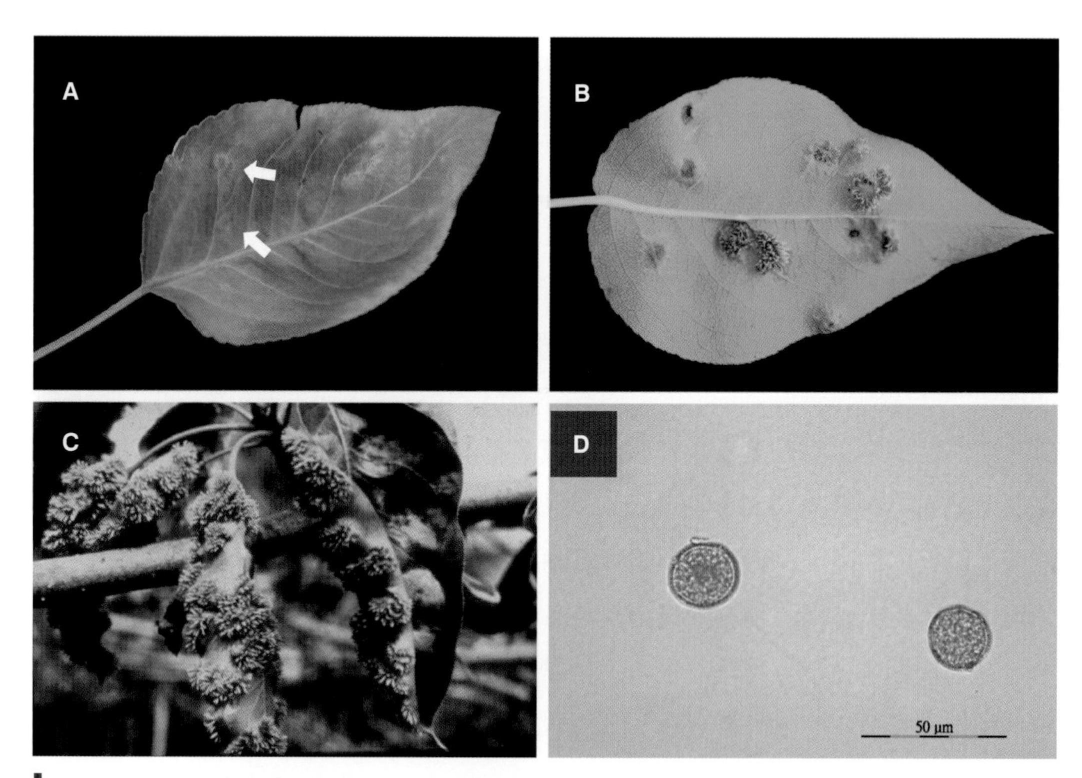

圖 7-1-1　梨赤星病在梨葉：(A) 初期病徵，出現橙黃色圓形病斑，病斑中央散布有數個小黑點，為病原菌的精子器；(B) 葉背長出淡黃褐色之毛狀物，為病原菌之春孢子器；(C) 中後期之病徵，葉背著生大量春孢子器，抖動可見大量白色粉狀物飛散；(D) 春孢子器內的春孢子，呈圓形厚壁狀。

Fig. 7-1-1. Pear rust caused by *Gymnosporangium asiaticum*. (A) Symptoms on pear initially showing yellow to orange-colored spots on the upper leaf surface, and (B, C) the spots on the underside of the leaf formed the clusters of long and tubular aecia, containing (D) round and thick-wall aeciospores.

圖 7-1-2 梨赤星病菌在中間寄主「龍柏」植株為害之龍柏銹病的病徵及病勢進展。(A、B) 初期在龍柏葉上有赤褐色突起錐狀物生出，係為本菌之冬孢子堆；(C、D) 遇雨則膨脹成一團膠質黏狀物；(E) 嚴重時整棵龍柏樹出現甚多冬孢子堆，如開花狀；(F、G) 被害後期整枝柏葉轉為淺褐色萎凋，呈乾枯狀，植株樹勢逐漸衰弱。

Fig. 7-1-2. Stages in the development of the dragon juniper rust caused by *Gymnosporangium asiaticum* on the alternate host "dragon juniper". (A, B) Brownish orange telial horns with teliospores produced on the leaves; (C, D) telial horns became jelly-like and fusiform swellings after a moist period; (E) a lot of jelly-like horns formed all over the tree, like flowering, (F, G) the infected leaves and twigs turned browning, wilting and the trees gradually showing decline.

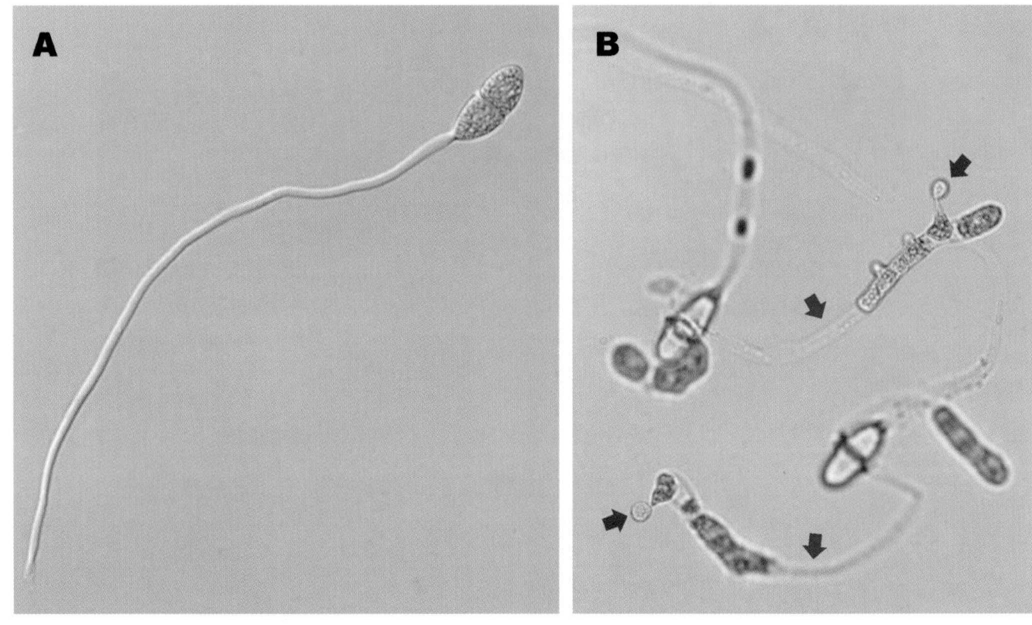

圖 7-1-3　赤星病菌在龍柏上產生之 (A) 冬孢子，及 (B) 冬孢子發芽產生原菌絲（藍色箭頭）與擔孢子（紅色箭頭）。

Fig. 7-1-3. (A) The teliospore, (B) promycelia (blue arrows) and basidiospores (red arrows) produced by the germinated teliospores of *Gymnosporangium asiaticum* occurring in dragon juniper plants.

五、防治關鍵時機

1. 梨園周圍 3 公里內避免種植龍柏。
2. 剪除梨樹罹病枝條並燒毀，以降低傳播至龍柏之接種源菌量。
3. 在梨樹罹病初期，使用得克利、富爾邦、芬瑞莫、三泰芬、比多農、三氟敏或克熱淨進行化學防治。
4. 在冬末春初龍柏發病初期，施用滅普寧或富爾邦藥劑。

六、參考文獻

1. 孫守恭。2000。梨赤星病（銹病 Pear Rust）。臺灣果樹病害（三版），242-245 頁。世維出版社，臺中，429 頁。
2. 黃振文、鍾文全。2007。梨赤星病。植物保護圖鑑系列 17－梨樹保護，52-54 頁。行政院農委會動植物防疫檢疫局，臺北，155 頁。

3. 農業藥物毒物試驗所技術服務組、田間試驗技術小組編輯。2016。梨赤星病。植物保護手冊電子版。行政院農委會農業藥物毒物試驗所，臺中。
4. 許雅婷、林皓崙、黃振文。2017。梨赤星病與龍柏銹病。植物醫學期刊。59:1/2，45-46。

（作者：許雅婷、林皓崙、黃振文）

七、同屬病原菌引起之植物病害

a. 蘋果赤星病（Apple rust）

病原菌：*Gymnosporangium yamadae* Miyabe ex G. Yamada

圖 7-1-4　蘋果赤星病菌在蘋果葉上之病徵。

Fig. 7-1-4　Symptoms of apple rust on apple leaf caused by *Gymnosporangium yamadae* Miyabe ex G. Yamada.

II. 梢楠銹病（Taiwan Incense-cedar Rust）

一、病原菌學名

Gymnosporangium paraphysatum Vienn. Bourg.

二、病徵與病原菌特性

本病害主要以夏孢子（urediniospore）爲感染源，可感染梢楠葉片產生黃色粉狀病斑（夏孢子堆），病斑於梢楠葉部兩面皆可產生。夏孢子堆（uredinia）爲裸生，成熟後開裂，內有大量夏孢子與側絲（paraphyses）。夏孢子顏色呈黃或橙黃色，形態爲六邊形，大小爲 21.0-26.0×16.0-18.0 μm，表面不平滑散生疣狀（verrucose）；側絲爲圓桶狀或棍棒狀，表面光滑，呈無色或橘紅色，大小爲 30.1-58.1×16.3-23.7 μm（圖 7-2-1）。

三、參考文獻

1. 沈原民。2018。臺灣梨赤星病及膠銹菌屬銹菌之研究。國立臺灣大學生物資源暨農學院。植物病理與微生物學研究所。博士論文 110 頁。
2. Kern, F. D. 1973. A revised taxonomic account of *Gymnosporangium*. Pennsylvania State University Press. Pennsylvania.

（作者：鍾文鑫）

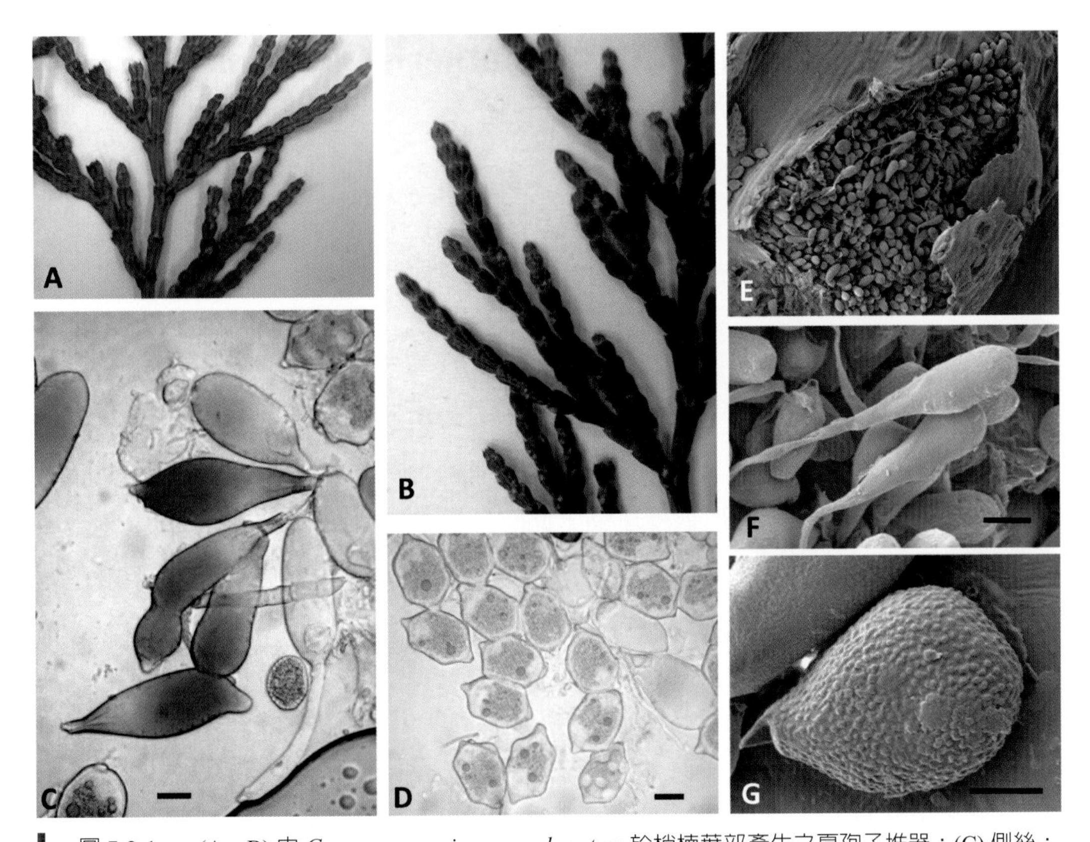

圖 7-2-1　(A、B) 由 *Gymnosporangium paraphysatum* 於梢楠葉部產生之夏孢子堆器；(C) 側絲；(D) 夏孢子；(E) 夏孢子堆；(F) 側絲；(G) 夏孢子表面。標尺 = 10 μm。

Fig. 7-2-1.　(A, B) Symptom of Taiwan incense-cedar rust caused by *Gymnosporangium paraphysatum*. (C) Paraphyses under microscope. (D) Urediniospores. (E) Uredinia. (F) Paraphyses under SEM. (G) Morphology of urediniospore surface under SEM. Bar = 10 μm.

III. 玉米南方型銹病（Southern Corn Rust）

一、病原菌學名

Puccinia polysora Underw.

二、病徵

病徵常出現於葉片，亦可出現於葉鞘或苞葉，田間玉米從幼苗期到生長中後期都會發生，以生長中後期發生比較嚴重，病斑呈細小圓形且密集，大小約為 0.2-2.0 mm。初期產生圓形或橢圓形退綠斑點，此時夏孢子堆埋生於表皮下，後夏孢子堆會突破表皮，產生大量粉狀夏孢子，而病斑轉為黃土色到銹色（圖 7-3-1）。此病害嚴重時可產大量黃銹色病斑，影響葉片的光合作用。發病後期遇較低溫時，夏孢子堆周圍會產生黑褐色的冬孢子堆，成熟後突破表皮，內有雙胞的冬孢子。在臺灣田間玉米南方型銹病一般在 4 月以後開始發生。

三、病原菌特性與病害環

玉米南方型銹病主要發生於熱帶與亞熱帶地區，田間所產生的病徵主要由夏孢子引起，夏孢子發芽與侵入需於葉表有游離水才會發生，於葉片發芽後經由氣孔侵入植物組織。南方型銹病可在 25-35℃（最適溫為 27℃）且高溼度條件下發生，夏孢子為主要感染源，可殘存於植物殘體上，並藉由風雨傳播。由於目前臺灣無抗病品種，且整年都可栽培玉米，因此南方型銹病已成為田間玉米最主要病害。

四、防治關鍵時機

1. 清除田間植株殘，保持田間衛生。
2. 與非寄主作物進行輪作。
3. 栽種抗病品種。
4. 藥劑防治：發病初期可施用 11.8% 護汰芬水懸劑、45.5% 待普克利乳劑，或參考植物保護資訊系統的登記藥劑進行防治。

圖 7-3-1 (A) 田間玉米葉片上夏孢子突破表皮後產生銹色粉狀孢子；(B) 玉米南方型銹病於葉片產生之初期退綠病斑；(C) 玉米葉片上之細小圓形之夏孢子堆；(D) 夏孢子形態。

Fig. 7-3-1. (A) Uredinia breaking out of the leaf surface and producing powdery urediniospores; (B) initial chlorosis spot of southern corn rut; (C) uredinia on corn leaf; (D) urediniospores.

五、參考文獻

1. 植物保護資訊系統。2018。https://otserv2.tactri.gov.tw/ppm/。
2. Cammack, R. H. 1959. Studies on *Puccinia polysora* underw: II. A consideration of the method of introduction of *P. polysora* into Africa. Trans. Bri. Mycol. Soc. 42: 27-32.
3. Cummins, G. B. and Hiratsuka. 2003. Genera of Rust Fungi. 3th Edition. The American Phytopathological Society, St. Paul, Minnesota. PP223.
4. Hiratsuka, N. and Z. C. Chen. 1991. A list of Uredinales collected from Taiwan. Trans. Mycol. Soc. Japan 32: 3-22.
5. Ramirez-Cabral, N. Y. Z., Kumar, L. and Shabani, F. 2017. Global risk levels for corn rusts (*Puccinia sorghi* and *Puccinia polysora*) under climate change projections. J. Phytopathol. 165: 563-574.

（作者：鍾文鑫）

六、同屬病原菌引起之植物病害

a. 韮菜銹病（Rust of Chinese chives）（圖 7-3-2）
   病原菌：*Puccinia allii* (DC.) Rudolphi
b. 青蔥銹病（Rust of welsh onion）（圖 7-3-3）
   病原菌：*Puccinia allii* (DC.) Rudolphi
c. 菊花白銹病（White rust of chrysanthemum）
   病原菌：*Puccinia horiana* Hennin（圖 7-3-4）

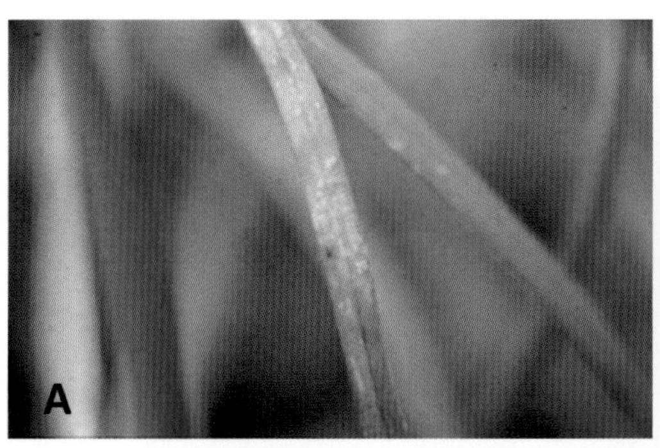

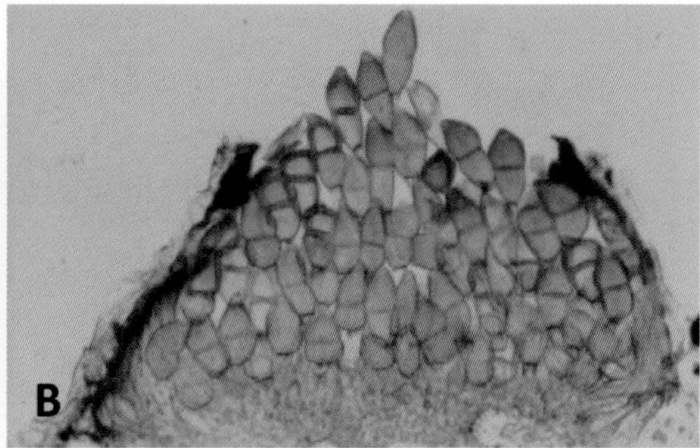

圖 7-3-2　由 *Puccinia allii* (DC.) Rudolphi 引起之韭菜銹病的病徵。(A) 銹病菌在韭菜葉上產生夏孢子堆；(B) 韭菜銹病菌之冬孢子堆。（柯勇提供圖版）

Fig. 7-3-2. Symptom of rust of Chinese chives caused by *Puccinia allii*. (A)Uredinia of *Puccinia allii*. (B) Telia of *Puccinia allii*.

圖 7-3-3　由 *Puccinia allii* (DC.) Rudolphi 引起之青蔥銹病的病徵。（黃振文提供圖版）

Fig. 7-3-3. Symptom of rust of welsh onion caused by *Puccinia allii*.

圖 7-3-4　由 *Puccinia horiana* 引起之菊花白銹病的病徵及病原菌。(A) 葉片正面之病徵；(B) 葉片背面白色黴狀物為病原菌；(C) 病原菌冬孢子堆及冬孢子的形態。

Fig. 7-3-4. White rust disease of chrysanthemum caused by *Puccinia horiana*. (A) Disease symptoms on the upper leaf surface. (B) The pathogen appears as white moldy spots on the lower leaf surface. (C) Telia of the pathogen producing teliospores.

IV. 葡萄銹病（Grape Rust）

一、病原菌學名

Phakopsora ampelopsidis Dietel & P. Syd.

二、病徵

主要發生於成熟葉，幼葉感染較少。受感染葡萄葉片會出現黃色至淺棕色斑點或不規則形狀之融合病徵，在夏孢子堆（uredinia）未形成前常無明顯病徵出現。銹病菌感染會導致淡黃色至淺棕色斑點或不規則形狀的病變。病斑常發生於葡萄葉背，病斑處會出現由病原菌所產生之夏孢子堆，埋生於葉表下，成熟時會突破葉表，內會充滿淡黃色之夏孢子（urediniospores）並圍繞側絲（paraphyses）（圖7-4-1）。於夏孢子生長後期，會伴隨產生冬孢子堆（telia），圍繞於夏孢子堆或分開，冬孢子堆最初爲硬殼狀，呈橙棕色，後逐漸轉爲深褐色或黑色。葡萄葉片受到嚴重感染時，會使整個葉片變成黃色或褐色，上面布滿夏孢子與冬孢子，且易導致葡萄提早落葉影響植株生長勢。

三、病原菌特性

目前尚未發現精子期與春孢子世代。

夏孢子堆主要發生於葡萄葉背，呈散生或聚集，埋生於葉表下，成熟時突破表皮產夏孢子，並有側絲圍繞。側絲形狀單一，呈明顯彎曲狀，長度爲 21-43 μm，具厚壁，爲 2.5-5.5 μm。夏孢子幾乎無色，呈倒卵形、倒卵橢圓形或長橢圓形，大小爲 16-27×11-17 μm，孢子壁厚約 1.5 μm，孢子表面爲均均分布之刺狀構造；發芽孔數爲 4-6 個，分於孢子赤道部位。

冬孢子堆亦發生在葉背，爲具殼狀之構造，埋生於葉表下，呈橙棕色後轉爲深褐色或黑色，常會有融合之現象。冬孢子堆內之冬孢子約有 3-4 層，爲具角狀之長或橢圓形，大小爲 13-28×6-15 μm，除最上層部分之孢壁較厚外（約 2 μm，呈灰褐色），其餘部分爲薄壁且無色。擔孢子大小爲 8.8-12.4×5.6-8.1 μm。

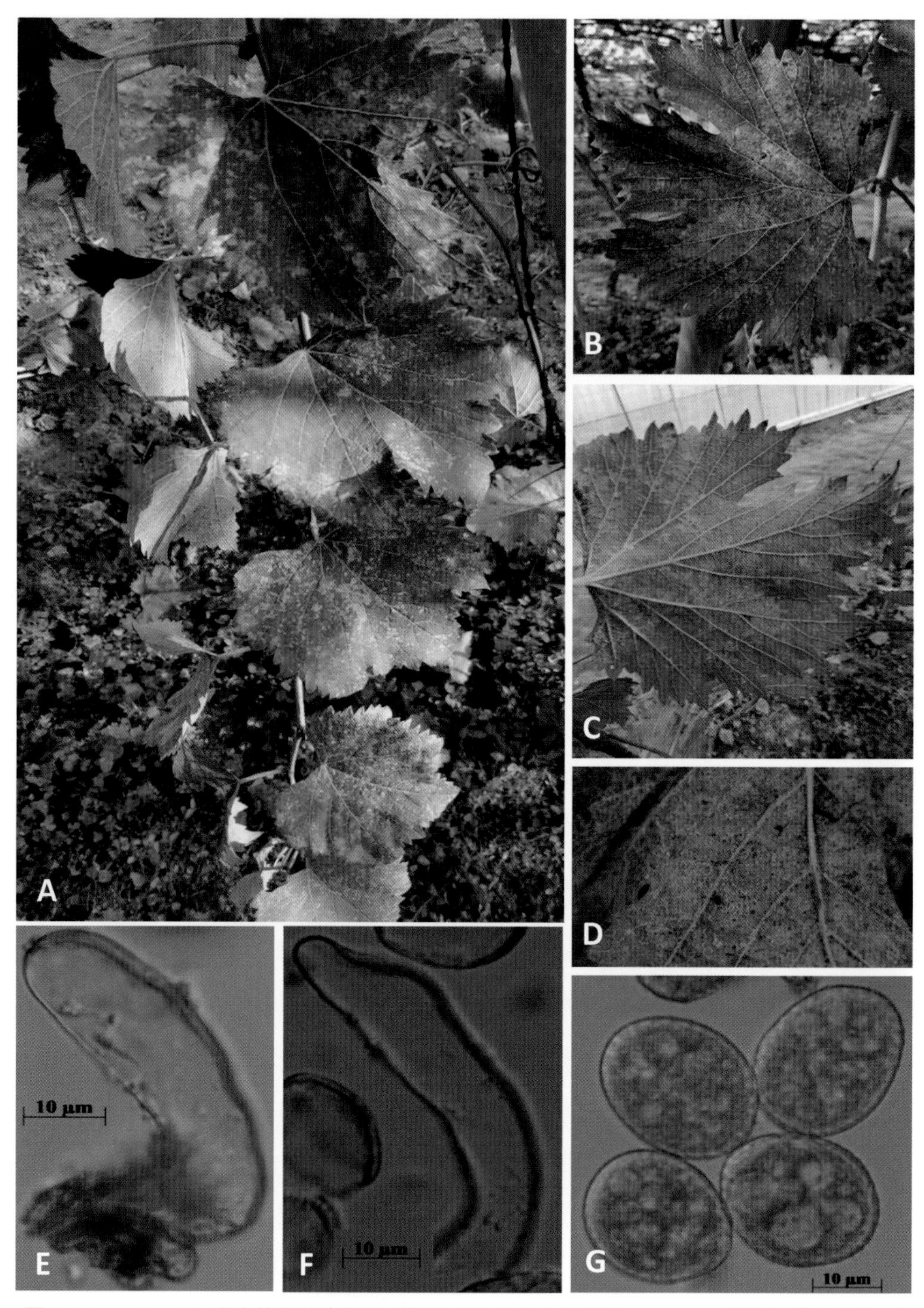

圖 7-4-1　(A、B) 感染葡萄銹病菌後之葡萄葉片所產生之病徵；(C、D) 葡萄葉背之病徵，為粉狀之夏孢子堆；(E、F) 側絲形態；(G) 夏孢子形態。

Fig. 7-4-1. (A, B) Symptom of grape rust; (C, D) uredinia on the abaxial side of grape leaf; (E, F) morphology of paraphyses; (G) urediniospores.

本病主要發生於 5-8 月間及 10-12 月間。夏孢子發芽適溫爲 24-32℃，高溫有利發芽，但光照會抑制發芽。

四、防治關鍵時機

1. 避免枝葉過密，造成葉片層層重疊，噴藥時藥液無法噴施到重疊葉片，無法達到防治效果。
2. 防治藥劑參考植物保護資訊系統，本病之防治藥劑有系統性及保護性藥劑可選擇，未發生前可使用保護性藥劑預防，發現病斑後使用系統性藥劑治療。

五、參考文獻

1. 呂理燊、吳宏國。1983。葡萄銹病病菌夏孢子之發芽及侵入過程。植保會刊 25: 167-175。
2. Hiratsuka, N. and Z. C. Chen. 1991. A list of Uredinales collected from Taiwan. Trans. Mycol. Soc. Japan 32: 3-22
3. Cummins, G. B. and Hiratsuka. 2003. Genera of Rust Fungi. 3th Edition. The American Phytopathological Society, St. Paul, Minnesota. PP223.

（作者：鍾文鑫）

V. 咖啡銹病（Coffee Rust）

一、病原菌學名

Hemileia vastatrix Berk. & Broome

二、病徵

可感染葉片與果實產生病堆狀病斑，好發於葉片背面。

本菌主要以夏孢子（urediniospore）爲感染源，經由氣孔感染後再產生夏孢子堆，主要發生在葉背。感染初期可形成直徑約 2-3 mm 大小之病斑，後病斑直徑擴大到 15-20 mm，形成黃色或橙黃色之粉狀斑點，後期病斑中心轉成褐色，並會融合覆蓋整個葉片。夏孢子堆可發生於葉柄、幼葉及老葉等部位，受感染嚴重之葉片易掉落，導致樹枝枯死（圖 7-5-1）。

三、病原菌特性

春孢子期未知。夏孢子爲主要感染與傳播源，感染後期若遇涼爽乾燥環境時，偶爾會在受感染仍在咖啡樹上之老葉產生冬孢子。夏孢子形狀爲腎形，彎曲內側之孢壁平滑，外側孢壁爲布滿細小刺狀，大小約 25-39×18-27 μm。

四、防治關鍵時機

目前國內針對咖啡銹病無特別推薦藥劑，但曾有研究利用 4-4 式波爾多液；國外則推薦使用銅劑或二硫代胺基甲酸鹽類殺菌劑進行防治。此外，亦可進行清園或栽培抗病品種。

五、參考文獻

1. Cummins, G. B. and Hiratsuka. 2003. Genera of Rust Fungi. 3th Edition. The American Phytopathological Society, St. Paul, Minnesota. PP223.
2. Vandermeer, J., Jackson, D. and Perfecto, I. 2014. Qualitative dynamics of the coffee rust epidemic: Educating Intuition with Theoretical Ecology. BioScience 64: 210-218.

3. 倪蕙芳、許淑麗、賴素玉、張淑芬、林靜宜。2021。4-4 式波爾多液對咖啡銹病防治效果評估。臺灣農業研究 70：43-53。

（作者：鍾文鑫）

圖 7-5-1　(A) 田間咖啡感染銹病後落葉情形；(B、C) 咖啡銹病感染初期病徵，B 為葉面，C 為葉背；(D) 咖啡銹病發生後期，病斑轉為褐色；(E-H) 咖啡銹病之夏孢子形態。

Fig. 7-5-1. (A-D) Symptoms of coffee rust caused by *Hemileia vastatrix*; (E-H) morphology of uredinispores.

VI. 竹銹病（Bamboo Bust）

一、病原菌學名

Dasturella divina (Syd.) Mundk. & Khesw.

二、病徵

竹銹病可全年發生，好發期爲 7-10 月，病原菌皆可感染葉片與葉梗，病斑主要發生於成熟葉片，幼葉受感染機會少。受感染竹葉會出現銹色或褐色細小斑點，呈橢圓形，感染後期或嚴重時病斑會融合成不規則形狀之較大病斑。於葉背病斑處會產生銹色粉狀的夏孢子堆（uredinia），孢子堆內有大量夏孢子（urediniospores）產生（圖 7-6-1）。竹葉片受到嚴重感染時，植株提早落葉，影響植株生長勢，並影響出筍量與竹筍的品質。

三、病原菌特性

該病原菌會產生精子期、春孢子期及冬孢子期，於田間主要以夏孢子期所產生之夏孢子爲感染源。夏孢子堆主要發生於竹葉背，呈散生或聚集，埋生於葉表下，成熟時突破表皮產生夏孢子，呈銹色或褐色，並圍繞多量側絲。側絲形狀單一，呈明顯彎曲狀，側絲壁厚均一，頂端較厚，呈淡黃色或淡褐色。夏孢子呈亞球形、倒卵形或橢圓形，大小爲 23.8-31.3×20-21.3 μm，孢子壁厚 1.5-2.0 μm，孢子表面爲均均分布之刺狀構造。

四、防治關鍵時機

1. 使田間通風良好，避免密植。
2. 依據植物保護資訊系統推薦藥劑防治。
3. 盡量保持竹園風良好，除隱密、避風的栽培環境如山谷、屋舍旁，銹病發生較嚴重外，一般通風良好之竹園，無需進行藥劑防治。
4. 清除落葉，減少田間病原菌密度。

圖 7-6-1　(A) 田間感染銹病之竹葉片；(B) 竹葉背之病徵；(C) 夏孢子形態；(D、E) 側絲形態。
Fig. 7-6-1.　(A, B) Symptoms of bamboo rust caused by *Dasturella divina*, (C) urediniospores, (D, E) paraphyses.

五、參考文獻

1. 葉士財、柯文華。2004。竹筍病蟲害發生及管理 190 期。28 頁。
2. 葉中川、陳文雄、鄭安秀。1997。蔬菜病蟲害綜合防治專輯根。79 頁。
3. Hiratsuka, N. and Z. C. Chen. 1991. A list of Uredinales collected from Taiwan. Trans. Mycol. Soc. Japan 32: 3-22.
4. Cummins, G. B. and Hiratsuka. 2003. Genera of Rust Fungi. 3th Edition. The American Phytopathological Society, St. Paul, Minnesota. PP223.

5. Tsai, A. H., Yeh, C. C. and Chou, L. L. 1985. The epidemiology of Ma bamboo rust. Jour. Agric. Res. China 34: 323-328.

（作者：鍾文鑫）

六、同科不同屬病原菌引起之植物病害

a. 長豇豆銹病（Long cowpea rust）（圖 7-6-2）

病原菌：*Uromyces vignae* Barcl.

b. 緬梔銹病（Frangipani rust）（圖 7-6-3）

病原菌：*Coleosporium plumeriae* Patouillard

c. 香椿銹病（Chinese mahogany rust）（圖 7-6-4）

病原菌：*Phakopsora cheoana* Cummins

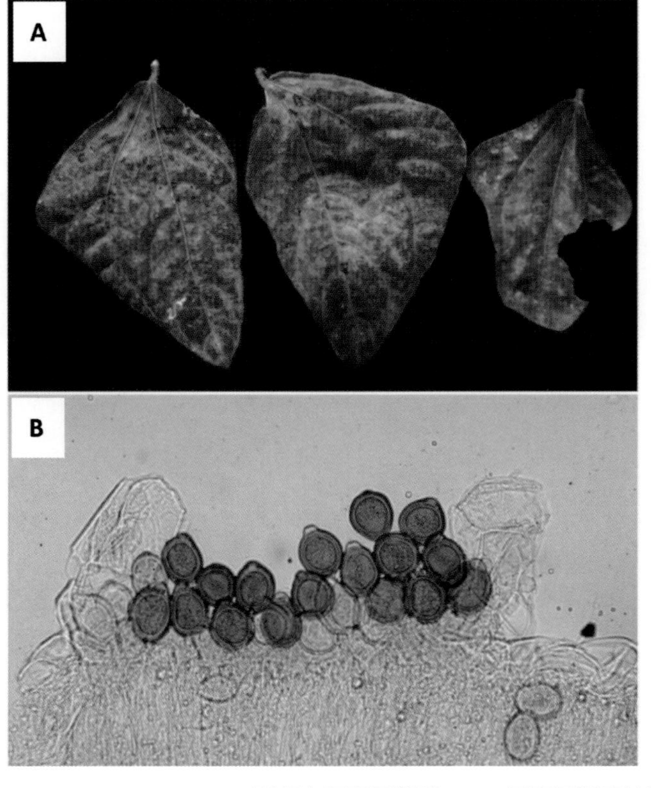

圖 7-6-2　由 *Uromyces vignae* Barclay 引起之長豇豆銹病。(A) 長豇豆銹病於葉片上產生黑色小點病徵，為病原菌冬孢子堆；(B) 病原菌之冬孢子。（郭章信提供圖版）

Fig. 7-6-2. Rust disease of long cowpea caused by *Uromyces vignae*. (A) Symptoms on leaf surface. The small black spots are telia of the pathogen. (B) Telia and teliospores of the pathogen.

圖 7-6-3　由 *Coleosporium plumeriae* Pat. 引起之緬梔（雞蛋花）銹病。(A) 正面病徵；(B) 背面病徵。（黃振文提供圖版）

Fig. 7-6-3.　Symptoms of frangipani rust caused by *Coleosporium plumeriae.* (A) Adaxial side of the leaves; (B) abaxial side of the leaves.

圖 7-6-4　由 *Phakopsora cheoana* Cummins 引起之香椿銹病。(A) 銹病菌在葉背產生夏孢子堆；(B) 銹病菌在葉背產生黑色冬孢子堆；(C) 銹病菌在香椿嫩芽上產生夏孢子堆。（黃振文提供圖版）

Fig. 7-6-4.　Symptoms of Chinese mahogany rust caused by *Phakopsora cheoana*. (A) Uredinia on the abaxial side of the leaves; (B) telia on the abaxial side of the leaves; (C) uredinia on the young shoot and leaves.

VII. 柑橘赤衣病（Citrus Pink Disease）

一、病原菌

Erythricium salmonicolor (Berk. & Broome) Burds.

二、病徵

柑橘樹幹及枝條被害，初期出現流膠，樹皮乾硬，緊貼木質部，並有縱裂，而後出現白色薄膜狀菌絲，布滿罹病部（圖 7-7-1）。而後菌絲逐漸消失，枝條表面有皮孔狀隆起，並突破表皮呈白色菌絲塊狀，最後變淡紅色（pink）。6-7 月後，粉紅色孢子堆出現。枝條之導管被菌絲阻塞，水分不能向上傳達，致萎凋枯死。

三、病原菌特性與病害環

本病原菌之不孕菌絲團（sterile pustules）覆蓋於被害枝條表面，突出表皮之菌絲團，初期爲白色，後轉成粉紅色，最後變爲乳白色。

無性世代期（Necator stage）：孢叢（sporodochia）爲盤狀，突出病斑表面，生出不規則橢圓形薄壁分生孢子，大小 10-18×12 μm（平均 13×8.5 μm）。

有性世代期（Corticium stage）：菌絲團邊緣爲白色，內部爲粉紅色（salmon 色），生有擔子與擔孢子。在柑橘上少見，在橡膠樹上較多。擔子大小爲 30-35×5-10 μm。擔孢子廣橢圓形，基部有刺狀孢痕，藍紫色，大小 10-13×6-9 μm。

本病原菌以菌絲在枝條內潛伏，高溫多溼時產生分生孢子或擔孢子，分生孢子多由雨水分散，擔孢子經風攜帶傳播蔓延，乾季不利其感染。*E. salmonicolor* 之寄主很多，主要爲害木本植物，除柑橘、荔枝、龍眼、梨、蘋果、枇杷等果樹外，橡膠樹、相思樹、扶桑、桑也是常見受害樹木，爲亞熱帶及熱帶地區之重要病害。

四、防治關鍵時機

1. 採收後，剪除受害枝條燒毀之。
2. 樹幹上病斑在孢子形成前，將患部削除塗波爾多液，再以柏油或油漆封之。
3. 雨季前撒布波美二度石灰硫磺合劑。

圖 7-7-1　(A) 柑橘赤衣病引起枝梢枯死；(B) 樹皮表面出現粉紅色不孕菌絲團。
Fig. 7-7-1.　(A) Orange twig blight caused by *Erythricium salmonicolor*; (B) pink sterile pustules of the pathogen showed on bark surface.

五、參考文獻

1. 澤田兼吉。1919。臺灣產菌類調查報告（第一編）。臺灣總督府農事試驗場特別報告第 19 號。
2. 富樫浩吾。1950。果樹病學。朝倉書店（日本）。
3. Fawcett, H. S. 1936. Citrus Disease and Their Control. McGraw-Hill Book Co., Inc., New York and London.

4. Holliday, Paul. 1980. Fungus Diseases of Tropical Crops. Cambridge University Press, Cambridge, London, New York, New Rochelle, Melbourne, Sydney.

（資料來源：孫守恭。2000。臺灣果樹病害。世維出版社授權）

VIII. 茶髮狀病（Tea Horse-hair Blight）

一、病原菌學名

Marasmius crinis-equi F. Muell. ex Kalchbr.

二、病徵

受茶髮狀病爲害枝條及葉上會直接長出許多黑色髮狀物（圖 7-8-1），其髮狀物爲病原菌之菌絲束，又稱菌索（rhizomorph）。當菌索遇固體時，在接觸點長出金黃色的菌絲褥（圖 7-8-2），緊密的附著其上。黑色菌索多生長在茶叢中上部位的枝條上，當枝條枯死後，因有菌索之纏繞，枝條仍留於茶樹上，受害嚴重的茶樹幾乎爲黑色菌索所纏繞，加以枯枝仍留樹上，更顯嚴重。冬季修剪枝條後，茶樹叢

圖 7-8-1　茶髮狀病之病徵。
Fig. 7-8-1.　Horse-hair blight on tea bushes.

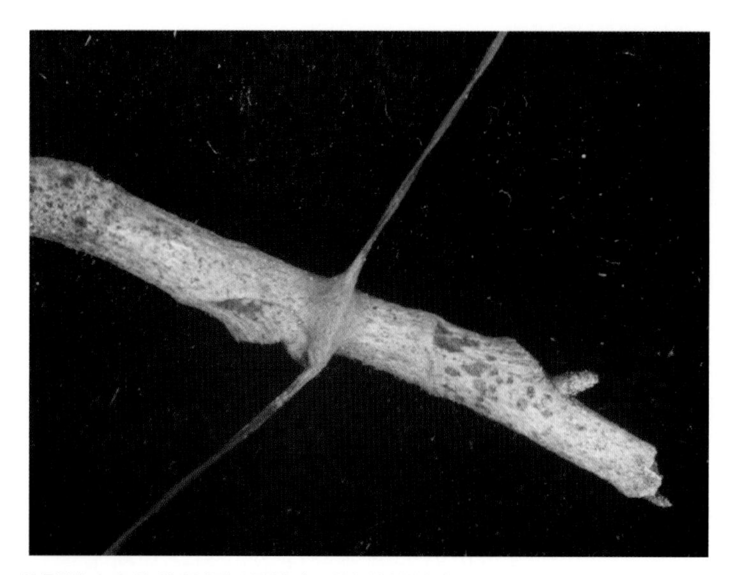

圖 7-8-2　茶髮狀病產生菌絲褥以盤據與感染茶樹枝條。
Fig 7-8-2.　Horse-hair blight colonizes and infects tea bushes by mycelial cushion.

中可見許多許多菌索枯死之細枝條與枯葉；夏季遠看茶園一片茂密，但近看罹病茶叢，葉片較健康者稍黃，芽葉密度較低，枝葉撥開亦有大量菌索貫穿樹冠之中。

三、病原菌特性與病害環

1. 病原菌特性

菌索深黑色至灰褐色，由菌絲集合而成，平滑、具光澤，直徑 100-200 μm，自菌絲褥生出，菌索切口呈圓形，分內外兩層，外層黑色，厚 20-25 μm；內層黃色或白色。生長點透明無色，直徑 2-2.8 μm。菌絲褥黃褐色或黑褐色，附著於茶樹枝幹之表皮，菌絲褥之菌絲深入寄主之皮層，深入組織內之菌絲絲狀、無色，具分支，直徑 1-3 μm。擔子體（basidiocarp）傘狀，可由暴露於空氣中之菌絲束產生，當菌絲束延伸或落於地面，遇有潮溼季節可大量產生（圖 7-8-3）。擔子柄（stalk）黑色、具光澤，亦呈毛髮狀，長度可達 20 mm，直徑 0.25 mm。菌傘（pileus, cap）未張開時呈淡黃色，成熟則呈赭紅色，少數邊緣色較淡。菌傘半球形，呈南瓜狀，中間凹陷，外側呈黃褐色至紅褐色，內緣白色至黃白色；邊緣白色、捲曲，直徑 0.6-6 mm，具有 5-8 個菌褶（gill），菌褶乳白色，呈放射狀排列（圖 7-8-4）。擔孢子（basidiospore）無色，扁平，狹卵形或一端肥大之棒形，10-14×3-4.5 μm。

圖 7-8-3 茶髮狀病病原菌之擔子體常於陰暗潮溼處發生。
Fig7-8-3. Basidiocarp of *Marasmius crinis-equi* generally occurs under dark and humid environment.

圖 7-8-4 茶髮狀病病原菌之擔子體。
Fig 7-8-4. Basidiocarp of *Marasmius crinis-equi*.

2. 病害環

本菌發育之最適溫度為 24-28℃，最高溫度為 34℃，最低為 12℃。本病多發生於大樹蔭蔽下或長期處於高溼環境的茶園。本菌之傳播包含利用菌索傳播，如茶樹株間近距離傳播及藉由茶園耕作機具攜帶菌索之遠距離傳播外，亦可以擔孢子經由雨水飛濺，達茶園內近距離傳播之目的。本菌除了可在茶樹冠中經由菌索侵染茶樹枝條外，亦對茶樹枝枯落葉有良好之腐生能力，環境合適時於樹冠下之地面上大量枯枝散葉上（圖 7-8-5），盤據的髮狀病病原菌亦會大量產生擔子體，產生更多的初次感染源，繼而造成茶髮狀病的大量發生與感染。

圖 7-8-5　茶髮狀病菌腐生於茶樹冠下之枯枝落葉病大量產生擔子體。

Fig 7-8-5. *Marasmius crinis-equi* utilizes the nutrients of debris under tea plants and produces numerous basidiocarps.

四、防治關鍵時機

1. 田間衛生，去除菌索、剪除附著菌索之枝條及徹底清除地面枯枝落葉，並將其燒毀。
2. 本病之傳染源－菌索，可藉由進入病區採茶或剪枝之器械行遠距離傳播，故建議採茶機具應於進入茶園前進行徹底消毒工作。
3. 增加通風與光照及避免遮陰。
4. 化學防治：目前尚無有效及登記使用之防治藥劑，應著重茶樹肥培管理以增進樹勢與茶園清園工作。

五、參考文獻

1. 曾方明。2007。茶餅病。植物保護圖鑑系列 4－茶樹保護，97-99 頁。行政院農委會動植物防疫檢疫局，臺北，157 頁。
2. Hu, C. H. 1984. Horse-hair blight, new disease of tea bush caused by *Marasmius equicrinis* mull in Taiwan. Taiwan Tea Res. Bull. 3:1-4. (In Chinese).

（作者：林秀榮）

IX. 茶餅病（Tea Blister Blight）

一、病原菌學名

Exobasidium vexans Massee

二、病徵

主要爲害嫩芽及嫩葉（圖 7-9-1），有時也感染嫩梢（圖 7-9-2），受感染的幼嫩組織表面初期呈淡紅色或淡黃色小點，病斑會逐漸擴大形成近圓形斑點，微突起，成熟時，病斑背面產生白色粉狀之子實層（圖 7-9-3），白色粉狀物即爲其傳染源擔孢子。

圖 7-9-1　受茶餅病菌感染之茶葉葉片正面呈橘黃色凹陷狀病斑（左），葉背病斑呈白色粉狀突起（右）。

Fig. 7-9-1. Blister blight disease showed orange sunken lesion on the adaxial surface of the leaf (left) and convex lesion with white powdery sign on the abaxial surface of tea leaf (right).

圖 7-9-2　茶餅病菌感染茶嫩莖的病徵。
Fig. 7-9-2. The symptom of blister blight on tea shoot.

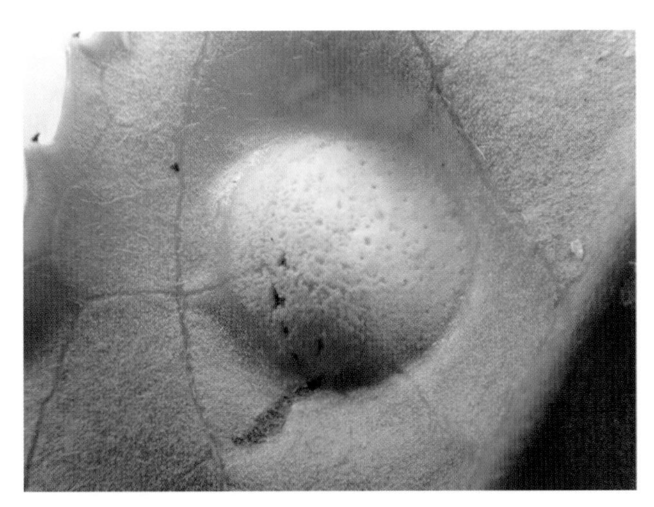

圖 7-9-3　茶餅病於葉背病徵為白色粉狀之子實層。
Fig. 7-9-3. White powdery hymenium of blister blight on the abaxial surface of tea leaf.

三、病原菌特性與病害環

1. 病原菌特性

子實層包含擔子及擔孢子。擔子無色透明，長圓筒狀，大小 66-126.5×4-5.8 μm，頂端具 2-3 個擔子小梗。擔子小梗圓錐狀，上各著生一個擔孢子，擔孢子無色透明，長卵圓形，基部微彎曲，大小 11-16×3-5 μm，成熟萌發時具有 1 至 3 個隔膜。

2. 病害環

本病的發生受環境影響很大，適合發病環境爲高溼、低光照及多霧的氣候下，多發生於冬季與初春多雨的地區，而各地發生時期不同，中部以北地區多發生在 3-5 月；魚池地區發生於 7-10 月，宜蘭、臺東等地每年冬天至次年春天發生。本病傳染源爲擔孢子，擔孢子發芽最適溫度爲 25℃，超過 30℃時，擔孢子發芽受抑制，35℃以上擔孢子會死亡。

四、防治關鍵時機

1. 本病好發於茶園之春、秋季茶芽嫩葉開展至第二葉時，應於發病初期開始進行防治。
2. 本病之傳染源爲擔孢子（白色粉狀物），可緊密的附著在物體的表面，因此在病區採茶之工人或剪枝之器械，嚴禁再去採、剪健康區茶園之茶樹，且避免發病盛期剪枝。
3. 增加通風及避免遮陰。
4. 化學防治：依據田間茶芽生長狀況，參考使用公告核准使用之防治藥劑。

五、參考文獻

1. 施欣慧、傅春旭、謝煥儒。2008。臺灣地區茶科植物之外擔子菌調查研究。臺灣茶業研究彙報 27：73-84。
2. 曾方明。2007。茶餅病。植物保護圖鑑系列 4－茶樹保護，100-102 頁。行政院農委會動植物防疫檢疫局，臺北，157 頁。

（作者：林秀榮）

六、同屬病原菌引起之植物病害

a. 茶網餅病（Tea net blister blight）（圖 7-9-4）

病原菌：*Exobasidium reticulatum* Ito & Sawada.

b. 杜鵑餅病（Rhododendron blister blight）（圖 7-9-5）

病原菌：*Exobasidium japonicum* Shirai (*E. rhododendri* Cram.)

圖 7-9-4　茶網餅病感染茶葉片造成葉背出現白色網狀病徵。
Fig. 7-9-4. *Exobasidium reticulatum* causes white-net symptom on abaxial surface of tea leaf.

圖 7-9-5　杜鵑腫葉病（餅病）的病徵。（黃振文提供圖版）
Fig. 7-9-5. *Exobasidia japonicum* causes swelling or blister blight of rhododendron young leaf.

X. 蘋果銀葉病（Silver Leaf Disease of Apple）

一、病原菌學名

Chondrostereum purpureum (Pers.) Pouz.

異名：*Stereum purpureum* Pers.

二、病徵

被害樹木之葉片呈銀灰色光澤（圖 7-10-1A），解剖顯示表皮層與柵狀組織間剝離，內面充滿空氣，致使光反應受干擾。後期病葉出現銹斑，並有壞疽橫條紋。樹之生育受阻，遠視之，病樹之樹勢無活力，喪失綠色光澤。將受害枝之基部剖開檢察，木質部呈褐色（圖 7-10-1B），爲最明顯之病徵。枝條生育停滯，1 至 2 年死亡。死亡已久之枯木，會生出褐色子實體，革質，如疊瓦狀。

三、病原菌特性與病害環

本菌爲擔子菌，屬木材腐朽菌（白腐），爲弱寄生菌，擔孢子逸散出，自傷口（修剪之傷口）侵入，經導管進入根部，再擴及邊材，並分泌膠質於木質導管中。在夏季，木材中水分多，碳水化合物含量少，銀葉病菌不易侵入，秋冬季則易侵入。另外銀葉病亦可經由根接觸而傳播。

子實體革質，褐色或紫褐色，老熟後色特深，圓形，2-8 cm，邊緣向上翻起，表皮有細毛，子實層光滑，紫色，擔孢子卵圓形，一端略尖，無色，6-5×3-4 μm，在葉片部位無法分離獲得病原菌，但在木質部則可。若以孢子接種，可產生銀葉病徵；此外，以病原菌之培養濾液注射也可產生銀葉病徵。一般相信，本菌產生有毒物質，分泌至葉片，使表皮細胞剝離，空氣進入，故呈銀灰色。本菌尚可爲害桃、杏、李、梨及櫻桃等果樹。

四、診斷要領

受害樹之葉呈現銀灰色，後期病葉出現銹斑，並有壞疽橫條紋。將受害枝條剖開，其木質部呈現褐色。

圖 7-10-1　(A) 田間蘋果銀葉病的病徵；(B) 蘋果銀葉病菌引起木質部組織褐變。

Fig. 7-10-1.　(A) Symptom of apple silver leaf disease in the field. (B) The pathogen of silver leaf disease caused discoloration of xylem tissue of apple plant.

五、防治關鍵時機

本病較難防治，係因寄主範圍太廣所致。

1. 修剪之傷口，立刻塗以殺菌劑如濃厚之波爾多液或其他擔子菌類專用的殺菌劑均可，殺菌劑乾後，最好再塗以油漆或柏油，作長時期之保護。
2. 傷口處塗以拮抗菌之孢子懸浮液注入樹幹中，或以片劑塞入樹幹孔內。

3. 學者曾建議以硫酸哇琳（8-hydroxy quinolone sulfate）1,000 倍稀釋液由樹幹注射或以片劑塞入樹孔內亦可；每年施用 2-3 次，開花期不可注射，以免傷及花朵。
4. 學者曾建議以快得寧（Quinolate）1,000 倍稀釋液注射亦有效，但銅劑易沉澱，最好在處理時保持經常搖動。

六、參考文獻

1. 冷懷瓊。1987。果樹病害。四川科學技術出版社。
2. Anderson, H. W. 1956. Disease of Fruit Crops. McGraw-Hiull Co., Inc., New York, Toronto, London.
3. Dovydkina, T. A. 1973. Cutural and morphological features of species of the genus. Stereum Pers. ev S. F. Gray s. lato. Mikologiya Fitopatologiya. 7(2): 85-93 (RPP52: 3576, 1973)
4. Dubos, B., and Ricard, J. L. 1974. Curative treatment of peach trees against silver leaf disease (*Stereum purpureum*) with *Trichoderma viride* preparation. Plant Dis. Reptr. 58: 71-74.
5. Heimann, M. 1976. On the spread of parasite of silver leaf (*Stereum purpuraum*) by natural root grafting. Horticultural Abstracts. 47: 7209 (RPP57:217,1078)

（資料來源：孫守恭。2000。臺灣果樹病害。世維出版社授權。）

XI. 茭白黑穗病（Wateroat Smut）

一、病原菌學名

Ustilago esculenta P. Henn.

二、病徵

茭白黑穗菌感染莖部生長點下方之組織，茭白細胞受黑穗菌產生之生長激素及細胞分裂素刺激，細胞數目與體積皆增加數倍，形成肥大紡綞形的菌癭，長約 10-30 cm，直徑 3-5 cm，即爲茭白筍。在臺灣通常在春季與秋季最多，近年來因產期調控技術發達，幾乎可週年產筍。因人爲汰選之故，目前栽培的茭白筍內大多皎潔無瑕，如美女之腿，故俗稱「美人腿」，但也有一些茭白筍體產生黑褐色之厚膜孢子堆，即是茭白黑穗菌之冬孢子堆，內有大量的厚膜孢子（冬孢子），則稱該筍爲「灰茭」，俗稱「黑心」或「花心」，食用品質較差。當茭白植株感染茭白黑穗菌後，植株無法開花；反之，若茭白開花則表示其莖部已無黑穗菌活動（圖 7-11-1）。

三、病原菌的形態特徵

茭白黑穗病菌可產生大量黑褐色球形的冬孢子，大小約5-8 μm，冬孢子發芽產生前菌絲（promycelium），前菌絲再產生長紡綞型似短菌絲的小生子（sporidia），大小從 10 μm 至數十 μm 不等。小生子是黑穗菌在人工培養基生長的主要繁殖體，單孢培養的小生子無法產生菌絲與感染寄主，需要不同配對型（A_1, A_2）的小生子配對才能產生菌絲，也才有感染寄主的能力（圖 7-11-2）。

四、病害環

茭白黑穗菌以菌絲狀態系統性分布於莖部，主要在生長點下方之組織與鄰近於導管周圍之薄壁細胞，當植株產生芽體時，菌絲即隨新生組織進入芽體，故只要母株有黑穗菌，理論上每一個分櫱苗的生長點附近皆有黑穗菌的存在。在環境適合時，茭白莖頂至往下 3-4 節處的細胞受黑穗菌產生之生長激素及細胞分裂素刺激，細胞數目與體積皆倍數增加，形成肥大紡錘形的菌癭。黑穗菌於茭白莖部大量繁

圖 7-11-1　茭白黑穗病的病徵。(A) 茭白植株；(B) 茭白莖基部外觀與受黑穗菌感染而膨大的莖部；(C) 潔白的茭白筍；(D) 未受黑穗菌感染的茭白開花株；(E) 結筍株與開花株的解剖圖比較；(F、G) 有大量冬孢子堆的茭白筍。

Fig. 7-11-1. Symptoms of wateroat (*Zizania latifolia*) smut. (A) wateroat plants; (B) morphology of wateroat basal stems and the stem gall caused by smut fungi; (C) white and succulent wateroat galls; (D) flower of wateroat; (E) stem morphology of the smut infected plants (left three) and the nonsmut infected plants (right two); (F, G) numerous teliospore sori in the wateroat stem galls.

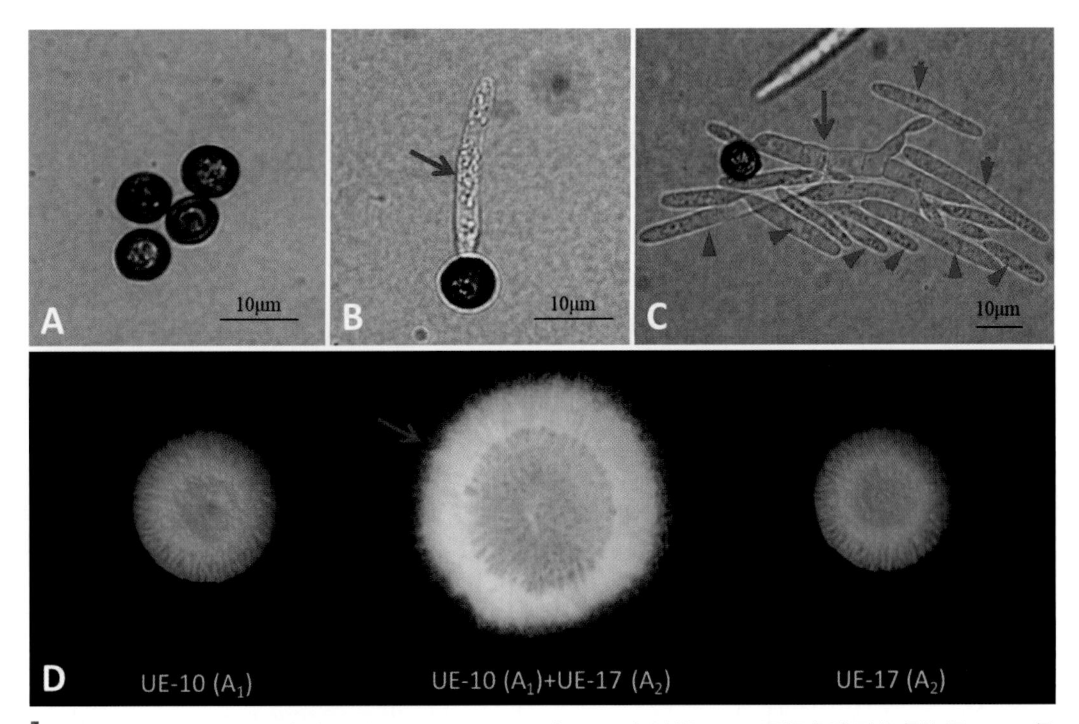

圖 7-11-2　茭白黑穗病菌（*Ustilago esculenta*）孢子之形態。(A) 黑褐色球形的冬孢子；(B) 冬孢子發芽產生前菌絲（promycelium）（箭頭）；(C) 前菌絲（箭頭）再產生小生子（sporidia）（箭頭）；(D) 小生子（箭頭）單孢培養並無法產生菌絲，需要不同配對型（A_1、A_2）配對才能產生菌絲。

Fig. 7-11-2.　Spore morphology of *Ustilago esculenta*. (A) Dark brown teliospores; (B) teliospore germinated and produced promycelium (arrow); (C) sporidia (arrow heads) produced from promycelia (arrow); (D) mycelia (arrow) grew from matting colonies of different matting types (A_1, A_2).

殖，常形成含菌絲團之腔室，腔室菌絲團爾後發育成黑褐色之厚膜孢子堆，即冬孢子堆，內有大量的厚膜孢子（冬孢子），可隨風雨傳播。冬孢子會產生不同配對型的小生子，不同配對型的小生子配對成功後才能產生菌絲，才能感染寄主。不過茭白黑穗病主要靠寄主生長點的菌絲藉由無性繁殖而傳播到下一代幼芽，較少見由冬孢子傳播。其他黑穗病，如玉米黑穗病，病原菌的冬孢子能在土壤中休眠及植物殘體內存活，常見於受汙染種子，當環境適宜時，冬孢子發芽產生擔孢子，藉由空氣與水飛濺傳播，通常感染葉片、花穗等幼嫩組織而造成異常肥大之腫瘤，內有大量的黑粉狀冬孢子。

五、參考文獻

1. 楊秀珠，1976，茭白筍之貯藏、組織解剖及其病原菌之研究，國立中興大學植物病理學研究所碩士論文。72 頁。
2. Su, H.-J. 1961. Some cultural studies on *Ustilago esculenta*. Special Publication No. 10: 139～160, College of Agri., National Taiwan University.
3. Chen, R-S., and Tzeng, D-S. 1999. PCR-mediated detection of *Ustilago esculenta* in wateroat (*Zizania latifolia*) by ribosomal internal transcribed spacer sequences. Plant Pathol. Bull. 8: 149～156.
4. Liang, S.-W., Huang, L.-Y., Chiu J.-Y., Tseng, H.-W., Huang, J.-H.., Shen, W.-C. 2019. The smut fungus *Ustilago esculenta* has a bipolar mating system with three idiomorphs larger than 500 kb. Fungal Genet. and Biol. 126: 61～74.
5. Zhang Y., Yin, Y.-M., Hu, P., Yu, J.-J., Xia, W.-Q., Ge, Q.-W, Cao, Q.-C., Cui, H.-F., Yu, X.-P., Ye, Z.-H. 2019. Mating-type loci of *Ustilago esculenta* are essential for mating and development. Fungal Genet. and Biol. 125: 60～70.

（作者：黃晉興）

六、同亞門不同屬病原菌引起之植物病害

a. 玉米黑穗病（Corn smut）（圖 7-11-3）
病原菌：*Ustilago maydis* (DC.) Corda

b. 小麥腥黑穗病（Wheat smut）（圖 7-11-4）
病原菌：*Tilletia caries* (DC.) Tul. & C. Tul.

圖 7-11-3　由 *Ustilago maydis* 引起之玉米黑穗病的病徵。（黃振文提供圖版）
Fig. 7-11-3.　Symptoms of corn smut caused by *Ustilago maydis*.

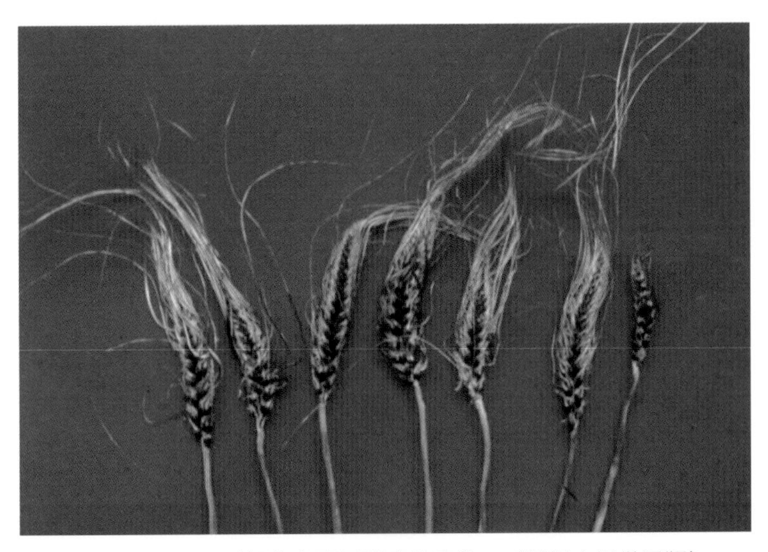

圖 7-11-4　由 *Tilletia caries*. 引起之小麥黑穗病的病徵。（黃振文提供圖版）
Fig. 7-11-4.　Symptoms of wheat smut caused by *Tilletia caries*.

XII. 百合苗立枯病（Lily Seedling Blight）

一、病原菌學名

有性世代：*Thanatephorus cucumeris* (Frank) Donk

無性世代：*Rhizoctonia solani* J.G. Kühn AG-1, 3, 4

二、病徵

引起百合苗立枯病之病原菌爲 *R. solani* 菌絲融合群第一、三、四群（Anastomosis group 1, 3, 4; AG-1, AG-3, AG-4），造成種球芽體腐敗、幼苗葉片褐化、皺縮捲曲，罹病輕微或未傷及芽體時，猶可正常生長，若受害葉片乾腐並包住頂芽，則造成矮化或抽莖不良（圖 7-12-1）。本菌除爲害葉片外，亦可爲害莖基部，造成出芽處產生褐化病徵，並形成傷口造成細菌性軟腐病之進一步爲害。本病可經由種球帶菌及土壤中的菌直接感染剛出土之植株葉片，剝除罹病葉片或以藥劑抑制病原菌之生長，則植株尙可正常生長。

三、病原菌特性與病害環

1. 病原菌特性

無性世代屬於無孢子菌科（Mycelia sterilia），不產生無性孢子，僅以菌絲和菌核繁殖。菌絲細胞核之數目是區別 *Rhizoctonia* 屬菌類之指標，包括多核的 *Thanatephorus* 屬和雙核的 *Ceratobasidium* 屬（圖 7-12-2）。*R. solani* 菌絲之細胞壁分內外 2 層，內層是薄層（lamella）構造；隔膜由 2 片隔膜板（septal plate）構成，中央有隔膜腫體（septal swelling）和隔膜孔，被隔膜孔帽（pore cap）所覆蓋；原生質膜由單位膜（unit membrane）構成；細胞內有細胞核、粒腺體、核糖體及脂肪等。菌絲培養時生長快速，初期爲白色或有些氣生菌絲，後期快速轉變爲褐色，菌絲寬度爲 6-12 μm，缺少扣子體（clamp connection），分支菌絲常與原菌絲呈很大角度。菌核由念珠狀細胞（monilioid cells）構成，其內部經常有營養菌絲存在，菌核結構上沒有皮質（rind）和髓質（medulla）之分，菌核顏色常爲褐色，形狀變異甚大，圓形到不定形，表面爲平滑或毛絨狀，大小依培養條件及不同菌

圖 7-12-1　百合苗立枯病病徵。(A) 田間發生百合苗枯病，*Rhizoctonia solani* 感染剛出土的幼芽；(B) 病原菌僅感染芽體幼嫩苞葉；(C) 人工接種 *R. solani* AG-3 的輕微病徵；(D) 人工接種 *R. solani* AG-4 產生嚴重的苗枯病徵。

Fig. 7-12-1. The typical symptoms of Rhizoctonia seedling blight on lily. (A) Reddish-brown irregular lesions developed on the emerging crown of lily in the field. (B) Various symptoms of seedling blight disease of lily developed in the field. (C, D) Disease symptoms caused by artificially inoculating *R. solani* AG-3 (R 217) and AG-4 (R 215), respectively.

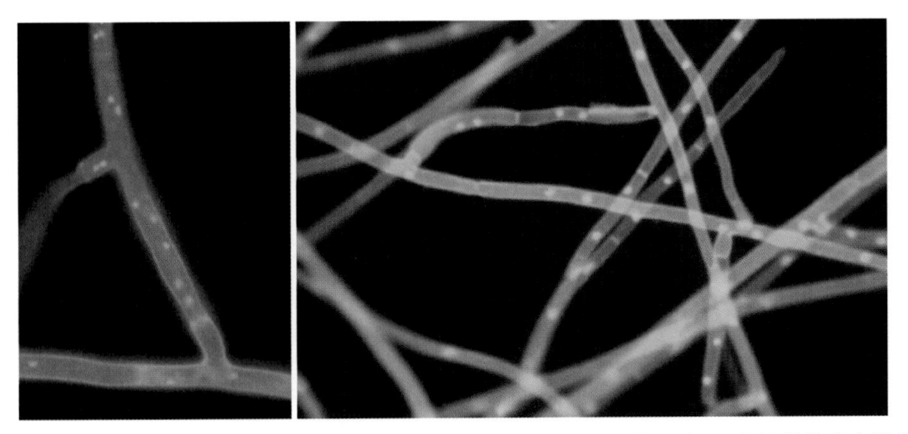

圖 7-12-2　*Rhizoctonia* species 的菌絲含多核（圖左）與雙核（圖右），多核菌株的有性世代為 *Thanatephorus* spp.，雙核菌株的有性世代為 *Ceratobasidium* spp.。

Fig. 7-12-2. The hyphae with multinucleate (left) and binucleate (right) isolates of *Rhizoctonia* species, the perfect states of multinucleate and binucleate isolates belong to *Thanatephorus* spp. and *Ceratobasidium* spp., respectively.

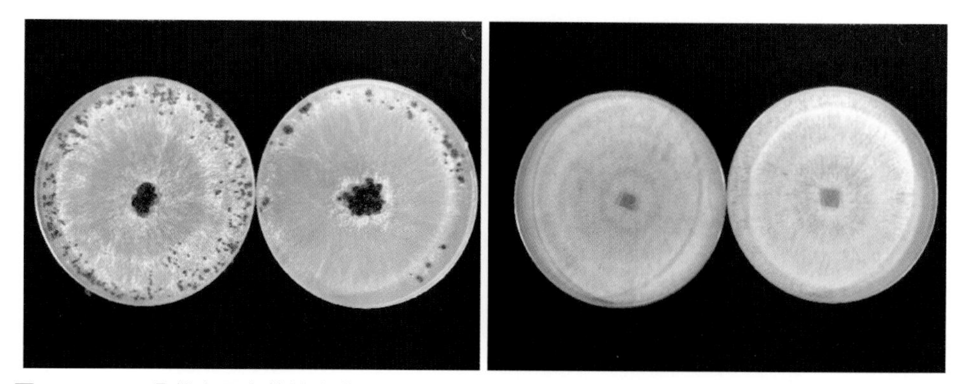

圖 7-12-3. 分離自百合苗枯立病的立枯絲核菌菌落形態。圖左為 *Rhizoctonia solani* AG-1，圖右為 *R. solani* AG-4。

Fig. 7-12-3. Colony morphologies of *Rhizoctonia solani* AG-1 (left) and AG-4 (right) isolated from diseased lilies on PDA plates.

株而有差異（圖 7-12-3）。有性世代之擔子器（basidia）呈桶形，具有 4 枚擔子柄（sterigmata），每一小柄上著生 1 個淚滴形之擔孢子（basidiospore）。*R. solani* 之擔子器在自然界鮮少發生，因此不易以有性世代之特性做爲分類依據。*R. solani* 屬複合菌群（*Rhizoctonia* species complex），目前區別種內或種間之差異，均以菌絲融合的現象，將本菌劃分爲 14 群（AG1-AG13 和 AG-BI），苗枯病主要由 AG-4 引起。

2. 病害環

本菌是一種重要的土壤棲息菌（Soil inhabiting pathogen），屬於兼性寄生菌（facultative parasite），具強的腐生能力。本菌菌核或厚壁菌絲殘存於土壤及植物殘體中。田間土壤內的菌核最少有 5 年的壽命，端視菌核處於何種環境下，一般在乾土中之壽命比在潮溼土壤中存活更久。本菌菌核可浮在水面上進行傳播，當菌核或存活於植株殘體上之菌體接觸到寄主植物莖基或根部時，即可發芽形成菌絲，由氣孔直接侵入，或在侵害部位形成侵入褥，然後以侵入釘之形式直接由寄主表皮侵入感染。菌絲在寄主組織內迅速蔓延，形成潰瘍狀病徵，於高溼的環境下，病害蔓延速度變快。病組織中的菌絲可存活於土壤中，作爲下次之感染源。

四、防治關鍵時機

本菌通常以菌絲或菌核存活於土壤、寄主殘體及營養繁殖器官中。利用農具或營養繁殖器官進行傳播。在百合種球種植後，於芽體突出土面時進行防治。

五、參考文獻

1. 林信甫、謝廷芳、黃振文。2002。莧菜葉枯病菌之鑑定與侵染過程，植病會刊 11：33-44。
2. 林信甫、黃振文、謝廷芳。2003。影響莧菜葉枯病菌 *Rhizoctonia solani* AG-2-2 IIIB 形成有性世代的因子，植病會刊 12：215-224。
3. Hsieh, T. F., Chang, Y. C., and Tu, C. C. 1996. The occurrence of Rhizoctonia seedling blight of lily in Taiwan. Plant Pathol. Bull. 5(2): 80-84.
4. Sneh, B., Burpee, L., and Ogoshi, A. 1991. Identification of *Rhizoctonia* species. APS Press, St. Paul, Mn. USA. 133pp.
5. Tu, C. C., Hsieh, T. F., and Chang, Y. C. 1996. Characterization of *Rhizoctonia* isolates, disease occurrence and management in vegetable crops. Plant Pathol. Bull. 5(2): 69-79.

（作者：謝廷芳、陳純葳）

六、同屬病原菌引起的植物病害

a. 莧菜葉斑病（Amaranthus Rhizoctonia foliage blight）（圖 7-12-4）

有性世代：*Thanatephorus cucumeris* (Frank) Donk（圖 7-12-5 B、C）

無性世代：*Rhizoctonia solani* J.G. Kühn AG-2-2 IIIB（圖 7-12-5 A）

b. 馬鈴薯黑痣病（Potato black scurf）（圖 7-12-6）

有性世代：*Thanatephorus cucumeris* (Frank) Donk

無性世代：*Rhizoctonia solani* J.G. Kühn AG-3（圖 7-12-7）

c. 蔬菜與花卉立枯病（Damping-off of vegetable and ornamental plants）（圖 7-12-8、圖 7-12-9）

有性世代：*Thanatephorus cucumeris* (Frank) Donk

無性世代：*Rhizoctonia solani* J.G. Kühn AG-4

d. 菜豆根腐病（Rhizoctonia root rot of common bean）（圖 7-12-10）

有性世代：*Thanatephorus cucumeris* (Frank) Donk

無性世代：*Rhizoctonia solani* J.G. Kühn AG-7（圖 7-12-11）

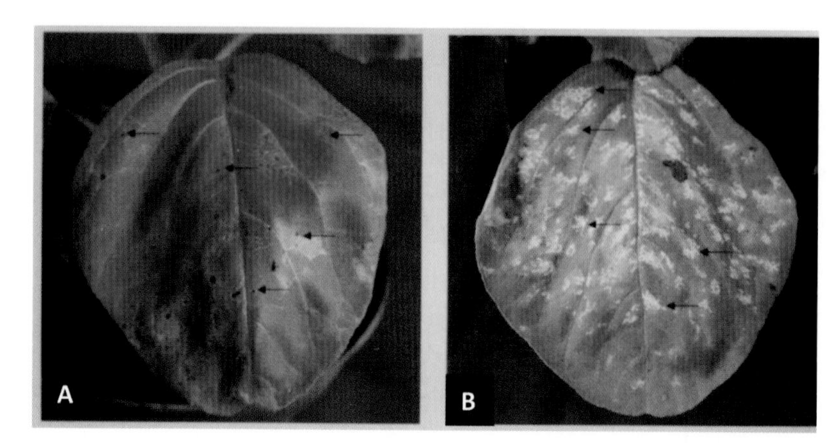

圖 7-12-4 由 *Thanatephorus cucumeris* 擔孢子感染引起之莧菜葉枯病的病徵。(A) 初期病斑，呈圓形、水浸狀的透化斑（箭頭）；(B) 初期病斑擴展成後期病斑，呈爪狀不規則型病斑（箭頭）。

Fig. 7-12-4. Symptoms of Chinese amaranth foliage blight caused by basidiospores of *Thanatephorus cucumeris*. (A) Initial stage of infection. Leaf with water-soaked and translucent circular lesions (arrows). (B) Advanced stage of infection. Leaf with many irregular and claw-like lesions (arrows) around the initial circular lesions.

圖 7-12-5 (A) 莧菜葉枯病菌 *Rhizoctonia solani* AG-2-2 IIIB 菌株在 PDA 平板上的菌落形態；(B) 在覆土表面形成的白色的有性世代 *Thanatephorus cucumeris* 子實層；(C) 有性世代擔子器形態。

Fig. 7-12-5. (A) Colony morphology of *Rhizoctonia solani* AG-2-2 IIIB (causes Chinese amaranth foliage blight) on PDA plates. (B) The white hymenia formation on the surface of cover soil-PDA plate; and (C) basidia of *Thanatephorus cucumeris*.

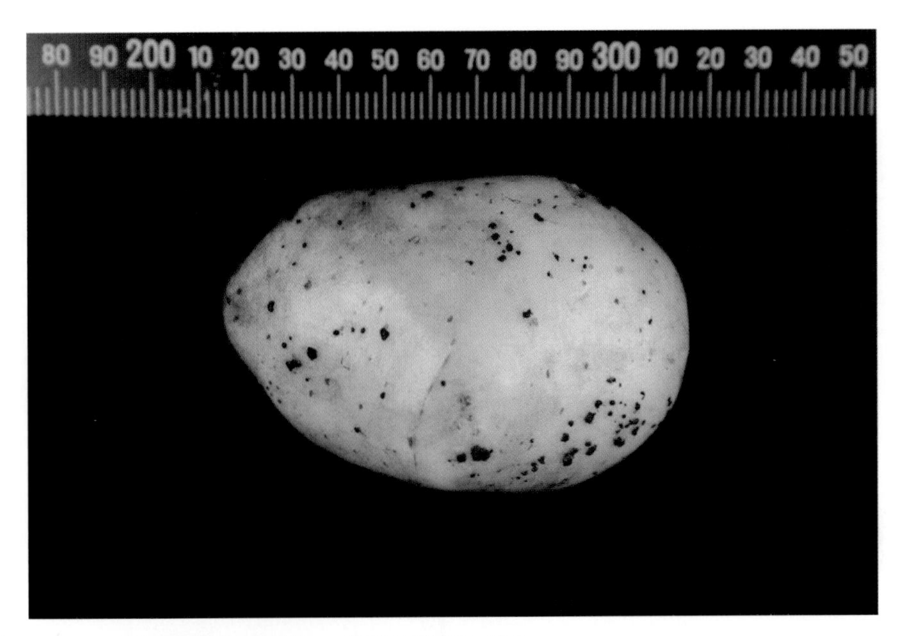

圖 7-12-6.　馬鈴薯黑痣病病徵。（邱燕欣提供圖版）
Fig. 7-12-6.　Symptom of potato black scurf caused by *Rhizoctonia solani* AG-3.

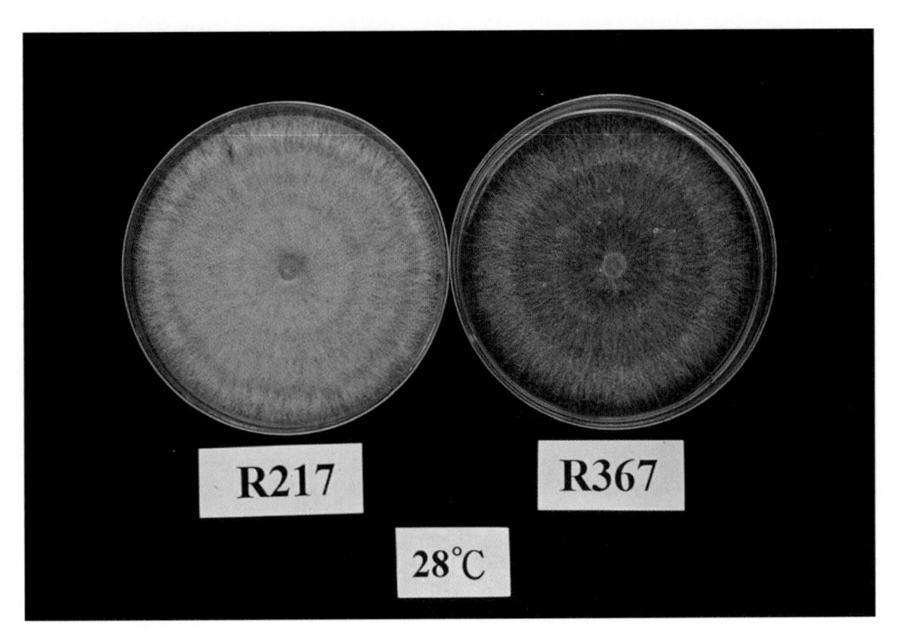

圖 7-12-7　*Rhizoctonia solani* AG-3 不同菌株的菌落形態。
Fig. 7-12-7.　Colony morphologies of different isolates of *Rhizoctonia solani* AG-3.

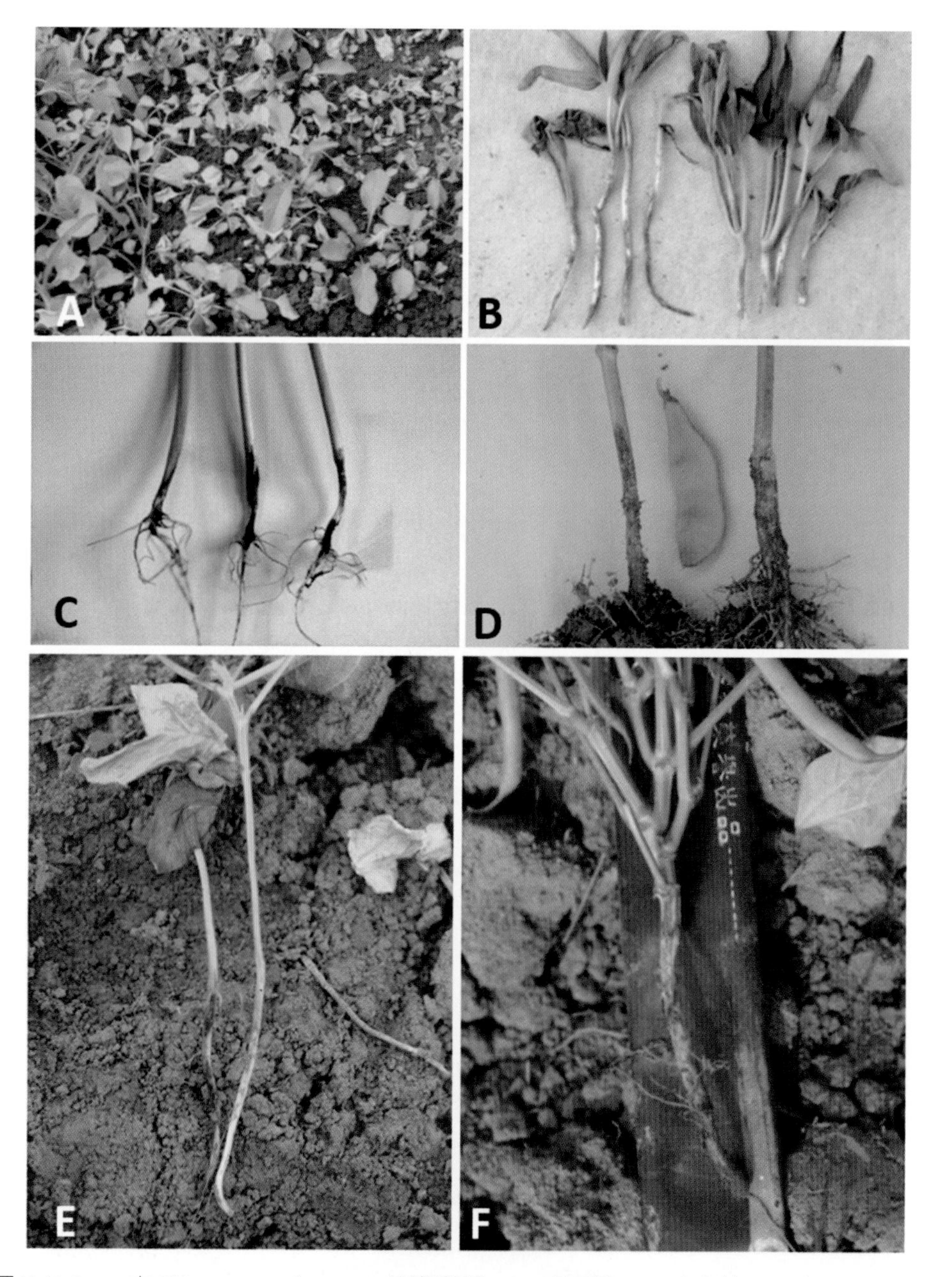

圖 7-12-8　由 *Rhizoctonia solani* AG-4 引起蔬菜：(A) 青江菜、(B) 空心菜、(C) 紅豆、(D) 毛豆、(E) 長豇豆、(F) 菜豆之立枯病。

Fig. 7-12-8. Damping-off of vegetable crops such as (A) Pak choy, (B) water spinach, (C) adzuki bean, (D) vegetable soybean, (E) long cowpea and (F) common bean caused by *Rhizoctonia solani* AG-4.

圖 7-12-9　由 *Rhizoctonia solani* AG-4 引起觀賞植物：(A) 菊花、(B) 金魚草、(C) 洋桔梗、(D) 彩色海芋、(E) 雞冠花之立枯病。

Fig. 7-12-9.　Disease symptoms on ornamental plants such as (A) chrysanthemum; (B) snapdragon; (C) eustoma; (D) calla lily and (E) common cockscomb caused by *Rhizoctonia solani* AG-4.

圖 7-12-10　接種 *Rhizoctonia solani* AG-7 後造成菜豆（圖左）與紅豆（圖右）植株發育不良。

Fig. 7-12-10. Stunt symptom of common bean (left) and adzuki bean (right) after inoculation of *Rhizoctonia solani* AG-7.

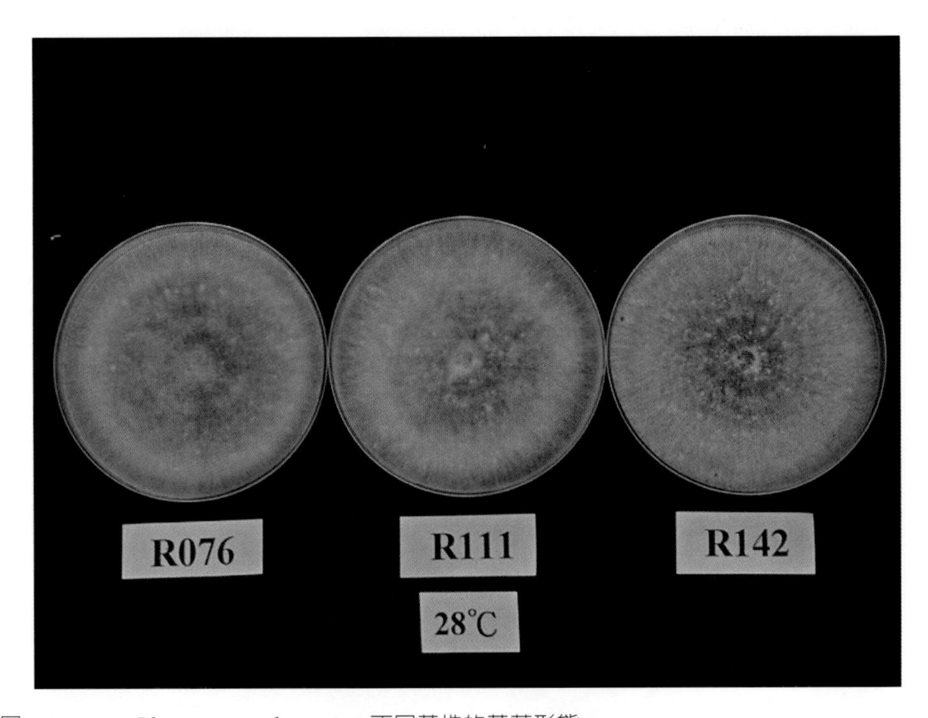

圖 7-12-11　*Rhizoctonia solani* AG-7 不同菌株的菌落形態。

Fig. 7-12-11. Colony morphologies of different isolates of *Rhizoctonia solani* AG-7 on PDA plates.

XIII. 水稻紋枯病（Rice Sheath Blight）

一、病原菌學名

有性世代：*Thanatephorus cucumeris* (Frank) Donk

無性世代：*Rhizoctonia solani* J.G. Kühn AG1-IA

二、病徵

本病害在水稻葉鞘外側造成橢圓形病斑，病斑邊緣褐色中間灰白色，病勢進展後期葉鞘上之相鄰病斑擴展形成虎斑狀，其後葉鞘組織枯死導致葉片黃化乾枯，環境溼度高時病斑蔓延至葉片，後續在病斑或周遭組織表面形成菌核。

三、病原菌特性與病害環

1. 病原菌特性

本病菌無分生孢子，多以無性世代生存於自然界。菌絲細胞多核，分支菌絲基部會隘縮並與主軸菌絲成直角，分支菌絲之隔膜離主軸菌絲不遠，菌絲寬度約爲 7.7-9.9 μm。本病原菌會在寄主上形成菌核，菌核成熟後其外層細胞含高量二氧化碳，保護內部細胞，使菌核具漂浮性。人工培養時，菌落呈褐色，顏色深淺則因菌株不同而有差別，在培養基上形成之菌核常融合成片狀。有性世代之擔子器與菌絲形成子實層，擔子器大小爲 10.0-22.5×7.0-10.5 μm，擔孢子柄大小 9.0-25.0 μm 常有隔膜，擔孢子大小 7.5-10.7×4.5-6.0 μm。

2. 病害環

水稻收穫後菌核掉落於稻樁上，作爲殘存構造之菌核於土表可存活 2 年，埋入積水之砂土尚可存活 8 個月，並在下一期作於田水中漂流時附著於水稻葉鞘外側，待水稻進入分櫱期稻叢間溼度提高後，菌核發芽感染葉鞘，爲主要初次感染源，爾後菌絲在稻組織中蔓延，於水稻進入分櫱盛期時，植株葉片交互傳播形成二次感染。

圖 7-13-1　(A) 水稻紋枯病病徵；(B) 病斑周圍產生許多菌核；(C) 病原菌在稻稈上形成有性世代子實層。（謝廷芳提供圖版）

Fig. 7-13-1.　(A) The symptom of rice sheath blight caused by *Rhizoctonia solani* AG-1; (B) the pathogen produced many sclerotia around the diseased lesions; (C) hymenial formation of perfect state of *R. solani* AG-1 on the surface of rice stalk.

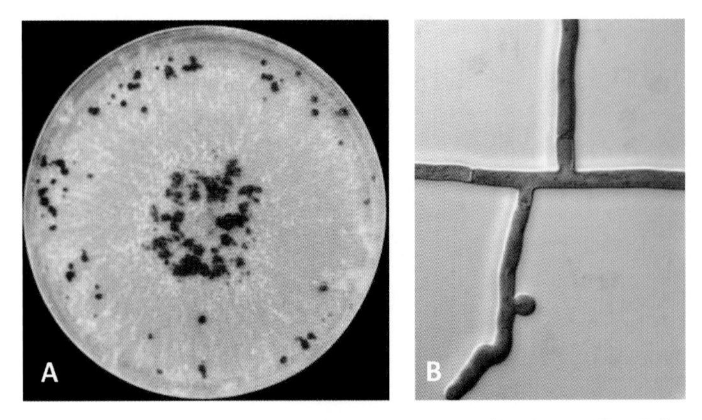

圖 7-13-2　水稻紋枯病菌的菌落 (A) 與菌絲 (B) 形態。（楊佳融提供圖版）

Fig. 7-13-2.　(A) Colony and (B) mycelium morphology of *Rhizoctonia solani* AG1-IA, the causal agent of rice sheath blight on PDA.

四、診斷要領

本病害之大型病斑，多由下位葉鞘開始發生再向上蔓延。在高溼環境下，病斑上或植物表面組織上的菌絲會形成菌核，菌核爲褐色，接觸寄主組織之一面常向內凹呈不正之扁球形。

五、防治關鍵時機

水稻紋枯病之防治方法包括抗病育種、化學防治及生物防治等。

栽培管理方面，兩次整地的間隔期於水田淹深水，並於下風處撈取菌核或移除罹病殘體，可降低田間初次感染源密度，或避免密植以減緩二次感染源之蔓延速度。若過量施用氮肥會增加紋枯病發生的嚴重程度，施用矽肥則可增強植株抗病能力。

六、參考文獻

1. 林駿奇。2012。水稻紋枯病之生態與田間防治。臺東區農業專訊 81：13-16。
2. 杜金池、張義璋。1991。水稻紋枯病之生態及防治。稻作病害研討會專刊：65-81。行政院農業委員會農業試驗所。臺中。
3. 張義璋。2003。紋枯病。植物保護圖鑑系列 8 —水稻保護：301-312。行政院農業委員會動植物防疫檢疫局。臺北。
4. 楊佳融。2018。稠李鏈黴菌 PMS-702 防治水稻紋枯病的功效。國立中興大學植物病理學系所碩士論文。
5. Li, Z., Pinson, S. R. M., Marchetti, M. A., Stansel, J. W., and Park, W. D. 1995. Characterization of quantitative trait loci (QTLs) in cultivated rice contributing to field resistance to sheath blight (*Rhizoctonia solani*). Theor. Appl. Genet. 91(2): 382-388.
6. Rodrigues, F. A., Vale, F. X. R., Korndörfer, G. H., Prabhu, A. S., Datnoff, L. E., Oliveira, A. M. A., and Zambolim, L. 2003. Influence of silicon on sheath blight of rice in Brazil. Crop Prot. 22(1), 23-29.

（作者：黃振文）

七、同屬病原菌引起之植物病害

a. 水稻褐色菌核病（Rice brown sclerotium disease）（圖 7-13-3）

有性世代：*Ceratobasidium oryzae-sativae* Gunnell &Webster

無性世代：*Rhizoctonia oryzae-sativae* (Sawada) Mordue, AG-Bb（圖 7-13-4）

b. 玉米紋枯病（Corn sheath blight）（圖 7-13-5）

有性世代：*Thanatephorus cucumeris* (Frank) Donk

無性世代：*Rhizoctonia solani* J.G. Kühn AG-1

c. 高粱紋枯病（Sorghum sheath blight）（圖 7-13-6）

有性世代：*Waitea circinata* Warcup & Talbot

無性世代：*Rhizoctonia zeae* Voorhees, WAG-Z（圖 7-13-7）

圖 7-13-3　由 *Rhizoctonia oryzae-sativae* 引起的水稻褐色菌核病病徵（圖左），病斑組織內形成菌核（圖右）。（謝廷芳提供圖版）

Fig. 7-13-3.　Symptoms of brown sclerotium disease of rice caused by *Rhizoctonia oryzae-sativae* (left). Sclerotia formed inside the infected rice stalk (right).

圖 7-13-4　*Rhizoctonia oryzae-sativae* 的菌落形態，圖左為 ATCC 標準菌株，圖右為田間分離菌株。（謝廷芳提供圖版）

Fig. 7-13-4.　Colony morphology of *Rhizoctonia oryzae-sativae* isolates. ATCC standard isolate (left) and field obtained isolate (right).

圖 7-13-5　玉米紋枯病的病徵。（謝廷芳提供圖版）

Fig. 7-13-5.　The symptoms of corn sheath blight.

圖 7-13-6　由 *Waitea circinata* 引起的高粱葉鞘腐敗。（謝廷芳提供圖版）
Fig. 7-13-6.　Sheath rot of sorghum caused by *Waitea circinata*.

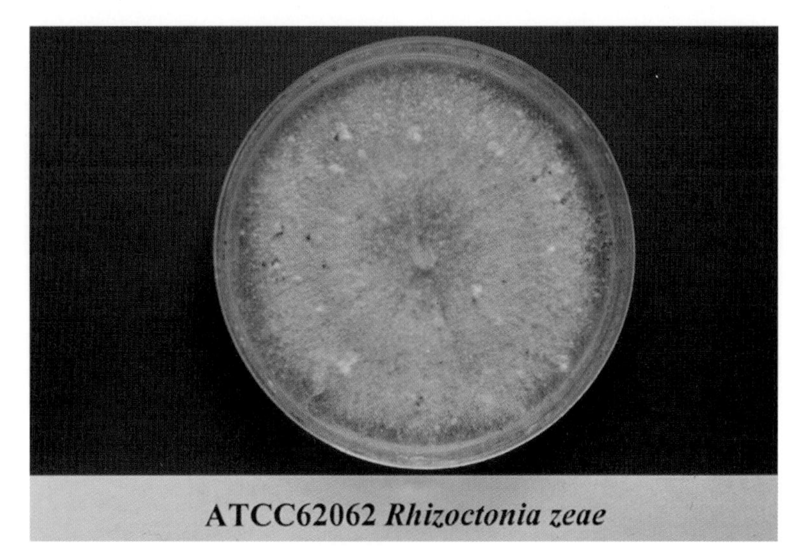

圖 7-13-7　*Waitea circinata* 在馬鈴薯葡萄糖洋菜培養基平板上的菌落形態，在菌落上產生橘紅色的菌核。（謝廷芳提供圖版）
Fig. 7-13-7.　Colony morphology of *Waitea circinata* on PDA plate. Reddish orange sclerotia grown on colony.

XIV. 蔬菜白絹病（Southern Blight of Vegetable Crops）

一、病原菌學名

有性世代：*Athelia rolfsii* (Curzi) Tu and Kimbr.

無性世代：*Sclerotium rolfsii* Sacc.

二、病徵

在田間常發現受害植株莖基部及根部上方產生白色絹狀菌絲，其菌絲有粗、細兩型，菌絲上面往往著生球形、白色至棕褐色之菌核，其表面光滑（圖 7-14-1）。發病初期，病株出現黃化，莖基部褐變凹陷，葉片呈萎凋狀，終至枯死。

圖 7-14-1　白絹病菌在甜椒莖基部產生 (A) 粗絹狀的菌絲與 (B) 大量的菌核。

Fig. 7-14-1.　*Sclerotium rolfsii* produced (A) thick-silky mycelia and (B) many sclerotia around basal stem of pepper plant.

三、病原菌特性與病害環

本病原菌之無性世代可產生兩種截然不同的營養菌絲；生育期中所產生的營養菌絲是白色的，直徑 5.5-8.5 μm，有明顯的扣子體（clamp connection），菌絲每節有兩個細胞核。將要產生菌核前，會產生較纖細的白色菌絲，直徑約為 3.4-5.0 μm，細胞壁較薄，有隔膜，無扣子體；隨後由這些 3-12 條菌絲束互相纏繞而形成菌核。有性世代爲擔子菌，擔子棍棒狀，頂端有 2-4 支小柄，擔孢子無色透明倒卵形，可以在田間和人工培養基上發現。

白絹病菌核形成的溫度與菌絲生長大致相同，30℃形成的菌核重量最重，突然的增加溫度也可促使菌核形成，一般於 29-30℃下，菌核成熟只需 1 天。本病原菌之菌核產生在 pH 値 1.3-6.7 的範圍不受影響，最適菌核形成的 pH 爲 6.4。白絹病菌是一種廣泛性土傳性病原菌，可爲害廣泛的蔬菜作物（圖 7-14-2）；臺灣環境非常適合發生，其中又以夏作爲害最烈，春秋二作較少。菌核是本病原菌越冬與傳播的主要工具。本菌爲完全生長在土壤表面的微生物，埋在土壤內超過 0.5 吋生長即受影響。因此本病原菌在土壤中的生長必須依賴植物殘體提供養分才能存活爲害根部。

四、診斷要領

接近土面或栽培介質交界處之罹病植物組織常有病原菌之白色絹狀菌絲盤據其上，並有大量之菌核產生，菌核呈圓形褐色。

五、防治關鍵時機

1. 田間管理：於田間發現罹病株，應馬上移除，減少菌核的產生，並將植株附近的土壤進行翻埋，避免土壤中的菌核發芽。
2. 土壤中加入有機質，如苜蓿粉片，可促進細菌的繁殖，促進菌核加速死亡。尿素釋放的氨氣可使菌核完全失去發芽的能力或於病害發生前可施用木黴菌進行生物防治。

六、參考文獻

1. 林福坤。1967。白絹病菌菌核形成及發芽。國立臺灣大學植物病蟲害研究所碩士論文。80p。
2. 黃振文、鍾文全。2003。植物重要防檢疫病害診斷鑑定研習會專刊（二）。臺北市。行政院農業委員會動植物防檢疫局。
3. 蔡孟旅、張顥瀚、鄭安秀。2017。木黴菌對落花生白絹病防治效果之探討。行政院農業委員會臺南區農業改良場研究報告第 69 號。

圖 7-14-2　白絹病菌為害蔬菜作物的病徵：(A) 西瓜、(B) 芋頭、(C) 胡蘿蔔、(D) 稜角絲瓜、(E) 菜豆、(F) 長豇豆、(G) 玉米、(H) 辣椒。

Fig. 7-14-2. The symptoms of southern blight on vegetable crops such as (A) watermelon, (B) taro, (C) carrot, (D) ridged skin luffa, (E) common bean, (F) long cowpea, (G) corn, and (H) chili, caused by *Sclerotium rolfsii*.

4. Townsend, B. B. 1957. Nutritional factors influencing the production of sclerotia by certain fungi. Ann. Bot. 21:153-166.

（作者：黃振文、謝廷芳）

XV. 洋桔梗白絹病（Eustoma Southern Blight）

一、病原菌學名

有性世代：*Athelia rolfsii* (Curzi) Tu & Kimbr.

無性世代：*Sclerotium rolfsii* Sacc.

二、病徵

本菌直接經由土壤侵害洋桔梗的莖基部或與土壤接觸之下位葉。在適宜的氣候條件下，存於土壤中之菌核開始發芽，或存於植株殘體之菌絲生長，伸上洋桔梗莖基部或土表之葉片，菌絲接觸植物後，開始分泌草酸與分解酵素，進一步摧毀植體表面之組織，以手抹開白色菌絲，可見原菌絲覆蓋下之植物組織呈水浸狀病徵。植株莖基部受害後，致使水分吸收受阻，植株下位葉開始呈輕微失水狀，嚴重時，整株黃化凋萎死亡（圖 7-15-1）。溫溼度適合菌絲生長時，以莖基部爲中心之土表可見白色絹狀菌絲束呈放射狀擴展，上面產生黃褐色至黑褐色菌核。病害在栽培田中不常見，屬於局部偶發型病害。

三、病原菌特性與病害環

1. 病原菌特性

無性世代之菌絲外觀呈白色，具隔膜孔構造，有大小二型菌絲，大菌絲直線生長，每節細胞約 5.7×60-100 μm，有扣子體；小菌絲寬約 2.5 μm，生長較不規則。細小菌絲交織後形成圓形之褐色菌核，直徑約 0.5-1.5 mm。成熟菌核有外皮、皮層

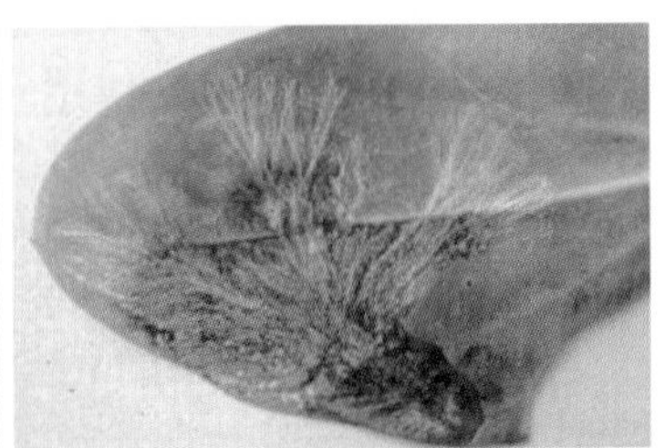

圖 7-15-1　洋桔梗白絹病病徵。
Fig. 7-15-1. Southern blight of eustoma caused by *Sclerotium rolfsii*.

及髓部之分（圖 7-15-2），外皮含可抵抗惡劣環境之黑色素，是本菌存活於土壤或有機殘體中之主要構造。

有性世代之子實體於自然界不易產生，但於臺灣蝴蝶蘭及寒蘭病株上曾發現（圖 7-15-3）。擔子器棍棒狀，形成於分支菌絲的頂端，上生 2-4 個擔子柄，其上著生擔孢子。擔孢子梨形或橢圓形，無色、單胞、表面平滑。有關白絹病菌絲、菌核的核數及有性世代擔子器的構造解剖，如圖 7-15-4。

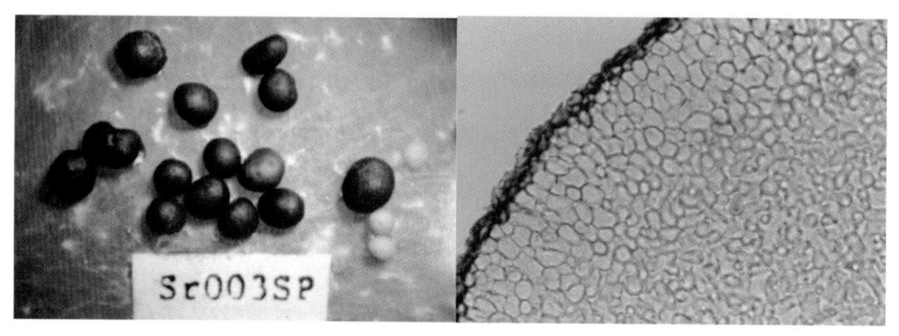

圖 7-15-2　白絹病菌褐色圓形菌核和菌核切片。

Fig. 7-15-2. Morphology of brown mature sclerotia (left) of *Sclerotium rolfsii*. The tissue of sclerotia differentiated into rind, cortex and medulla (right).

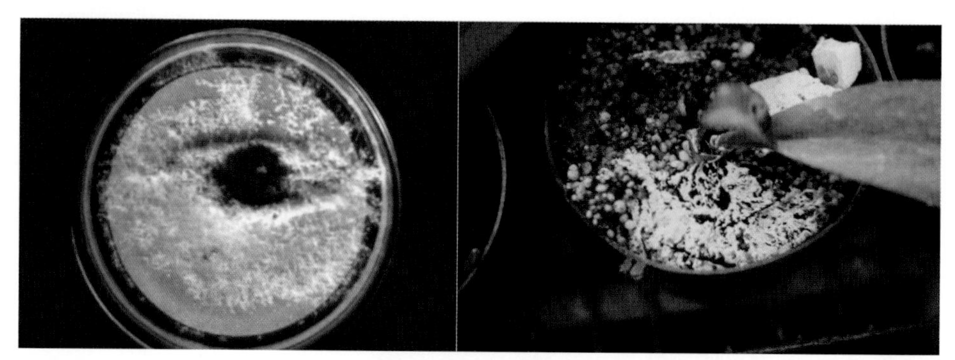

圖 7-15-3　白絹病菌的有性世代。圖左為人工培養的白色綿絮狀子實層，圖右為蝴蝶蘭栽培介質表面形成有性世代子實層。

Fig. 7-15-3. Perfect state of *Sclerotium rolfsii* (*Athelia rolfsii*). Artificial induce hymenial formation of *Athelia* (*Sclerotium*) *rolfsii* on leaf tissue (left) and natural formation of hymenia on the surface of the porting mix of moth orchid.

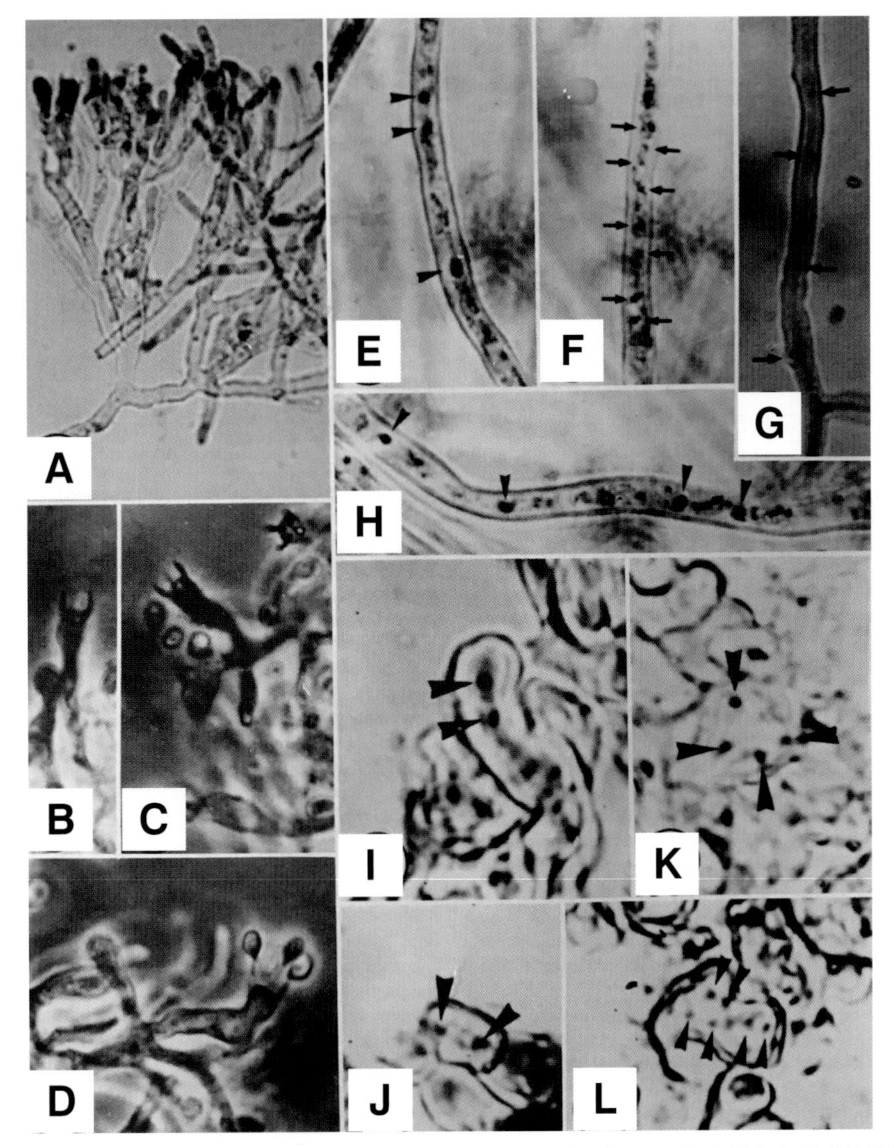

圖 7-15-4　白絹病菌菌絲、菌核核數及有性世代擔子器構造。(A) 子實層上未成熟擔孢子器；(B、C) 成熟的擔孢子器上擔孢子梗清晰可見；(D) 成熟擔孢子器上著生擔孢子；(E) 細小菌絲內含 3 核；(F) 細小菌絲含 8 核；(G、H) 菌絲含 4 核；(I、J) 菌核細胞含 2 核；(K) 菌核細胞含 4 核；(L) 菌核細胞含 6 核。

Fig. 7-15-4. Hyphal, sclerotial, and basidial structures in *Athelia rolfsii* and its sclerotial state *Sclerotium rolfsii*. (A) A section of the hymenium with immature basidia, x 600.(B, C) Mature basidia with prominent sterigmata, x 1,000. (D) Mature basidium with basidiospores, x 1,000. (E) Segment of slender hyphae showing three nuclei, x 1,000. (F) A similar hyphal segment showing eight nuclei, x 1,000. (G, H) Hyphal segments with four nuclei, x 1,000. (I, J) Binucleate sclerotial cell, x 1,000. (K) Tetranucleate sclerotial cell, x 1,000. (L) Sclerotial cells with six nuclei, x 1,000.

2. 病害環

本菌以菌核形式或以菌絲存在植物殘體及有機質上而存活於土壤中，並藉由土壤或器具傳播。菌核或有機質上之菌絲可直接侵害洋桔梗之根部及莖基部，或與土壤表面接觸之葉片，待氣候適合菌絲進展時，數條菌絲結集成菌絲束，並在與植物組織接觸處生長，產生草酸使周圍環境之酸鹼值下降，以利所分泌之酵素作用而軟化及瓦解組織。因此，罹病部位皆呈軟腐或乾腐之病徵。本菌之有性世代未曾在洋桔梗上發現。

四、防治關鍵時機

本菌可形成數量極多的菌核長存於土壤之中，一旦氣候條件適合，且有感病寄主存在時即可發芽，侵入感染。防治此病害首重降低初級感染源，所使用的措施包括與水稻輪作、取得健康苗株、施用土壤添加物或土壤以藥劑燻蒸處理。以人工拔除罹病株並燒毀的方式以抑制白絹病的蔓延及擴散，佐以噴灌藥劑之方式降低發病速率。

五、參考文獻

1. 杜金池、謝廷芳、蔡武雄。1992。利用合成土壤添加物防治百合白絹病之研究。中華農業研究 41：280-294。
2. 謝廷芳、杜金池、蔡武雄。1990。溫溼度對百合白絹病發生之影響。中華農業研究 39：315-324。
3. 謝廷芳、杜金池。1995。影響土壤添加物 AR 3 防治百合白絹病之因子。中華農業研究 44：456-463。
4. Tu, C. C., Hsieh, T. F., Tsai, W. H., and Kimbrough, J. W. 1992. Induction of basidia and morphological comparison among isolates of *Athelia* (*Sclerotium*) *rolfsii*. Mycologia 84(5): 695-704.

（作者：謝廷芳）

六、同屬病原菌引起之植物病害

a. 作物白絹病（Crop southern blight）（圖 7-15-5）

有性世代：*Athelia rolfsii* (Curzi) Tu & Kimbr.

無性世代：*Sclerotium rolfsii* Sacc.

b. 月橘（七里香）白絹病（Southern wilt of common jasmine orange）（圖 7-15-6）

病原菌：*Sclerotium coffeicola* Stahel

c. 白鶴芋莖腐病（Peace lily stem rot）（圖 7-15-7）

病原菌：*Ceratorhiza hydrophila* (Sacc. & P. Syd.) Z.H. Xu, T.C. Harr., M.L. Gleason & Batzer.（圖 7-15-8）

圖 7-15-5　由 *Sclerotium rolfsii* 引起的各種作物白絹病病徵：(A) 百合、(B) 孤挺花、(C) 鳶尾花、(D) 文心蘭、(E) 水稻、(F) 落花生、(G) 木瓜、(H) 硃砂根。

Fig. 7-15-5. The symptoms of crop southern blight such as (A) lily, (B) amaryllis, (C) iris, (D) oncidium, (E) rice, (F) peanut, (G) papaya and (H) crenate-leaved ardisia, caused by *Sclerotium rolfsii*.

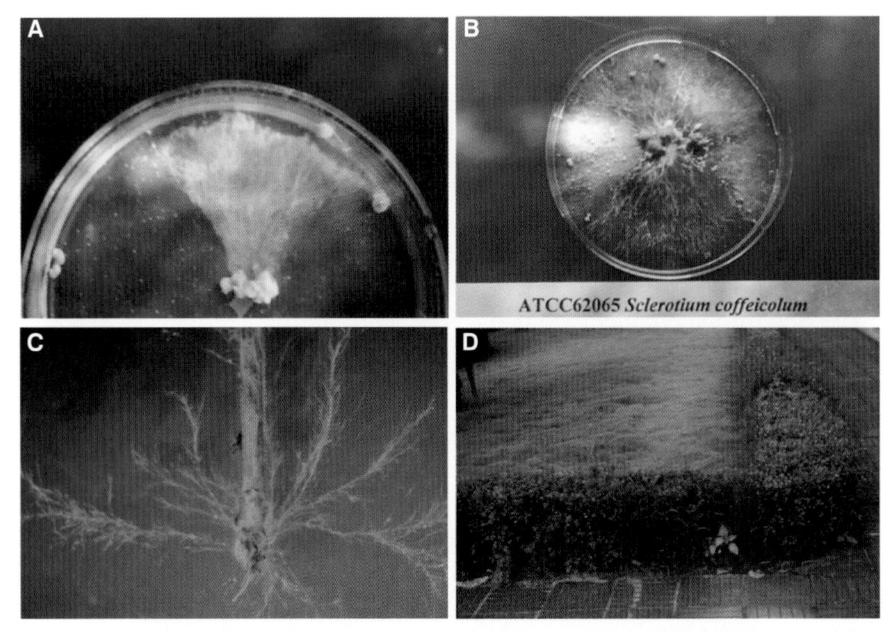

圖 7-15-6　由 *Sclerotium coffeicola* 引起的月橘白絹病。(A) 為病原菌在培養基上的菌核形態；(B) ATCC 標準菌株在培養基上的菌核形態；(C) 為罹病莖基部上長出病原菌菌絲；(D) 為月橘罹病枝枯症狀。

Fig. 7-15-6.　Southern blight of common jasmine orange caused by *Sclerotium coffeicola.* Sclerotia formation on PDA plate (A) and the colony and sclerotia formation of ATCC isolate on PDA (B). Hyphal coming out from diseased stem of common jasmine orange (C) and the stem blight of common jasmine orange in the garden (D).

圖 7-15-7　由 *Ceratorhiza hydrophila* 引起的白鶴芋莖腐病。

Fig. 7-15-7.　Stem rot of peace lily caused by *Ceratorhiza hydrophila.*

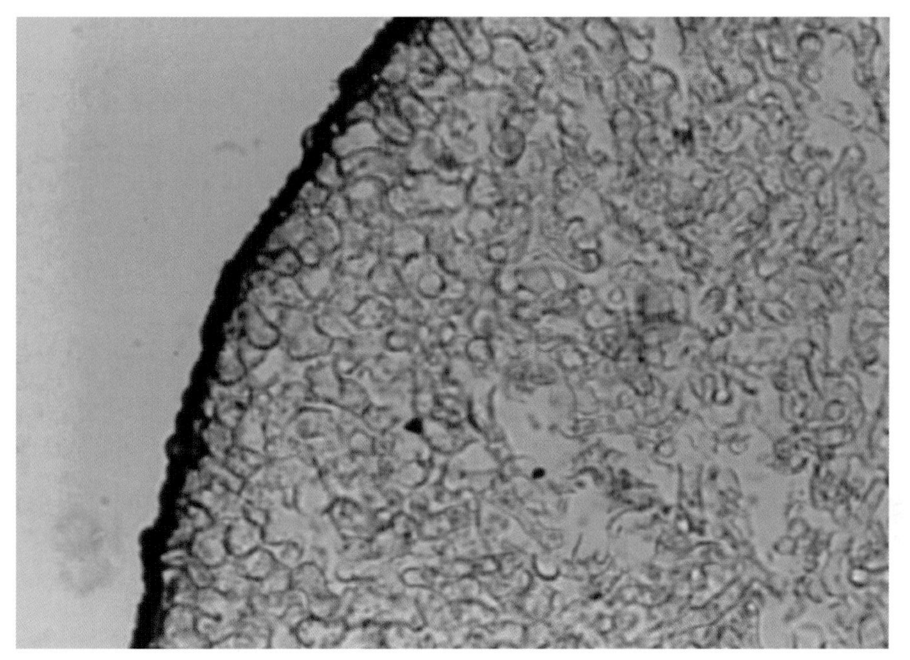

圖 7-15-8　*Ceratorhiza hydrophila* 的菌核切片，菌核組織由外而內由外皮、皮層及髓部構成。
Fig. 7-15-8.　The sclerotial tissue of *Ceratorhiza hydrophila* differentiated into rind, cortex and medulla.

XVI. 果樹與林木褐根病
（Brown Root Rot of Fruit Crops and Forest Trees）

一、病原菌學名

Phellinus noxius (Corner) G. H. Cunn.

二、病徵

外觀病徵：急性立枯（圖 7-16-1）：病株急速萎凋，樹木死亡後，乾枯的葉片與果實可停留在枯樹上數月。慢性立枯（圖 7-16-2）：植株生長衰弱，出現葉片稀疏、落葉情形，病情逐日嚴重，約 1、2 年後死亡。此外罹病的番荔枝，會出現修剪後不萌新芽，或萌芽後立即枯萎的現象。

根部病徵：患部組織變色，與健康組織間之界限不十分明顯，而後木材褐化，數月後白腐，長有不規則之褐色網狀線紋（圖 7-16-3）。病根表皮易剝離，覆有褐色菌絲塊（圖 7-16-4），並沾黏土塊石粒，顯得十分粗糙，故稱爲褐根病。由解剖病組織發現，病菌由根系向主根及莖部擴展，蔓延至樹幹基部時，植株才死亡，病菌則繼續向樹幹蔓延，有時可向上生長數公尺以上。枯死樹幹基部並經常被白蟻蛀食。該病害之有性世代在田間較少出現，但連續降雨後，病株地際部或根部之陰溼處偶爾會長出子實體，爲不規則褐色之覆瓦狀，反轉孔面朝上（圖 7-16-5）。

褐根病菌爲多犯性，寄主範圍廣泛，早期 Sawada 記錄臺灣有 18 種寄主，目前全世界超過 400 餘種，在國外主要爲害咖啡、茶樹、油椰子、破布子、橡膠樹、可可、樹豆、松樹等；在臺灣之寄主紀錄超過 120 餘種，涵蓋多種果樹、觀賞植物與林木。爲害果樹之記載，在臺灣則有荔枝（圖 7-16-1、7-16-4）、龍眼（圖 7-16-3、7-16-6）、枇杷（圖 7-16-7）、桃（圖 7-16-8）、梨、葡萄（圖 7-16-9）、酪梨（圖 7-16-10）、蘋婆（圖 7-16-11）、山刺番荔枝、番荔枝、鳳梨釋迦、波羅蜜、楊桃、柑橘、柿樹、橄欖、愛玉子、馬拉巴栗、梅、櫻花、蓮霧及番石榴等；林木類則如木麻黃（圖 7-16-12）、榕樹（圖 7-16-13）、南洋杉（圖 7-16-14）、樟樹（圖 7-16-15）等。該病害主要分布於熱帶與亞熱帶地區，包括東南亞、非洲、加勒比

圖 7-16-1　褐根病菌為害造成荔枝植株急性立枯死亡。
Fig. 7-16-1.　The litchi tree is infected by *Phellinus noxius*, resulting in fast decline and withering of the tree.

圖 7-16-2　褐根病菌為害造成番荔枝植株慢性立枯死亡。
Fig. 7-16-2.　The sugar apple tree is infected by *Phellinus noxius*, resulting in slow decline and chlorosis symptoms.

圖 7-16-3　褐根病菌為害龍眼樹根部組織腐朽後，長出褐色網紋狀菌絲束。
Fig. 7-16-3. The brown reticulated hypha bundles of the roots of longan tree caused by *Phellinus noxius*.

圖 7-16-4　荔枝褐根病於根基部產生菌絲塊病徵。
Fig. 7-16-4. The brown mycelium block of the roots of litchi tree caused by *Phellinus noxius*.

圖 7-16-5　褐根病菌在榕樹植株上產生有性世代子實體。
Fig. 7-16-5. The fruiting body of *Phellinus noxius* on banyan tree.

圖 7-16-6　感染褐根病菌之龍眼根部長出病菌褐色菌絲塊。
Fig. 7-16-6. The brown mycelium block of *Phellinus noxius* on the roots of longan tree.

圖 7-16-7　褐根病菌為害造成枇杷植株慢性立枯死亡。
Fig. 7-16-7.　The loquat is infected by *Phellinus noxius*.

圖 7-16-8　褐根病菌為害造成桃子植株立枯死亡。
Fig. 7-16-8.　The peach tree is infected by *Phellinus noxius*.

圖 7-16-9　葡萄褐根病病徵。
Fig. 7-16-9. The grape root is infected by *Phellinus noxius*.

圖 7-16-10　酪梨褐根病病徵。
Fig. 7-16-10. The avocado tree is infected by *Phellinus noxius*.

圖 7-16-11　蘋婆褐根病病徵。
Fig. 7-16-11.　The ping pong tree is infected by *Phellinus noxius*.

圖 7-16-12　木麻黃褐根病病徵。
Fig. 7-16-12.　The horsetail tree is infected by *Phellinus noxius*.

圖 7-16-13　榕樹褐根病病徵。
Fig. 7-16-13. The banyan tree is infected by *Phellinus noxius*.

圖 7-16-14　肯氏南洋杉褐根病病徵。
Fig. 7-16-14. The hoop pine (*Araucaria cunninghamii*) is infected by *Phellinus noxius*.

圖 7-16-15　樟樹褐根病病徵。
Fig. 7-16-15. The camphor tree is infected by *Phellinus noxius*.

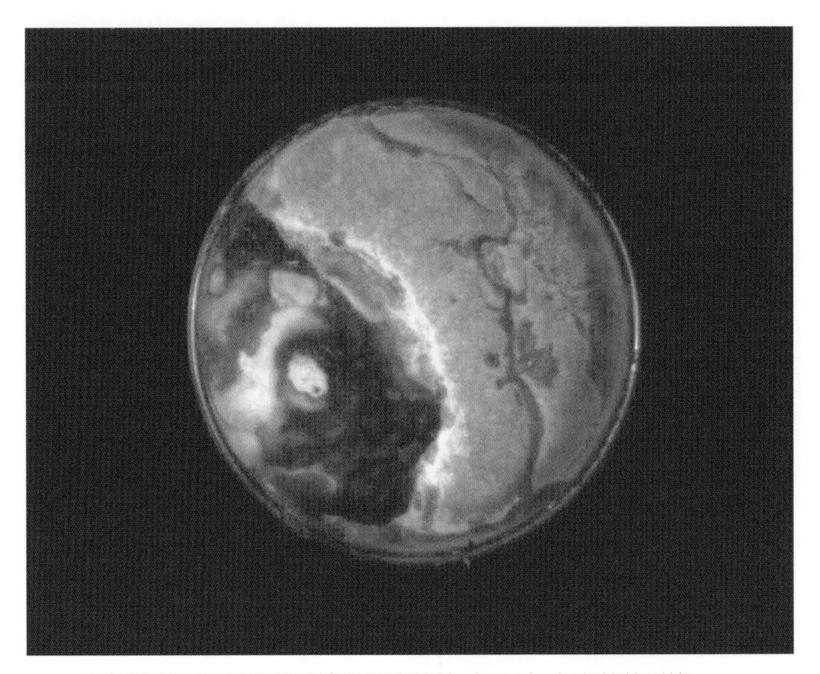

圖 7-16-16　褐根病菌在馬鈴薯葡萄糖瓊脂培養基（PDA）上之菌落形態。
Fig. 7-16-16. Characteristics of colony morphology of *Phellinus noxius* grown on PDA .

海、大洋洲、澳洲、海南島及琉球，臺灣主要分布於海拔 1,000 公尺以下之山坡地與平原，無論是果園、觀光區、校園、行道樹，或是住家庭院，經常可見到該病害的蹤影。

三、病原菌特性與病害環

1. 病原菌特性

褐根病菌屬於擔子菌，菌絲爲二次元菌絲（secondary mycelium），含有不具扣子體的生長菌絲（generative hyphae）及骨骼菌絲（skeletal hyphae），生長菌絲直徑爲 2-4 μm，無色至黃色，骨骼菌絲爲黃褐色至深褐色，直徑 3-6 μm。本菌在馬鈴薯葡萄糖瓊脂培養基（PDA）上生長時，菌落初爲白色，而後轉成深淺不規則之褐色塊狀（圖 7-16-16）。部分菌絲會斷裂成斷生孢子（arthrospore）（圖 7-16-17）或特化成褐色的鹿角菌絲（trichocyst）（圖 7-16-18），生長溫度爲 10-36℃，最適生長溫度爲 28-32℃，最適生長酸鹼值爲 pH 4.5-7.0。褐根病菌在自然界感染的植物很少形成子實體，於發現之寄主中僅在 9 種寄主植物發現子實體，分別爲龍眼、荔枝、番荔枝、木麻黃、鳳凰木、樟樹、榕樹、印度橡膠樹及山刈葉等，子實體爲不規則之覆瓦狀，反轉孔面朝上，於子實體菌絲層初爲乳白色至黃褐色，而後褐化成黑褐色或深灰褐色，子實體表面滴上 3%-5% KOH，將會變爲黑色。擔孢子無色透明、單室、橢圓形，大小 3.8-6.3×1.5-5.0 μm。在木層孔菌屬中，目前僅知褐根病菌可在人工培養基中形成鹿角菌絲和斷生孢子，因此可作爲本菌的鑑定依據。在病組織上可發現鹿角菌絲，但未發現斷生孢子。作者等曾將臺灣之褐根病菌與自荷蘭 Centraalbureau voor Schimmelculturres 獲得之 *P. noxius* 菌株 CBS 170.32 應用聚合酵素連鎖反應技術（polymerase chain reaction, PCR），以通用性引子對 ITS1/ITS4 增幅核醣體核酸（ribosomal DNA, rDNA）之內轉錄區間 ITS1/5.8S/ITS2 之基因序列解序及多重序列比對，結果相同度達 99% 以上，因此證實臺灣分離之褐根病菌菌株亦均屬 *P. noxius*。

2. 病害環

褐根病菌於 PDA 培養基上測定，最適生長酸鹼值爲 pH 4.5-7.0，檢測罹患褐根病寄主植物根圈土壤之酸鹼值，結果顯示土壤 pH 值於 4-9 均可發現褐根病，其中

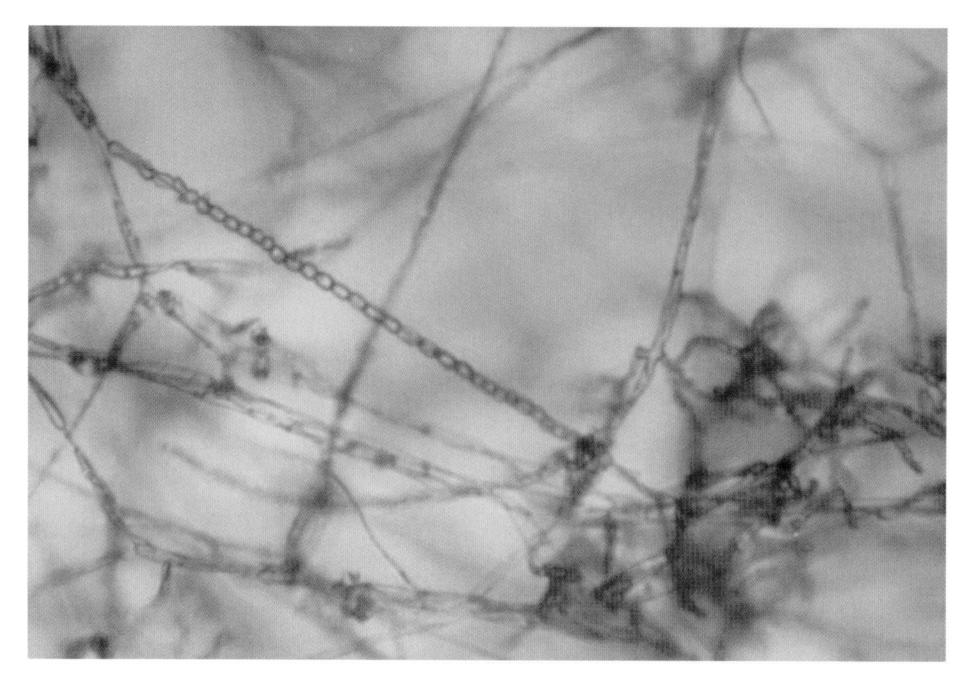

圖 7-16-17　褐根病菌在馬鈴薯葡萄糖瓊脂培養基（PDA）上產生之斷生孢子。
Fig. 7-16-17. The arthrospores of *Phellinus noxius* grown on PDA.

圖 7-16-18　以電子顯微鏡觀察褐根病菌在馬鈴薯葡萄糖瓊脂培養基（PDA）上產生之鹿角菌絲。
Fig. 7-16-18. The trichocyst of *Phellinus noxius* grown on PDA.

以 pH 5-8 的比例較多。褐根病菌能分泌纖維分解酵素及木質分解酵素，造成木材白腐。

褐根病發病地區常發現病害自發病中心逐漸向四周擴散，此現象顯示褐根病的傳播主要經由根部接觸，由病根傳給健康根，雖然有報導證明擔孢子可以成功感染植物，但因褐根病菌在自然界不易形成子實體，因此經由擔孢子做長距離傳播的機會較少。依據夏威夷大學柯文雄教授報告，種苗帶菌爲長距離傳播的主要方式之一，褐根病主要靠健康根與病根的接觸、種苗帶菌，或帶菌病土傳播，病菌可在殘根中存活 5-10 年以上。林試所張氏調查田間瓊崖海棠、木麻黃及樟樹之殘根，發現死亡後 1-10 年的病根均可以分離到褐根病菌，死亡時間愈短，病原存活的比例愈高，死亡 10 年後之木麻黃病根仍有 50% 以上的病原菌存活，可見褐根病菌爲害作物的殘根可以在土壤內長期的存活。林試所張氏曾於溫室中，將感染褐根病菌的木材、斷生孢子、擔孢子及菌絲放入不同含水率的土壤中，斷生孢子和擔孢子在 5 個月後，於各種含水率的處理中，皆無法檢測到褐根病菌的存在，菌絲則在 12 個星期後，於各種含水率的處理中無法檢測到褐根病菌的存在，且含水率愈高，其存活時間愈短。感染褐根病菌的木材除浸水處理外，經過 2 年仍有高達 80% 以上的存活率，但浸水之木材，1 個月後則無法檢測到褐根病菌的存活。褐根病菌在浸水狀態下的殘根存活能力較差，在含水較少的狀態下殘根存活時間較長。

四、防治關鍵時機

國外曾有研究報導，土壤根圈中的放線菌（Actinomycetes）和 *Trichoderma* spp. 可以抑制褐根病菌菌絲的生長，但沒有進一步的試驗應用，主要防治方法還是以化學藥劑爲主；另外亦曾報導以農藥三得芬（Tridemorph）、平克座（Penconazole）及三泰隆（Triadimenol），可有效抑制褐根病菌菌絲生長。另外利用尿素 3,000 mg.L^{-1} 及淹水處理亦能有效防治褐根病。筆者實驗室篩選 45 種藥劑，選出抑制褐根病菌菌絲生長較佳之 7 種藥劑，包括滅普寧（Mepronil）、普克利（Propiconazole）、三泰芬（Triadimefon）、撲克拉（Prochloraz）、佈生（TCMTB）、依滅列（Imazalil）、三得芬（Tridemorph）等，但緊急用藥僅推薦撲克拉，並於南投水里地區一發病的葡萄園進行田間試驗，處理方法爲：每株 3 年生的葡萄灌注撲克拉 + 尿素 + 碳酸鈣溶液，每種藥劑的用量均為每株 10 g，將藥劑溶水中，沿樹冠下的根圈灌注，每 3 個月灌注 1 次，防治效果顯著。綜合上述之生理、生態特性及藥劑試驗，褐根病防治策略如下：

1. 新墾殖地或重植時，須以挖土機清除所有根系（包括健康者），避免殘根成為病菌之營養基質，誘發病害。
2. 發病區處理：(1) 罹病嚴重者須掘除，以挖土機將病根完全挖除後燒毀，同時在病株與健康株間挖掘深溝以阻隔病原；重植時，土壤須經消毒處理，或以其他無病地區的土壤置換。(2) 周圍之健康株與罹病輕微者，施用尿素、鈣化合物以增加植株抵抗力。將撲克拉稀釋 1,000 倍後，每 3 個月灌注根部 1 次。(3) 以割草機除草時，切記勿傷及根冠與樹根，以避免機械將病菌帶入傷口，造成感染。
3. 廢耕區可進行 1 個月以上的浸水處理。

五、參考文獻

1. 安寶貞、李惠鈴、蔡志濃。1999。*Phellinus noxius* 引起果樹及觀賞植物褐根病之調查。植病會刊 8：61-66。
2. 張東柱、謝煥儒、張瑞璋、傅春旭。1999。臺灣常見樹木病害。林業叢刊第 98 號 202pp。
3. 蔡志濃。2008。褐根病菌之生物特性及分子診斷技術。國立中興大學植物病理學研究所博士論文 135pp。
4. Ann, P. J., and Ko,W. H. 1992. Decline of longan:association with brown root rot caused by *Phellinus noxius*. Plant Pathol. Bull. 1: 19-25.
5. Ann, P. J., Chang, T. T., and Ko, W. H. 2002. *Phellinus noxius* brown root rot of fruit and ornamental trees in Taiwan. Plant Dis. 86: 820-826.

（作者：蔡志濃、安寶貞、林筑蘋）

六、同屬病原菌引起之植物病害

a. 龍柏莖腐病（Stem rot of *Juniperus chinensis*）

病原菌：斑孔木層孔菌（*Phellinus punctatus* (P. Karst.) Pilát）

為害之植物：龍柏、梅、枇杷。

b. 梅樹莖腐病（Phellinus stem rot of *Prunus mume*）

病原菌：梅木層孔菌（*Phellinus deuteroprunicola* T.T. Chang & W.N. Chou）

爲害之植物：梅。

c. 長尾柯根莖腐病（Phellinus root and stem rot of *Castanopsis carlesii*）

病原菌：*Phellinus gilvus* (Schwein.) Pat.

爲害之植物：長尾栲及其他殼斗科植物。

XVII. 檳榔基腐病（Basal Stem Rot of Betel-nut Palm）

一、病原菌學名

Ganoderma boninense Pat.

二、病徵

本病原菌主要爲害檳榔及木麻黃莖幹部位，在檳榔園內可見植株枯萎與死亡情形，降雨後亦可見靈芝之子實體——擔子體（basidiocarp）自樹幹基部長出（圖 7-17-1）；將罹病樹幹基部切開，可見內部組織褐色腐敗，發病組織與健康組織間之區別不明顯，嚴重時全株死亡，死亡植株的樹幹基部仍會繼續長出靈芝擔子體。田間觀察到的靈芝擔子體具短柄或無柄，菌蓋（pileus）正面褐色、紅褐色或暗褐色，具假漆狀光澤，背面菌孔面（pore surface）淡黃色或淡灰黃色。菌蓋大小 8.5-18.0×6.6-10.5×2.0-5.0 cm，平均值 12.7×8.5×3.5 cm（圖 7-17-2）。

圖 7-17-1　*Ganoderma boninense* 在田間為害檳榔樹根部與莖基部，產生子實體之情形。
Fig. 7-17-1.　Young basidiocarps of *Ganoderma boninense* produced on the root and basal stem of an infected betel-nut palm tree.

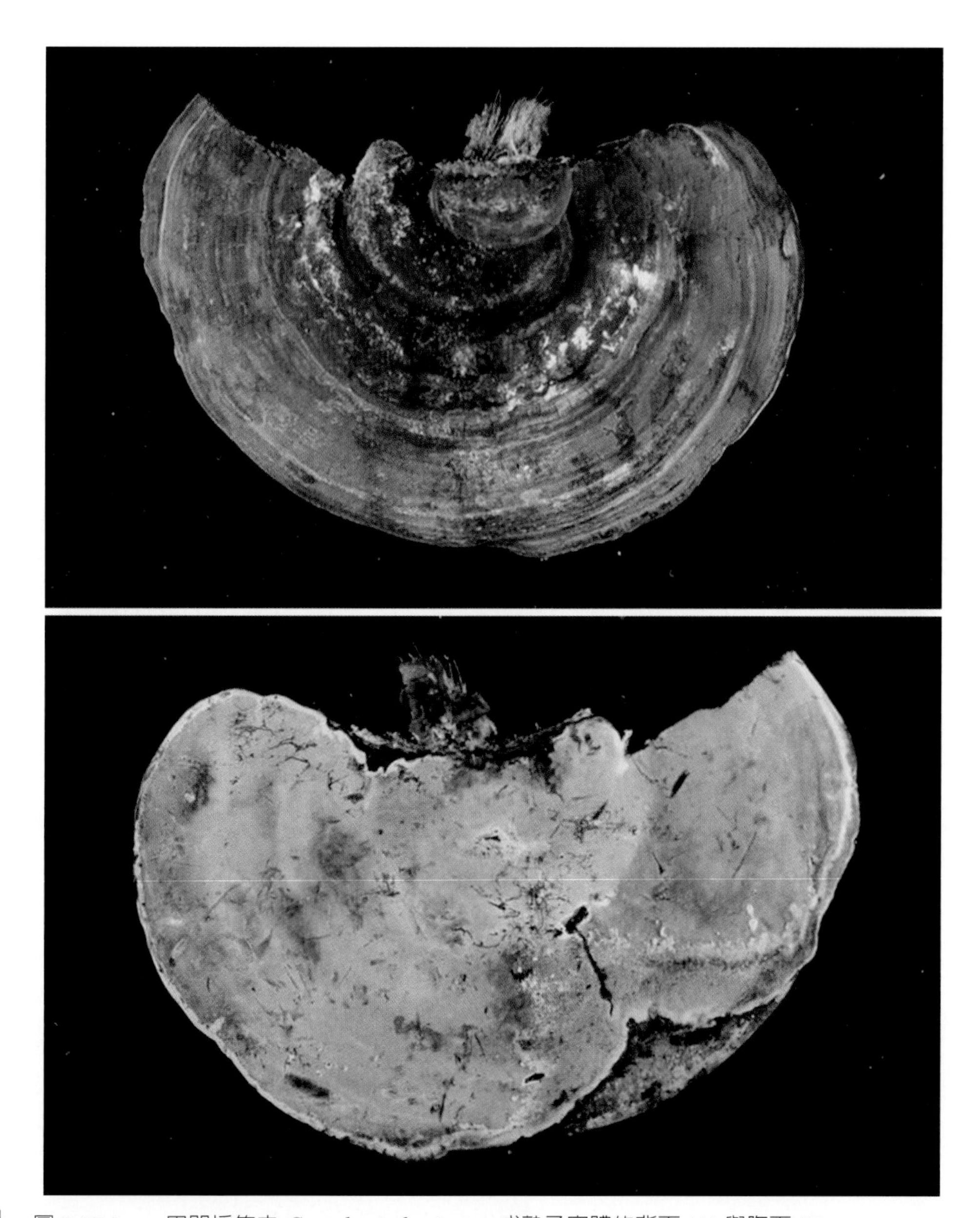

圖 7-17-2　田間採集之 *Ganoderma boninense* 成熟子實體的背面 (A) 與腹面 (B)。

Fig. 7-17-2.　A mature basidiocarp of *Ganoderma boninense* collected from a diseased betel palm tree in the field showing the upper side of the pileus (A) and the lower side pore surface (B).

三、病原菌特性與病害環

1. 病原菌特性

分離自罹病組織與擔子體之菌株在 PDA 培養基上的培養形態特徵完全相同，菌落初期爲白色，菌落背面爲淡黃色，逐漸轉爲褐色至暗褐色，培養基嚴重龜裂（圖 7-17-3）。在 PDA 上之菌絲平滑，具扣子體，菌落表面長有大量的鹿角菌絲；菌絲直徑平均 2.25-(2.73)-3.75 μm；該菌不具有厚膜孢子。

以太空包培養之擔子體較田間觀察者小，大小 7.0-(8.3)-10.0×5.5-(6.7)-7.5×1.2-(1.5)-2.5 cm；具短柄或無柄，菌蓋褐色至紅褐色，具假漆狀光澤。腹面菌孔面淡黃或淡灰色，具圓形或近圓形菌孔（pore），孔徑大小 180-(211.5)-250×130-(155.5)-180 μm（圖 7-17-4A），內長有擔子（basidium），每擔子上長有 4 個擔孢子。擔孢子黃褐色，狹長擬紡錘型（fusoid），大小 11-(11.58)-12×4-(4.78)-6 μm，孢子長寬比平均（L/W）2.0-(2.46)-2.9（圖 7-17-4B）。測量溫度對檳榔靈芝之菌絲生長之影響，將供試菌株 R206008 與 R210222 於 24℃培養在 PDA

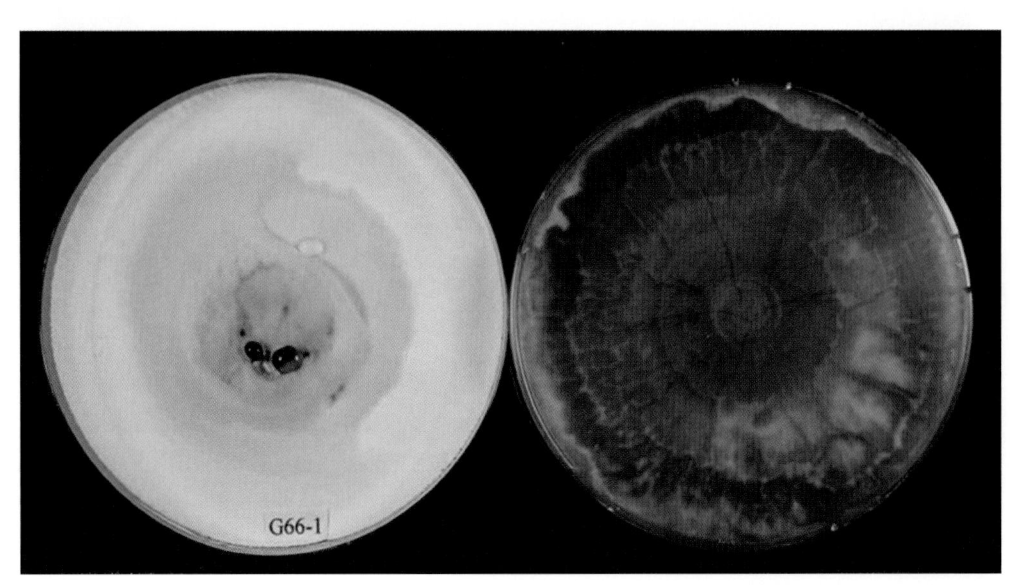

圖 7-17-3 *Ganoderma boninense* isolate R206008 於 24°C在 PDA 培養基上生長 30 天的菌落形態。正面（左）與背面（右）。

Fig. 7-17-3. Front (left) and reverse (right) side of the colony of a *Ganoderma boninense* isolate R206008 grown on PDA at 24°C for 30 days.

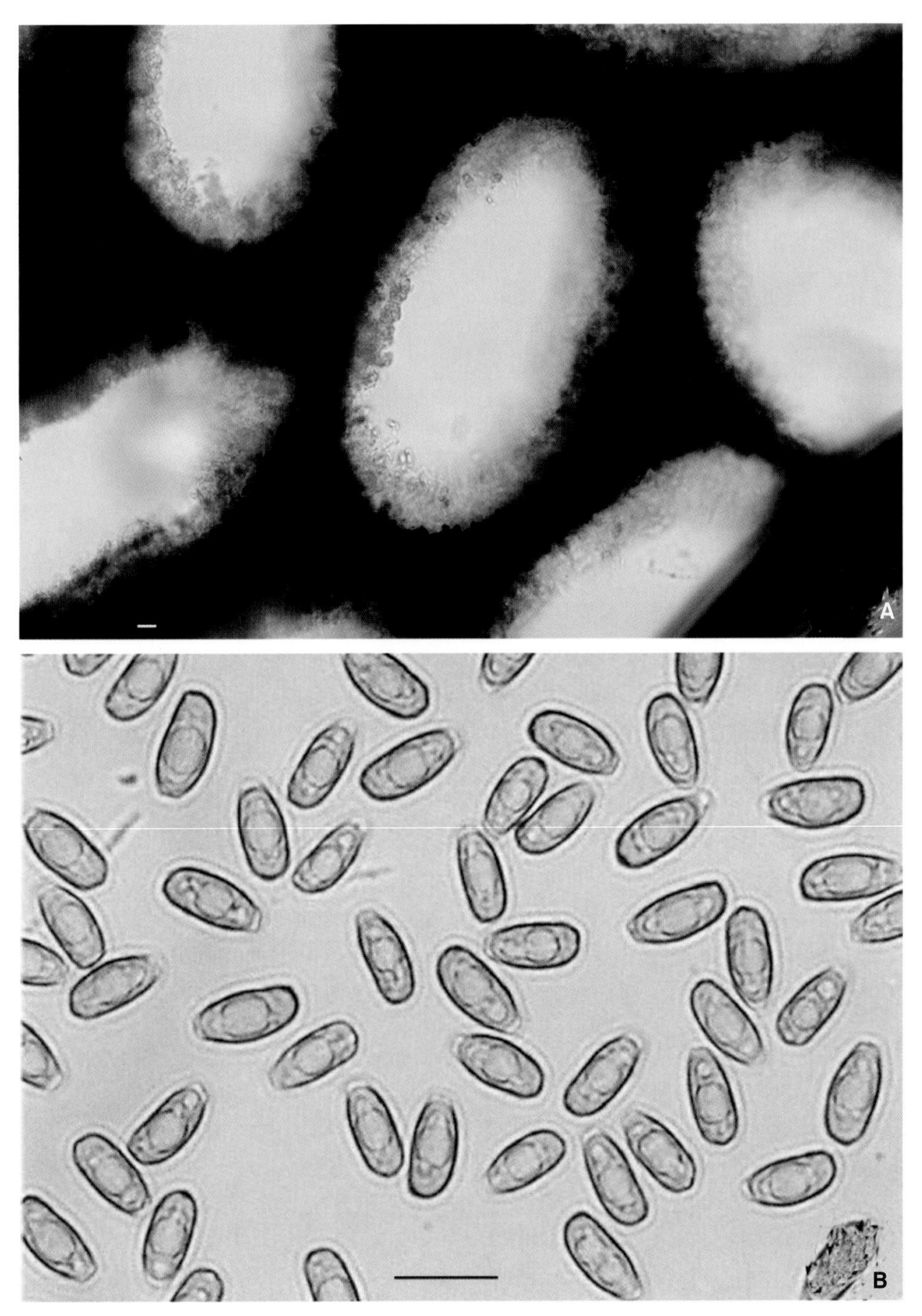

圖 7-17-4　人工培養 *Ganoderma boninense* 菌株 R206008 於太空包上形成子實體，產生菌孔 (A) 與擔孢子 (B) 之情形。標尺 = 10 μm。

Fig. 7-17-4. Production of basidiocarps of a *Ganoderma boninense* isolate R206008 on sawdust medium. Formation of pores (A) and basidiospores (B). Bar = 10 μm.

上 5 天，然後將菌絲塊（7.5×7.5×3.0 mm）移植於 PDA（直徑 9 cm）的邊緣，放置於 8、12、16、20、24、28、32、35 及 36℃，每處理 2 重複，結果顯示檳榔靈芝菌之菌絲生長溫度範圍為 12-36℃，最適合生長溫度為 24-28℃。對照 Ho & Nawawi（1985）發表的報告，從臺灣檳榔上分離的菌株，無論菌蓋、菌孔，或擔孢子方面，其形態、色澤及大小部分均十分相符。尤其擔孢子非常狹長，長寬比平均達 2.46，因此菌種的形態鑑定為 *Ganoderma boninense* Pat.，中文名「狹長孢靈芝」。

2. 病害環

病原菌於植株上長出子實體，子實體為多年生，可於植株上多年生長，當氣候環境適合擔孢子形成時，如溫暖潮溼，其可隨時產生擔孢子，隨風傳播，為本病菌長距離傳播的初次感染源。擔孢子發芽後需經由傷口才能感染新植株，殘留在植株之染病根部為二次感染源。本病害可經由健康根部與病根的接觸傳染，本病原主要分布於低海拔。

四、防治關鍵時機

靈芝常形成子實體並產生大量擔孢子飛散傳播，防治關鍵時機為：

1. 清除子實體，將生長於植株上的子實體清除，減少擔孢子的形成及傳播，以減少初次感染源。
2. 避免人為造成植株傷口，因擔孢子主要是經由植株的傷口感染，減少人為傷口可以降低新的感染機會，如除草或其他作業造成之傷口。
3. 染病枯死之植株需連根挖除，並清除殘根，避免殘根造成與健康株根部接觸傳染。

五、參考文獻

1. 安寶貞、張東柱、蔡志濃、王姻婷。2000。靈芝引起之果樹立枯病。植物病理學會刊 9(4)：178。
2. 安寶貞、蔡志濃、張東柱、王姻婷。2005。臺灣果樹及觀賞植物立枯型病害之調查與病菌之田間分布。植病會刊 14：203-210。

3. 蔡志濃、安寶貞、林筑蘋、蔡惠玲。2018。靈芝引起的檳榔基腐病。臺灣農業研究 67(3)：318-322。

4. Ho, Y. W., and A, Nawawi. 1985. *Ganoderma boninense* Pat. from basal stem rot of oil palm (*Elaeis guineensis*) in Peninsular Malaysia. Pertanika, 8(3), 425-428.

（作者：蔡志濃、安寶貞、林筑蘋）

六、同屬病原菌引起之植物病害

a. 南方靈芝根腐病（Ganoderma root rot）

病原菌：*Ganoderma australe* (Fr.) Pat.（圖 7-17-5、7-17-6）

爲害之植物：大葉合歡、番荔枝、肯氏南洋杉（圖 7-17-7）、竹類、豔紫荊、臍橙、溫州蜜柑、枇杷、龍眼、榕樹（圖 7-17-8）、銀合歡、檬果、苦楝、相思樹、印度棗（圖 7-17-9）、櫻花（圖 7-17-10）、葡萄（圖 7-17-11）、酪梨（圖 7-17-12）、桃子（圖 7-17-13）、文旦、水蜜桃、臺灣欒樹、鳳凰木、矮仙丹、梨（圖 7-17-14）、李及櫸木。

b. 熱帶靈芝根腐病（Ganoderma root rot）

病原菌：*Ganoderma tropicum* (Jungh.) Bers.（圖 7-17-15、7-17-16）

爲害之植物：大葉合歡、椪柑、甜橙、櫻花（圖 7-17-17）、鳳凰木（圖 7-17-18）、相思樹、釋迦、香楠、黃連木、樟樹及木麻黃。

c. 重傘靈芝根腐病（Ganoderma root rot）

病原菌：*Ganoderma multipileum* Ding Hou（圖 7-17-19）

爲害之植物：文旦（圖 7-17-20）、蒲葵、黃連木、相思樹（圖 7-17-21）、柿子、藍花楹（圖 7-17-22）、鳳凰木（圖 7-17-23）、山櫻花、櫸木、垂榕、雀榕、榕樹及樟樹。

d. 韋伯靈芝根腐病（Ganoderma root rot）

病原菌：*Ganoderma weberianum* (Bres. & Henn. ex Sacc.) Steyaert

爲害之植物：榕樹（圖 7-17-24）、龍眼、阿勃勒、鳳凰木、楠樹（圖 7-17-25）及垂榕。

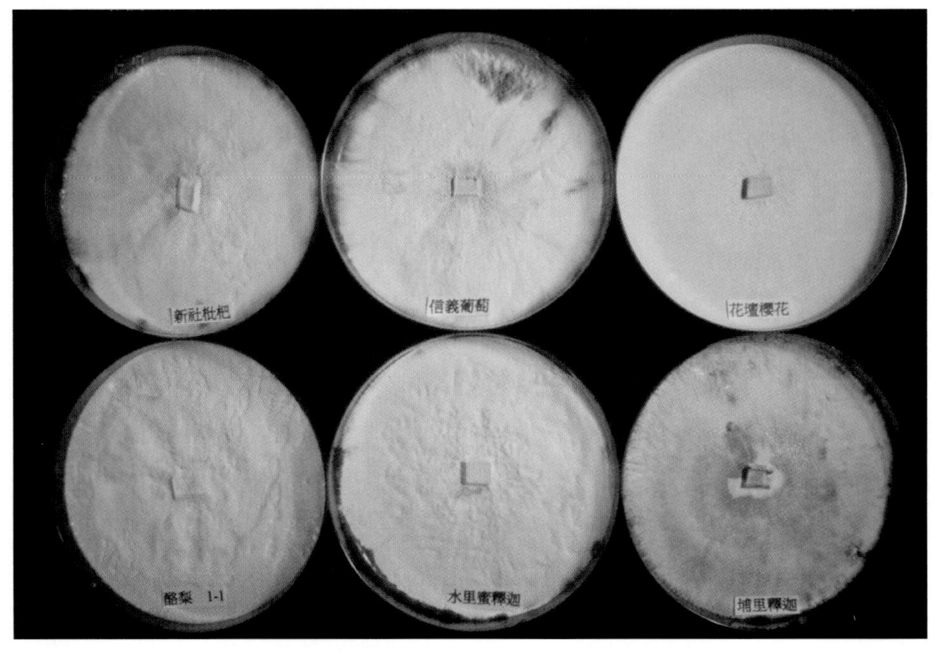

圖 7-17-5　南方靈芝於 PDA 培養基上之菌落形態。
Fig. 7-17-5.　Colony morphologies of *Ganoderma australe* grown on PDA plates.

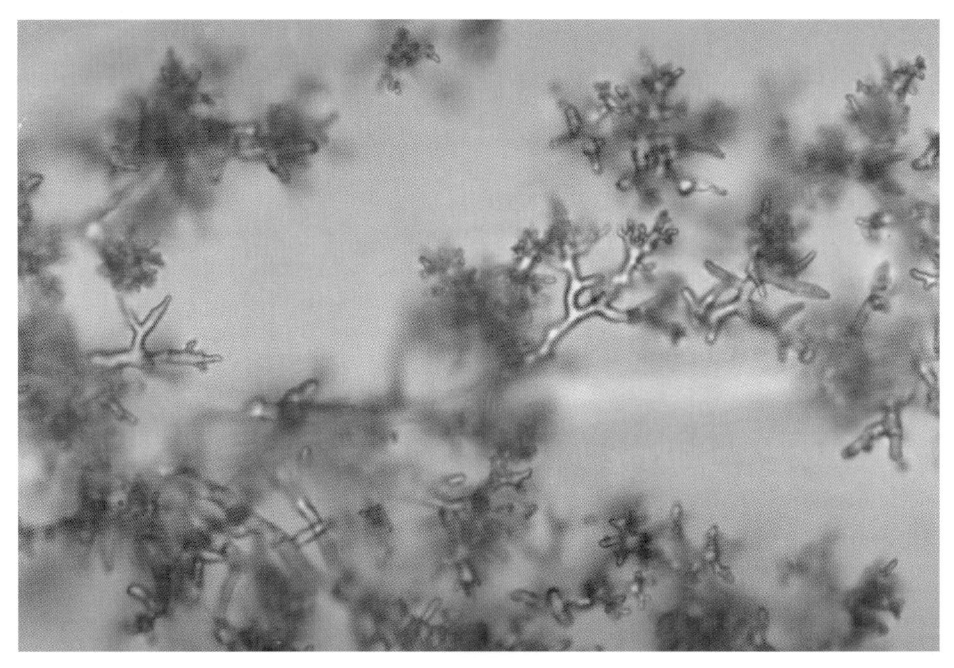

圖 7-17-6　南方靈芝菌之鹿角菌絲。
Fig. 7-17-6.　The trichocyst of *Ganoderma australe* on PDA plates.

圖 7-17-7　南方靈芝菌為害肯氏南洋杉。
Fig. 7-17-7. The hoop pine (*Araucaria cunninghamii*) is infected by *Ganoderma australe*.

圖 7-17-8　南方靈芝菌為害榕樹。
Fig. 7-17-8. The banyan tree is infected by *Ganoderma australe*.

圖 7-17-9　南方靈芝菌為害棗子。
Fig. 7-17-9. The jujube tree is infected by *Ganoderma australe.*

圖 7-17-10　南方靈芝菌為害櫻花。
Fig. 7-17-10. The cherry tree is infected by *Ganoderma australe.*

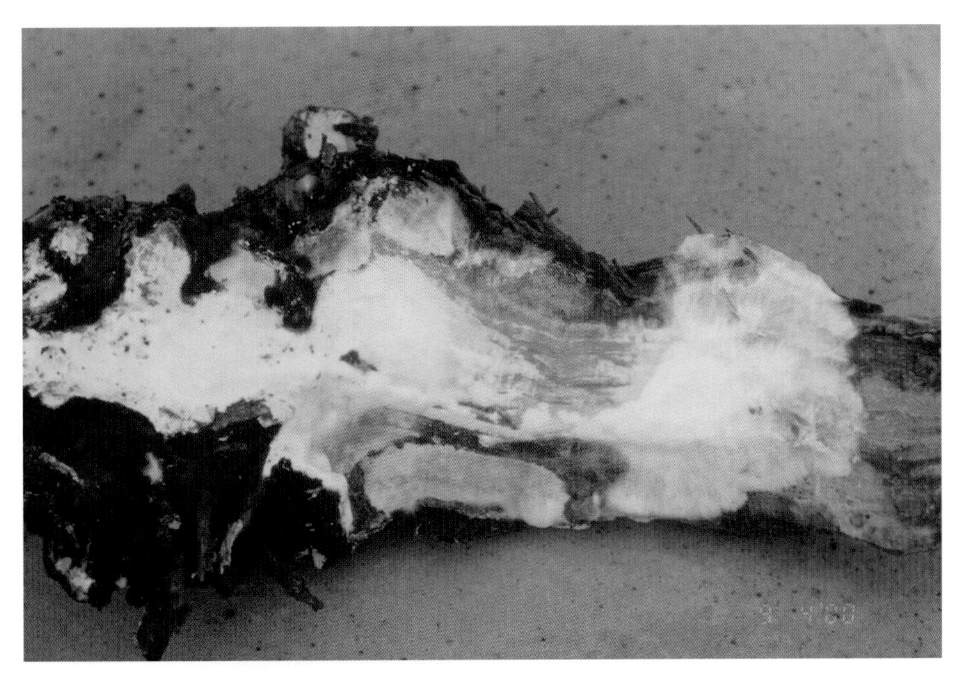

圖 7-17-11　南方靈芝菌為害葡萄。
Fig. 7-17-11. The grapevine is infected by *Ganoderma australe.*

圖 7-17-12　南方靈芝菌為害酪梨。
Fig. 7-17-12. The avocado tree is infected by *Ganoderma australe.*

圖 7-17-13　南方靈芝菌為害桃子。
Fig. 7-17-13.　The peach tree is infected by *Ganoderma australe.*

圖 7-17-14　南方靈芝菌為害梨。
Fig. 7-17-14.　The pear tree is infected by *Ganoderma australe.*

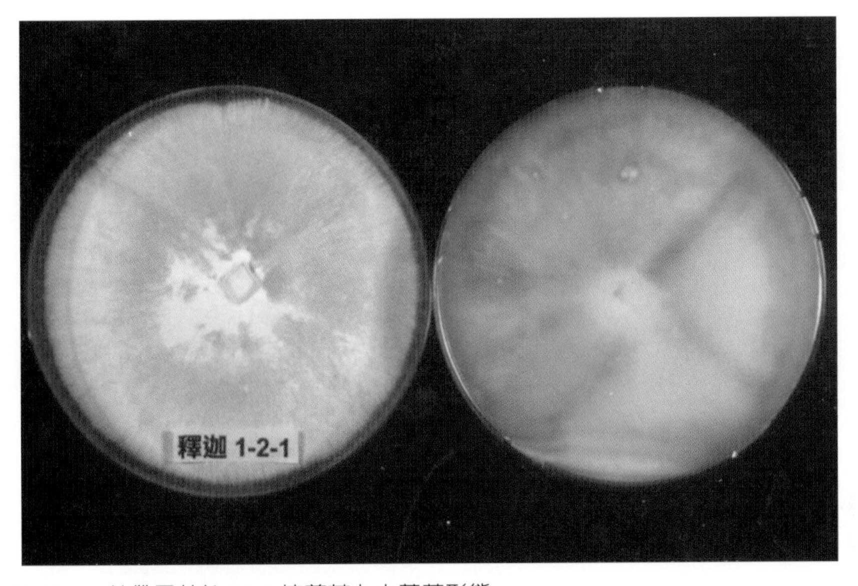

圖 7-17-15　熱帶靈芝於 PDA 培養基上之菌落形態。
Fig. 7-17-15.　Colony morphologies of *Ganoderma tropicum* grown on PDA plates.

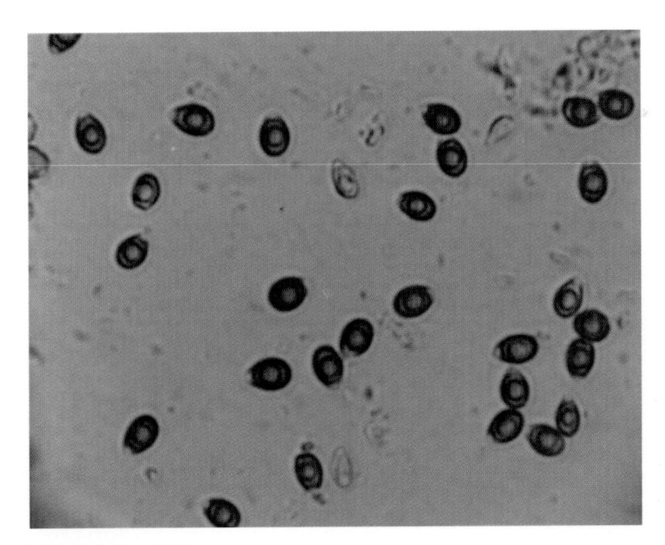

圖 7-17-16　熱帶靈芝菌之擔孢子。
Fig. 7-17-16.　Basidiospores of *Ganoderma tropicum*.

圖 7-17-17　熱帶靈芝菌為害櫻花。
Fig. 7-17-17. The cherry tree is infected by *Ganoderma tropicum.*

圖 7-17-18　熱帶靈芝菌為害鳳凰木。
Fig. 7-17-18. The poinciana tree is infected by *Ganoderma tropicum.*

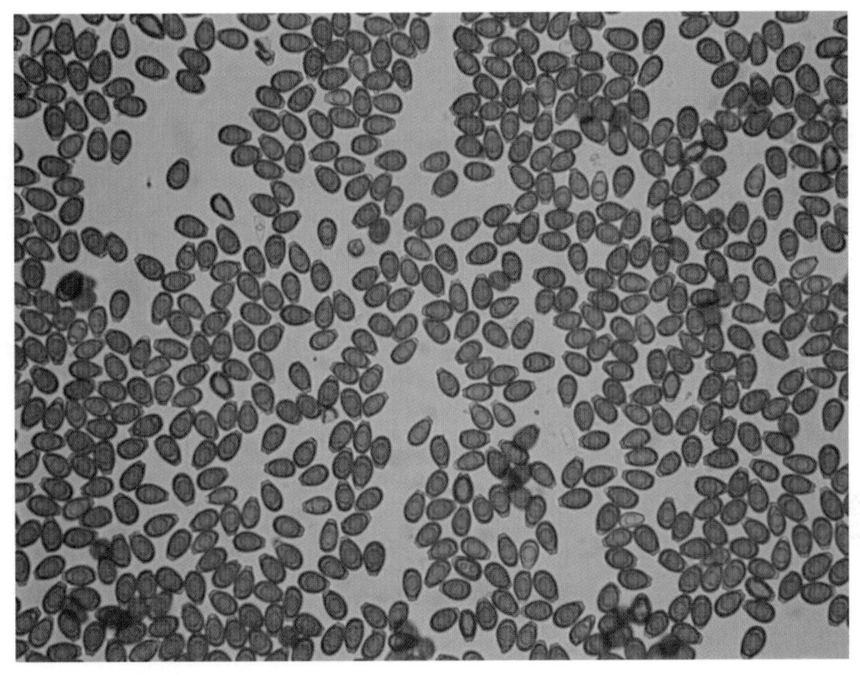

圖 7-17-19　相思樹重傘靈芝菌之擔孢子。
Fig. 7-17-19. The basidiospores of *Ganoderma multipileum*.

圖 7-17-20　重傘靈芝菌為害文旦樹。
Fig. 7-17-20. The pomelo tree is infected by *Ganoderma multipileum*.

圖 7-17-21　重傘靈芝菌為害相思樹。
Fig. 7-17-21. The acacia tree is infected by *Ganoderma multipileum*.

圖 7-17-22　重傘靈芝菌為害藍花楹。
Fig. 7-17-22. The jacaranda tree (*Jacaranda mimosifolia*) is infected by *Ganoderma multipileum*.

圖 7-17-23　重傘靈芝菌為害鳳凰木。
Fig. 7-17-23. The poinciana tree is infected by *Ganoderma multipileum*.

圖 7-17-24　韋伯靈芝菌為害榕樹。
Fig. 7-17-24. The banyan tree is infected by *Ganoderma weberianum*.

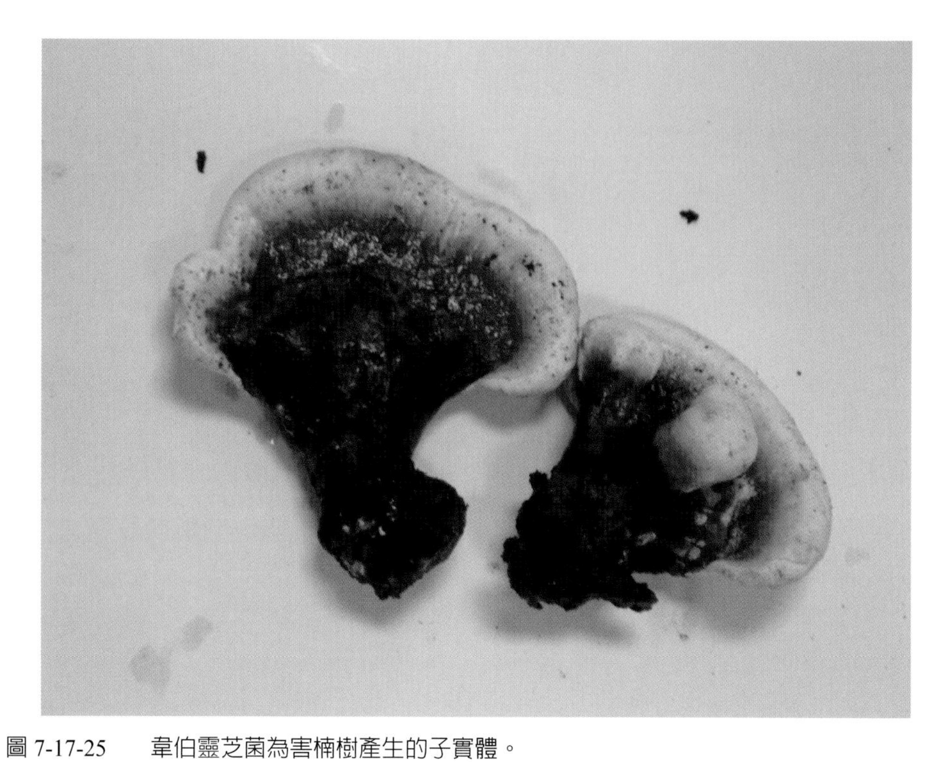

圖 7-17-25　韋伯靈芝菌為害楠樹產生的子實體。
Fig. 7-17-25.　The fruiting bodies of *Ganoderma weberianum* from infected root of *Phoebe zhennan.*

CHAPTER 8

真菌類引起之植物病害補遺

植物病害有各式各樣不同的病徵，其主要的病原可分爲傳染性與非傳染性兩大類，其中具有傳染性的生物病原有眞菌、類眞菌、細菌、線蟲、濾過性病毒及寄生性高等植物等；至於非傳染性的因子則有空氣汙染、藥害、肥傷、營養元素缺乏或過量、高低溫傷害、焚風、閃電、雷擊、冰雹、光害及機械損傷等。綜觀植物病害的生物性病原族群中，以眞菌與類眞菌種類最爲大宗且複雜，導致診斷鑑定頗爲不易；有時它們引起的病徵或症狀之間，偶有極爲類似者，若非有專業訓練，確實不易分辨。因此，本書採用植物病害的彩色圖版，依常見病原菌的不同歸屬分類特性，分別撰述於第 4、5、6 及 7 章內容中，唯受限於作者群的研究專長，無法逐一完整陳述記錄所有的植物病害種類，故特別開闢本章補述一些少有研究的植物病害彩色圖版，例如：茭白基腐病（圖 8-1）、菩提葉黑脂病（圖 8-2）、桑椹腫果病（圖 8-3）、桃縮葉病（圖 8-4）、李囊果病（圖 8-5）、萵苣褐斑病（圖 8-6）、蘋果褐斑病（圖 8-7）、玫瑰黑斑病（圖 8-8）、瓜類蔓枯病（圖 8-9）、洋蔥白腐

圖 8-1　由 *Pythiogeton zizaniae* 引起之茭白基腐病。（黃晉興提供圖版）
Fig. 8-1.　Basal stalk rot of wateroat caused by *Pythiogeton zizaniae*.

病（圖 8-10）、雞冠花葉褐斑病（圖 8-11）、胡麻萎凋病（圖 8-12）、梨白粉病（圖 8-13）、玉蘭花白粉病（圖 8-14）、梅白粉病（圖 8-15）、李白粉病（圖 8-16）及豌豆、芥藍及青江菜立枯病（圖 8-17），期有助於讀者進行植物病害診斷鑑定的參考。

圖 8-2　菩提葉黑脂病的病徵。病原菌：*Phyllachora repens* (Berk.) Sacc.。（黃振文提供圖版）
Fig. 8-2.　Symptoms of leaf tar spot of Bodhi tree caused by *Phyllachora repens*.

圖 8-3　桑椹腫果病（菌核病）的病徵。病原菌：*Ciboria shiraiana* (Henn.) Whetzel.。（黃振文提供圖版）
Fig. 8-3.　Symptoms of swollen fruit of mulberry caused by *Ciboria shiraiana*.

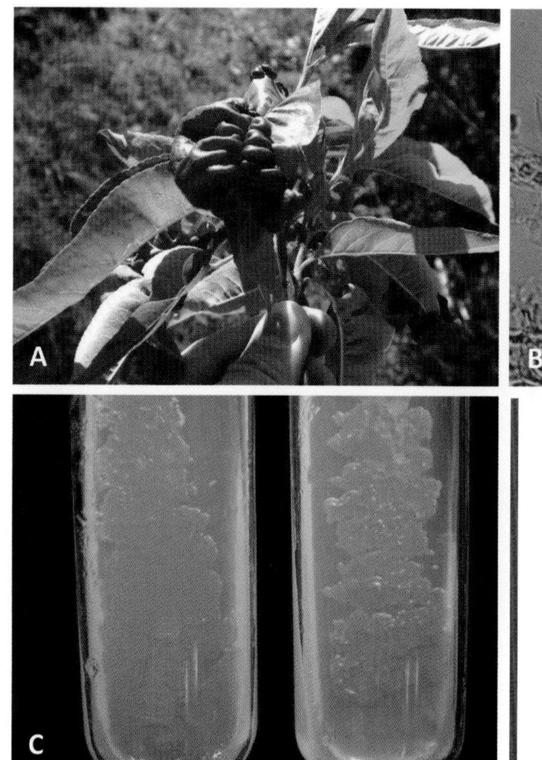

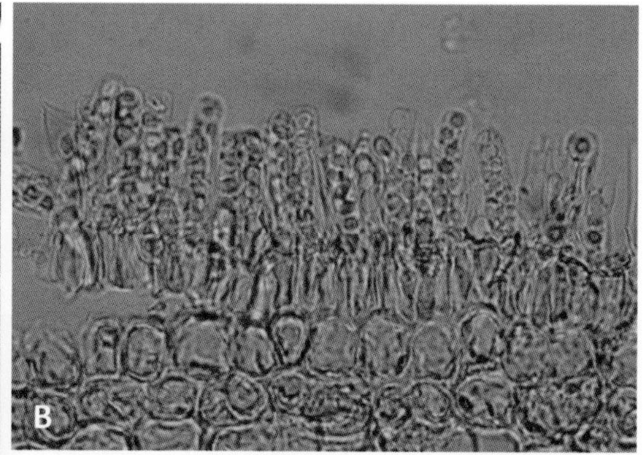

圖 8-4　由 *Taphrina deformans* (Berk.) Tul. 引起之桃縮葉病。(A) 桃縮葉病病徵；(B) 病原菌之裸露子囊與子囊孢子及 (C) 病原菌的菌落形態。（郭章信、洪爭坊提供圖版）

Fig. 8-4.　Peach leaf curl caused by *Taphrina deformans*. (A) Symptoms of leaf curl of peach; (B) asci with ascospores formed on the surface of diseased peach leaf; (C) colony morphology of *Taphrina deformans* on PDA slants.

圖 8-5　李囊果病（袋果病）的病徵。病原菌：*Taphrina pruni* Tul.。（黃振文提供圖版）

Fig. 8-5.　Symptoms of plum pocket disease caused by *Taphrina pruni*.

圖 8-6　萵苣褐斑病的病徵。病原菌：*Acremonium lactucae* Lin *et al.*。（黃振文提供圖版）
Fig. 8-6.　Symptoms of lettuce brown spot caused by *Acremonium lactucae*.

圖 8-7　蘋果褐斑病之病徵。病原菌：*Diplocarpon mali* Y. Harada et K. Sawamura。無性世代：*Marssonina coronaria* (Ell. Et Daris) Davis.。
Fig. 8-7.　Symptom of leaf blotch of apple caused by *Marssonina coronaria*.

圖 8-8　玫瑰黑斑病的病徵。病原菌：*Diplocarpon rosae* Wolf。無性世代：*Marssonina rosae* (Lib.) Died.。（黃振文提供圖版）

Fig. 8-8.　Symptom of rose black spot caused by *Diplocarpon rosae*.

圖 8-9　瓜類蔓枯病的病徵。病原菌：*Stagonosporopsis cucurbitacearum* (Fr.) Aveskamp, Gruyter & Verkley。(A) 田間甜瓜蔓枯病發生分布情形；(B、C) 洋香瓜蔓枯病的病徵；(C) 病原菌的柄子殼。（黃振文提供圖版）

Fig. 8-9.　Gummy stem blight of cucurbits caused by *S. cucurbitacearum*. (A) Spatial distribution pattern of gummy stem blight of melon caused by *S. cucurbitacearum* in the field; (B, C) symptoms of gummy stem blight of muskmelon ; (D) pycnidia of the pathogen.

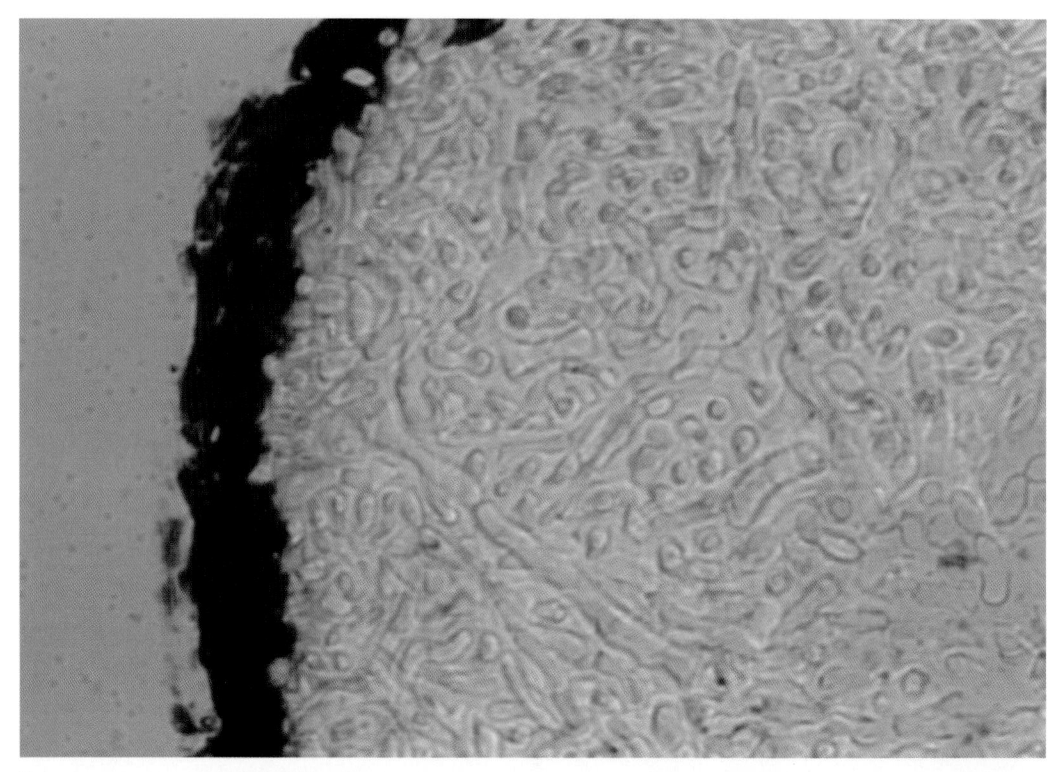

圖 8-10　洋蔥白腐病菌 *Stromatinia cepivora* (Berk.) Whetzel 之無性世代 *Sclerotium cepivorum* 的菌核切片，菌核組織分外皮與髓部。（謝廷芳提供圖版）

Fig. 8-10.　The sclerotial tissue of *Sclerotium cepivorum* differentiated into rind and medulla.

洋蔥白腐病的病徵請參考 Elshahawy, I. E., Morsy, A.A., Abd-El-Kareem, F., and Saied, N. M. 2019. Reduction of *Stromatinia cepivora* inocula and control of white rot disease in onion and garlic crops by repeated soil applications with sclerotial germination stimulants. Heliyon. 5(1):e01168 DOI:10.1016/j.heliyon.2019.e01168

圖 8-11　雞冠花葉褐斑病之病徵。病原菌：*Fusarium lateritium* Nees.。（黃振文提供圖版）

Fig. 8-11.　Symptoms of leaf brown spot of common cockscomb (*Celosia cristata* L.) caused by *Fusarium lateritium* Nees.

圖 8-12 胡麻萎凋病之病徵。病原菌：*Fusarium oxysporum* (Schl.) f. sp. *sesame.* (Zaprom) E. Castell.。（黃振文提供圖版）

Fig. 8-12. Symptoms of sesame Fusarium wilt caused by *Fusarium oxysporum* (Schl.) f. sp. *sesame*.

圖 8-13　梨白粉病之病徵。病原菌：*Phyllactinia pyri* (Cast.) Homma。（黃振文提供圖版）
Fig. 8-13.　Symptom of powdery mildew of pear caused by *Phyllactinia pyri*.

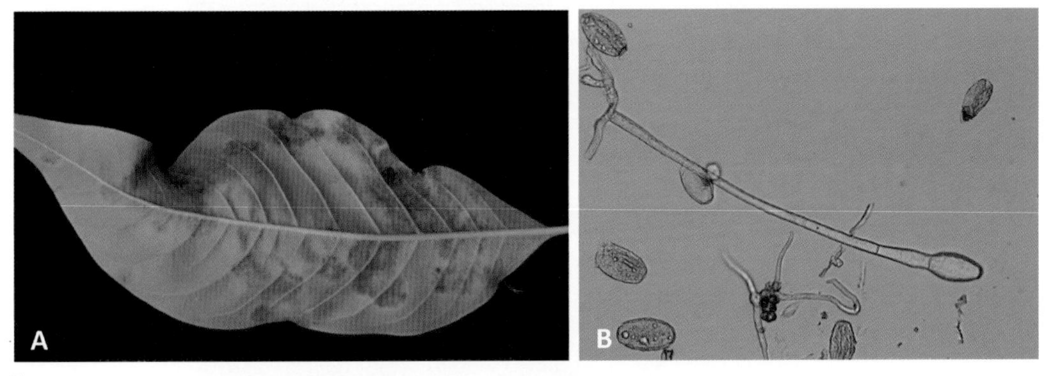

圖 8-14.　(A) 玉蘭花白粉病的葉部病徵；(B) 病原菌：*Erysiphe magnifica* (U. Braun) U. Braun & S. Takam.。（洪爭坊提供圖版）
Fig. 8-14.　(A) Symptom and (B) sign of powdery mildew caused by *Erysiphe magnifica* on *Michelia alba*.

圖 8-15　梅白粉病之病徵。病原菌：*Podosphaera tridactyla* (Wallr.) de Bary。（黃振文提供圖版）
Fig. 8-15.　Symptoms of powdery mildew of Japanese apricot caused by *Podosphaera tridactyla*.

圖 8-16　李白粉病之病徵。病原菌：*Pseudoidium ziziphi* (Yen & Wang) Braun & Cook。（黃振文提供圖版）
Fig. 8-16.　Symptoms of powdery mildew of plum caused by *Pseudoidium ziziphi*.

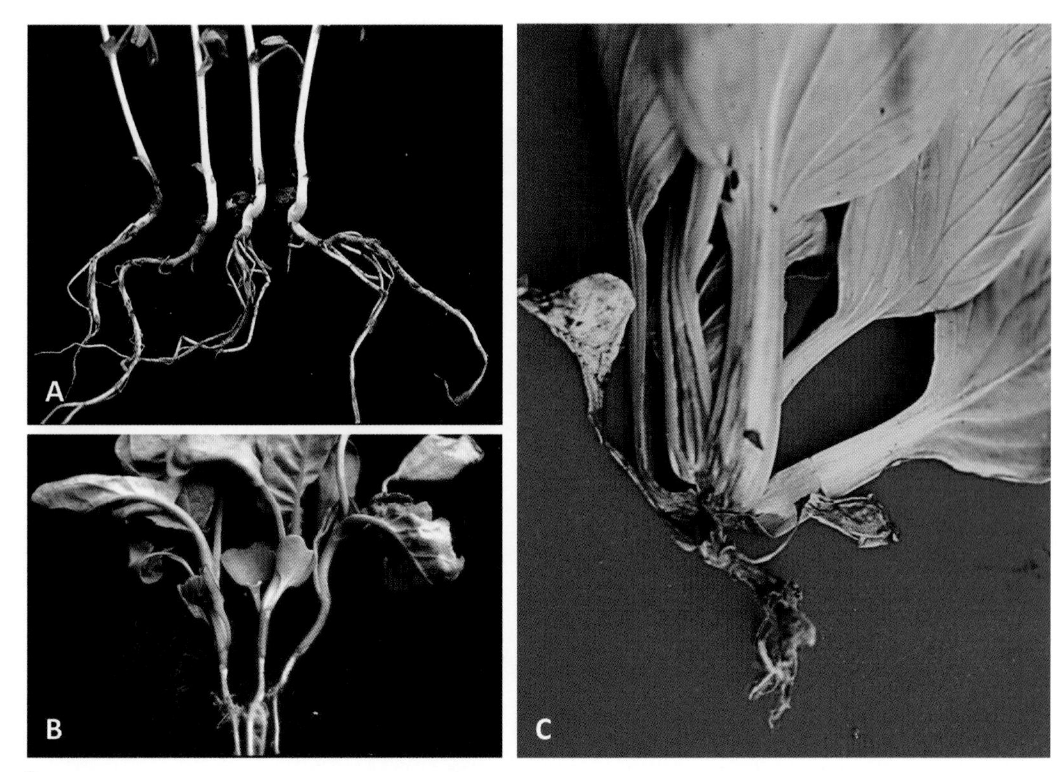

圖 8-17　(A) 豌豆；(B) 芥藍及 (C) 青江菜之立枯病病徵。病原菌：*Rhizoctonia solani* Kühn AG-4。（黃振文提供圖版）

Fig. 8-17.　Symptoms of basal stem blight caused by *Rhizoctonia solani* Kühn AG-4. (A) Garden pea; (B) kale and (C) spoon cabbage.

參考文獻

1. 孫守恭。2000。臺灣果樹病害。臺中市。世維出版社。429P。
2. Holliday, P. 1998. A Dictionary of Plant Pathogen. 2nd. Cambridge University Press, Cambridge, United Kingdom.
3. Farr, D. F., Bills, G. F., Chamuris, G. P., and Rossman, A. Y. 1989. Fungi on Plants and Plant Products in the United States. The American Phytophthological Society Press. U.S.A.

作者聯絡資料

姓名	服務單位／職稱	聯絡資訊
黃振文	國立中興大學植物病理學系／終身特聘教授兼副校長	jwhuang@dragon.nchu.edu.tw
謝廷芳	行政院農業委員會農業試驗所植物病理組／研究員兼組長	TFHsieh@tari.gov.tw
黃晉興	行政院農業委員會農業試驗所植物病理組／副研究員	jhhuang@tari.gov.tw
陳啓予	國立中興大學植物病理學系／教授	chiyu86@dragon.nchu.edu.tw
洪爭坊	國立中興大學植物病理學系／助理教授	cfhong@nchu.edu.tw
郭章信	國立嘉義大學植物醫學系／特聘教授	chkuo@mail.ncyu.edu.tw
鍾嘉綾	國立臺灣大學植物病理與微生物學系／教授	clchung@ntu.edu.tw
王智立	國立中興大學植物病理學系／副教授兼植物醫學暨安全農業碩士學位學程／主任	clwang@nchu.edu.tw
鍾文鑫	國立中興大學植物病理學系／教授	wenchung@nchu.edu.tw
李敏惠	國立中興大學植物病理學系／教授	mhlee@nchu.edu.tw
鍾文全	行政院農業委員會種苗改良繁殖場／副場長	wcchung@tss.gov.tw
蔡志濃	行政院農業委員會農業試驗所植物病理組／研究員	tsaijn@tari.gov.tw
林宗俊	行政院農業委員會農業試驗所植物病理組／助理研究員	tclin@tari.gov.tw
倪惠芳	嘉義農業試驗分所植物保護系／副研究員兼系主任	hfni@tari.gov.tw
李敏郎	行政院農業委員會農業藥物毒物試驗所農藥應用組／副研究員	mllee@tactri.gov.tw
黃健瑞	國立嘉義大學植物醫學系／副教授	chienjui.huang@mail.ncyu.edu.tw
陳繹年	行政院農業委員會農業試驗所植物病理組／助理研究員	sogox@tari.gov.tw
林秀橤	行政院農業委員會茶業改良場魚池分場茶作股／副研究員兼股長	tres226@ttes.gov.tw
沈原民	國立臺灣大學植物醫學碩士學程／助理教授	shenym@ntu.edu.tw
林筑蘋	行政院農業委員會農業試驗所植物病理組／助理研究員	cplin@tari.gov.tw
林秋琍	國立中興大學植物病理學系／研究助理	chiouli0913@gmail.com
黃巧雯	行政院農業委員會農業試驗所植物病理組／助理研究員	cwhuang@tari.gov.tw
蘇俊峰	行政院農業委員會農業試驗所植物病理組／助理研究員	forte9135101@tari.gov.tw
林盈宏	國立屏東科技大學植物醫學系／副教授兼植物醫學教學醫院／院長	pmyhlin@mail.npust.edu.tw
陳純葳	行政院農業委員會農業試驗所植物病理組／聘用人員	chunwei@tari.gov.tw

姓名	服務單位／職稱	聯絡資訊
安寶貞	行政院農業委員會農業試驗所植物病理組／研究員（退休）	pjann@tari.gov.tw
呂柏寬	行政院農業委員會動植物防疫檢疫局基隆分局花蓮檢疫站／技士	a771208s@gmail.com

編輯執行祕書：林秋琍小姐

中文索引

二畫

三畫

四畫

五畫

六畫

七畫

八畫

九畫

十畫

十一畫

十二畫

十三畫

十四畫

十五畫

十六畫

十七畫

十八畫

十九畫

二十畫

二十一畫

二十三畫

二十八畫

英文索引

A

B

C

D

E

F

G

H

I

L

M

N

O

P

R

S

T

U

V

W

國家圖書館出版品預行編目資料

臺灣植物真菌與類真菌病害寶典／黃振文，謝廷芳，黃晉興，陳啟予，洪爭坊，郭章信等編著. -- 初版. -- 臺北市：五南圖書出版股份有限公司，2022.04
面；　公分
ISBN 978-626-317-743-7（平裝）

1.CST: 植物病蟲害　2.CST: 真菌
3.CST: 臺灣

433.422　　1111004248

5N47

臺灣植物眞菌與類眞菌病害寶典

作　　者 — 黃振文、謝廷芳、黃晉興、陳啟予、洪爭坊、郭章信等

發 行 人 — 楊榮川

總 經 理 — 楊士清

總 編 輯 — 楊秀麗

副總編輯 — 李貴年

責任編輯 — 何富珊

出 版 者 — 五南圖書出版股份有限公司

地　　址：106臺北市大安區和平東路二段339號4樓

電　　話：(02)2705-5066　　傳　　真：(02)2706-6100

網　　址：https://www.wunan.com.tw

電子郵件：wunan@wunan.com.tw

劃撥帳號：01068953

戶　　名：五南圖書出版股份有限公司

法律顧問　林勝安律師事務所　林勝安律師

出版日期　2022年4月初版一刷

定　　價　新臺幣780元